U0394143

纺织服装高等教育“十四五”部委级规划教材
高职高专纺织专业系列教材
新形态精品教材

纺织材料

（修订版）

FANGZHI CAILIAO

吴佳林 刘佳明 主编 / 陈娜 陶培培 副主编

扫一扫，获取
数字教学资源

東華大學出版社
·上海·

内 容 提 要

纺织材料是高职院校纺织相关专业所有方向的核心课程。本书以纺织纤维、纱线、织物为研究对象，以纤维、纱线、织物的结构与性能为主线，以模块—任务课程形式逐渐展开纺织材料的相关知识，系统地介绍了纺织纤维、纱线、织物的分类及其基本结构与性能的关系、性能检验、品质评定等内容。每个任务包含任务目标、任务引入、课程思政、知识要点、任务实施和课后练习六个结构层次。全书配套了数字化教学资源，以二维码的形式呈现。本书可做高等职业技术院校纺织专业教材，也可作为轻化、服装等相关专业职业技术教育材料，同时也可供纺织服装行业技术人员和市场营销人员学习与参考使用。

图书在版编目(CIP)数据

纺织材料 / 吴佳林，刘佳明主编；陈娜，陶培培副主编.-- 修订版.--上海：东华大学出版社，2025.1.-- ISBN 978-7-5669-2466-7

Ⅰ. TS102

中国国家版本馆 CIP 数据核字第 2024NA4305 号

责任编辑： 杜燕峰

封面设计： 魏依东

纺织材料(修订版)

吴佳林　刘佳明　主编

东华大学出版社出版

上海市延安西路 1882 号

邮政编码:200051　电话:(021)62193056

上海龙腾印务有限公司印刷

开本：787×1092　1/16　印张：15.25　字数：380 千字

2025 年 1 月第 3 版　2025 年 1 月第 1 次印刷

ISBN 978 - 7 - 5669 - 2466 - 7

定价:53.00 元

修订版前言

地球上有人烟处，就有纺织的影子，纺织在人类文明的进程中从未缺席。探华夏史，锦丝绣线与灿烂的中华文化经纬交织；看新时代，国潮新韵编织美好生活；发展新质生产力，“老纺织”依然朝阳。纺织材料的发展，是纺织业发展的基石；是推动纺织科技进步的原动力；更是低碳时代举足轻重的核心。

“纺织材料识别与应用”课程是纺织服装类院校教育的专业通识课程，是现代纺织技术专业群的一门专业核心课程，配套教材《纺织材料》一直在一线师生和行业相关人员手中实践应用，前面两个版本反响良好，为顺应现代纺织科技与高职教育发展的需要，编纂团队与时俱进对教材进行了修订。《纺织材料（修订版）》是在第二版的基础上根据教学单位及读者的反馈意见进行修订的，整体内容版式进行了全新的调整，任务驱动的模式更加系统，任务实施细节更加丰富。内容上的变更主要有以下几个方面：

(1) 在第二版的基础上增补符合当前高职教育要求的知识点与小模块，并根据最新的国家标准，更新了任务实施（实训）的内容。

(2) 配套开发了一系列数字化教学资源，包括课件、数字人微课、虚拟仿真资源等，以二维码的形式呈现，方便读者使用，提高阅读体验感。

(3) 考虑到教师备课与学生课程表的实际情况，删除部分与学时要求不符的内容，整体节奏更加紧凑，更适合目前教学任务的安排与分配。

本书集结了编纂团队的大量心血，由吴佳林、刘佳明任主编，陈娜、陶培培任副主编。导言、模块一中的任务一、任务二由广东职业技术学院吴佳林、秦春英执笔，任务三由武汉职业技术学院钟萍执笔、任务四由广东职业技术学院王磊执笔、任务五由广东职业技术学院冯程程执笔、任务六由广东职业技术学院孟雨辰、江门职业技术学院林丽霞执笔，任务七由盐城工业职业技术学院徐帅执笔；模块二由广东职业技术学院刘佳明执笔；模块三由广东职业技术学院陈娜、陶培培执笔。全书由吴佳林统稿修改。

纺织科技的发展已进入 AI 时代，瞬息万变的信息使人目不暇接，书中难免有纰漏之处，热忱希望各位读者提出宝贵意见，以督促我们不断进步。

编　者

2024 年 12 月

第二版前言

本教材是在《纺织材料》(第一版)的基础上,根据高职高专层次的培养目标与特点,以及应高等院校纺织服装类"十二五"部委级规划教材的要求修订而成。第二版保留第一版的模块化结构层次,一如既往地介绍纺织纤维、纱线、织物的分类,基本结构与性能的关系、性能检验、品质评定等内容,鉴于纺织材料日新月异的发展,另又补充了新型纺织材料、新型纺织检测技术等方面的知识。

各模块的具体修改内容和第一版前言里已经述及的内容这里不再赘述。

本教材绪论由广东职业技术学院朱逸成编写,模块一中的任务一、任务二由广州市纺织服装职业学校梁蓉编写;任务三由广东职业技术学院陈志铭编写;任务四由广东职业技术学院曾翠霞编写;任务五由广东职业技术学院周美凤编写;任务六由广东职业技术学院吴佳林、刘森编写;任务七由广东职业技术学院吴佳林编写;任务八由济南工程职业技术学院张洪亭编写;模块二由江西工业职业技术学院王飞编写;模块三相关知识和知识拓展由广东职业技术学院朱碧红编写,实操训练由广东职业技术学院郑少琼编写。全书由周美凤、吴佳林统稿修改,刘森主审。

在教材编写过程中,得到相关纺织企业及深圳市计量质量检测研究所、南国丝都博物馆、宁波纺织仪器厂的支持与帮助,在此一并向他们致意并表示衷心的感谢!

《纺织材料》(第二版)教材编写组

2012 年 3 月

前言

本教材是在建设《纺织材料》精品课程的基础上，开发的与精品课程相配套的教材。在教材编写过程中，编者根据高职教育的特点，按照“项目（任务）课程”的基本要求，通过“任务引领”来凸显纺织材料的相关内容，旨在提高学生对纺织材料的认识以及对材料性能的检验、鉴别及评价。每个任务包含相关知识、实操训练和知识拓展三个结构层次，最后给出了课后作业、拓展探究等内容，为读者提供了相关问题的思考。

本书分为三大模块，每个模块由若干任务组成。绪论部分由广东纺织职业技术学院朱逸成执笔；模块一中的任务一、任务二由广州市纺织服装职业学校梁蓉执笔，任务三由广东纺织职业技术学院陈志铭执笔，任务四由广东纺织职业技术学院曾翠霞执笔，任务五由广东纺织职业技术学院周美凤执笔，任务六由广东纺织职业技术学院吴佳林、刘森执笔，任务七由广东纺织职业技术学院吴佳林执笔，任务八由济南工程职业技术学院张洪亭执笔；模块二由江西工业职业技术学院甘志红执笔；模块三由广东纺织职业技术学院朱碧红、郑少琼执笔。全书由周美凤、吴佳林统稿修改，刘森主审。

在成书过程中，得到广东纺织职业技术学院的大力支持，同时深圳市计量质量检测研究所、南国丝都博物馆和宁波纺织仪器厂给予了支持与帮助，在此一并向他们致意并表示衷心的感谢！

由于编者水平有限，书中缺点和错误在所难免，敬请广大读者不吝赐教，以便再出版修订，使之不断进步。

编　者

2009 年 12 月

目录

模块二　纱线的性能检测

模块三 织物性能综合评价

导 言

认识纺织材料

◆ 任务目标

知识目标:

1. 掌握纺织材料的定义;2. 熟悉纺织材料的分类。

能力目标:

能根据纺织材料的外观形态特征,初步识别常见的纺织材料。

◆ 任务引入

纺织材料的含义是指用以加工制成纺织品的纺织原料、纺织半成品以及纺织成品等材料。主要包括各种纺织纤维、纱线、织物等。纤维是构成纺织品的最基本单元,一般纺织品的形成过程是由纤维纺成纱线,纱线织成织物,再由织物做成各种各样的纺织品。

◆ 课程思政

中国有着悠久的纺织历史,在7 000多年前的新石器时代遗址中考古学家就曾发现了纺轮、腰机等纺织工具。养蚕缫丝技术的掌握,让我们的祖先在人类历史上,最早制造出了丝绸。从那以后,中国人对原材料和纺织技艺的研究和创新从未止步,各种巧妙设计和创意也是层出不穷。中国纺织人,不仅积极传承古老的织造技艺,把中国元素运用到时装设计上还为织物注入高科技元素,守护人民的生命安全。

“经”和“纬”原本指纺织品原料的横丝和竖丝,在古老的织机上,时间与空间交织,不仅织就了美丽的织物,也传承和发展了中华文明。纺织工业精神是纺织工业之魂,集中体现了关乎中华民族生活方式,审美追求,文化演变,时尚变迁,道德载体及价值观念的文化浓缩。

纺织工业精神,贯穿于中华民族五千年文明史,积蕴于近现代纺织工业萌芽,兴起于冲刺纺织强国关键期,其矢志报国,创新卓越,协同共赢和勤劳自强的精神内涵,彰显了纺织工业永葆与时俱进的产业创造力和历史创造力。

知 识 要 点

一、认识纺织纤维

纤维指直径为几微米到几十微米，而长度比直径大百倍、千倍以上的细长物质。纺织纤维指可用来制造纺织制品的纤维，图 1 是棉纤维外观形态实物图。

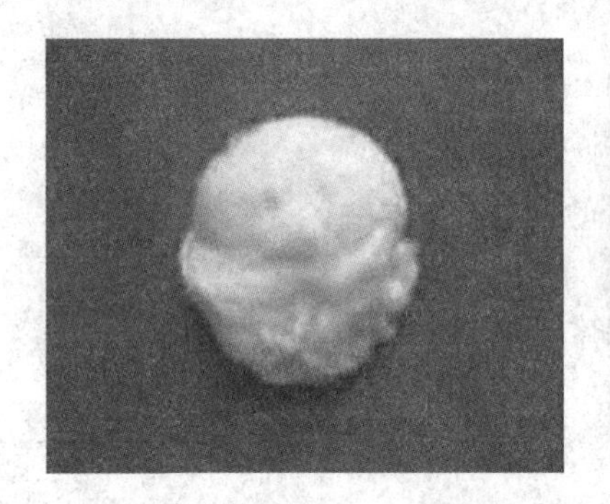

图 1　纤维外观形态实物图

（一）纺织纤维应具备以下条件

（1）适当的长度和细度；

（2）一定的强力、变形能力、弹性、耐磨性、刚柔性、抱合力和摩擦力；

（3）一定的吸湿性、导电性和热学性质；

（4）一定的化学稳定性和染色性能；

（5）特种纺织纤维应具有能满足特种需要的性能。

（二）纺织纤维的分类

纺织纤维种类很多，习惯上按它的来源分为天然纤维和化学纤维两大类。

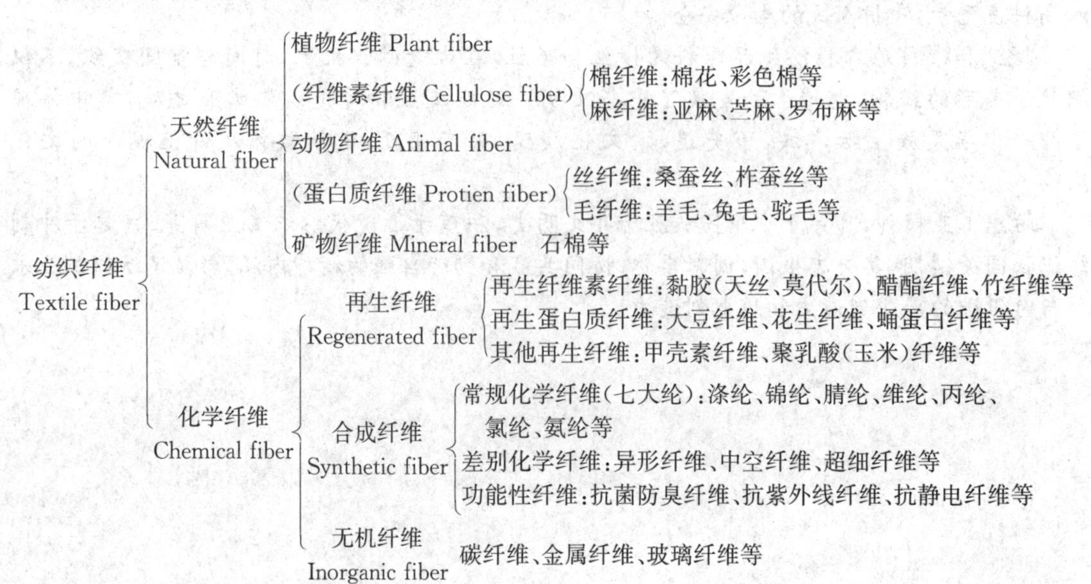

(1) 天然纤维:自然界生长或形成的适用于纺织用的纤维。

(2) 化学纤维:以天然的或合成的高聚物为原料,经化学和机械方法加工制造出来的纺织纤维。

(3) 再生纤维:以天然高聚物为原料经化学和机械方法加工制造而成,其化学组成与原高聚物基本相同的化学纤维。

(4) 合成纤维:以石油、煤、天然气及一些农副产品制得的低分子化合物作为原料,经人工合成获得聚合物并纺制而成的纺织纤维。

二、认识纱线

纱线是纱、线及长丝的统称。它是由纺织纤维制成的细而柔软的、并具有一定力学性质的连续长条。从不同的角度出发,可对纱线作不同的分类。但在识别纱线时,一般按纱线的结构和外形分类,通过目测和手感,必要时可用显微镜观察,从而识别纱线。

(一) 按结构和外形分

分为长丝纱、短纤纱、复合纱三种。图 2 是短纤纱的结构示意图;图 3 是长丝纱的结构示意图;图 4 是花式线的外观形态实物图。

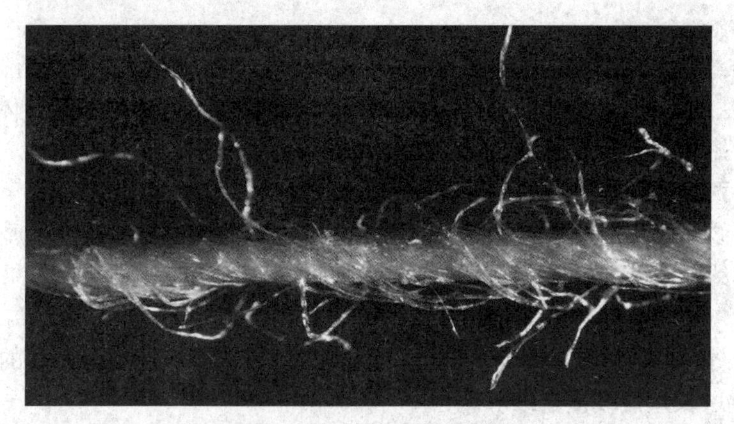

图 2 短纤纱的结构示意图

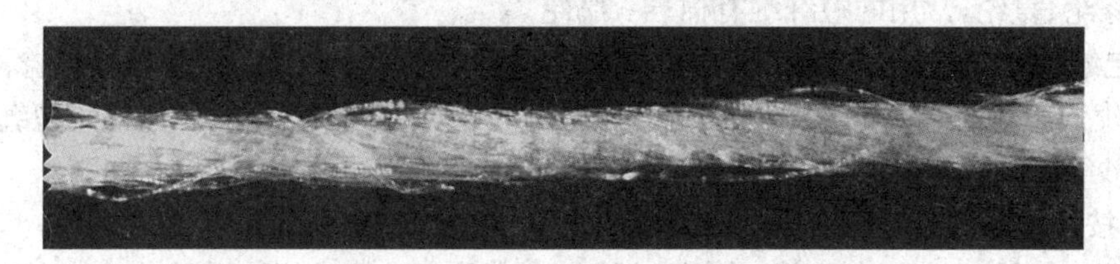

图 3 长丝纱的结构示意图

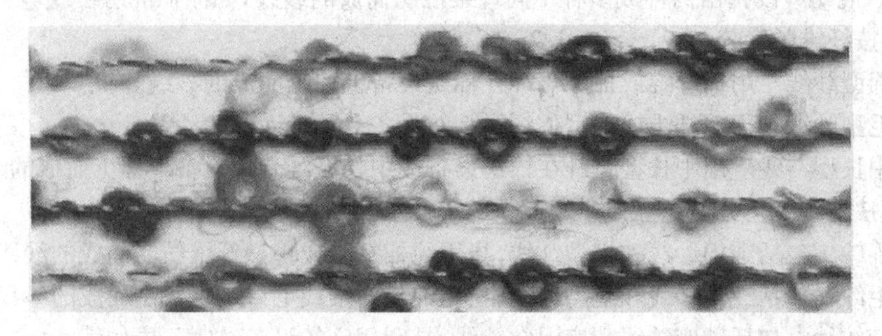

图 4 花式线外观形态实物图

1. 长丝纱　由长丝构成的纱。又分为普通长丝和变形丝两大类。普通长丝有单丝、复丝、捻丝和复合捻丝等。变形丝根据变形加工的不同，有高弹变形丝、低弹变形丝、空气变形丝、网络丝等。

(1) 单丝纱　一根长丝构成的纱。

(2) 复丝纱　两根或两根以上的单丝合并在一起的丝束。

(3) 捻丝　复丝加捻而成。

(4) 复合捻丝　两根或两根以上的捻丝再次合并加捻而成复合捻丝。

(5) 变形丝(或变形纱)　特殊形态的丝，化纤长丝经变形加工使之具有卷曲、螺旋等外观特征，而呈现蓬松性、伸缩性的长丝纱。

2. 短纤维纱　由短纤维通过纺纱工艺加工而成。由于纺纱的方法不同，短纤维纱又可分为环锭短纤维纱、新型短纤维纱。

环锭短纤维纱是采用传统的环锭纺纱机纺纱方法纺制而成的纱；根据纺纱系统可分为普(粗)梳纱、精梳纱和废纺纱，常见的品种有单纱、股线、竹节纱、花式股线、花式纱线、紧密纱等。

新型短纤维纱是采用新型的纺纱方法(如转杯纺、喷气纺、平行纺、赛络纺等)纺制而成的纱；根据纺纱方法的不同，可分为转杯纱、涡流纱、喷气纱、平行纱、赛络纱和膨体纱等。

(1) 单纱　短纤维集合成条，依靠加捻而形成单纱。

(2) 股线　两根或两根以上的单纱合并加捻而成股线。

(3) 复捻股线　两根或两根以上的股线再次合并加捻而成复捻股线。

(4) 花式股线　由芯线、饰线加捻而成，饰线绕在芯线上带有各种花色效果。

(5) 花式纱　主要有膨体纱和包芯纱。

3. 复合纱　由短纤纱(或短纤维)与长丝通过包芯、包缠或加捻复合而成的纱。常见品种有包芯纱、包缠纱、长丝短纤复合纱等。

(1) 包芯纱　由两种纤维组合而成，通常多以化纤长丝为芯，以短纤维为外包纤维，常用的长丝有涤纶、氨纶，常用的短纤维有棉、毛、腈纶。

(2) 包缠纱　以长丝为芯纱，外层包以棉纱、真丝、毛纱、锦纶丝、涤纶丝等加捻而成。常见的包缠纱品种有氨纶棉纱包缠纱、氨纶真丝包缠纱、氨纶毛纱包缠纱、氨纶锦纶包缠纱、氨纶涤纶包缠纱等。

(二) 按纤维品种分

分为纯纺纱线、混纺纱线两种。纯纺纱线指由一种纤维纺成的纱线，如棉纱线、毛纱线、涤纶纱线等。混纺纱线指由两种或多种不同纤维混纺而成的纱线，如涤棉混纺纱线等。

(三) 按纤维长度分

(1) 棉型纱线　用棉纤维或棉型化纤在棉纺设备上加工而成的纱线。

(2) 毛型纱线　用毛纤维或毛型化纤在毛纺设备上加工而成的纱线。

(3) 中长型纱线　用中长型化纤在棉纺设备或中长纤维专用设备上加工而成的纱线。

(四) 按纺纱工艺分

(1) 棉纱　包括纯棉纱线和棉型纱线，指用纯棉纤维或棉型纤维纺制而成的纱线。

(2) 毛纱　包括纯毛纱线和毛型纱线，指用纯毛纤维或毛型纤维纺制而成的纱线。

(3) 麻纺纱　包括纯麻纱线和麻混纺纱线，是利用麻纺设备纺制而成的纱线。

(4) 绢纺纱　用绢纺材料在绢纺设备上纺制而成的纱线。

(五) 按纺纱方法

(1) 环锭纺纱　在环锭纺纱机上采用传统的纺纱方法纺制而成的纱线。

(2) 新型纺纱　采用新型的纺纱方法(如转杯纺、喷气纺、平行纺、赛络纺等)纺制而成的纱线。

(六) 按纱的粗细分

(1) 特细特纱　线密度在 10 tex 及以下的纱。

(2) 细特纱　线密度在 11～20 tex 的纱。

(3) 中特纱　线密度在 21～31 tex 的纱。

(4) 粗特纱　线密度在 32 tex 以上的纱。

(七) 按纱的用途分

(1) 机织用纱　机织物所用的纱线。

(2) 针织用纱　针织物所用的纱线。

(3) 起绒用纱　起绒织物所用的纱线。

(4) 特种用纱　特种织物所用的纱线,如帘子线等。

(八) 按后处理不同分

(1) 本白纱　未经后处理的纱线。

(2) 漂白纱　经漂白处理的纱线。

(3) 染色纱　经染色处理的纱线。

(4) 烧毛纱　经烧毛处理的纱线。

(5) 丝光纱　经丝光处理的纱线。

(九) 按卷装不同分

(1) 管纱　纱管成型的纱。

(2) 筒子纱　筒子成型的纱。

(3) 绞纱　经绞纱成型的纱。

三、认识织物

织物,简称布,是一种柔性平面薄状物质,大多由纱线织、编、结或纤维经成网固着而成。

织物的分类及命名主要取决于加工方法,即机织物、针织物、非织造布和编结物。图 5 为机织物结构示意图;图 6 为针织物结构示意图;图 7 为非织造布;图 8 为编结物结构示意图。

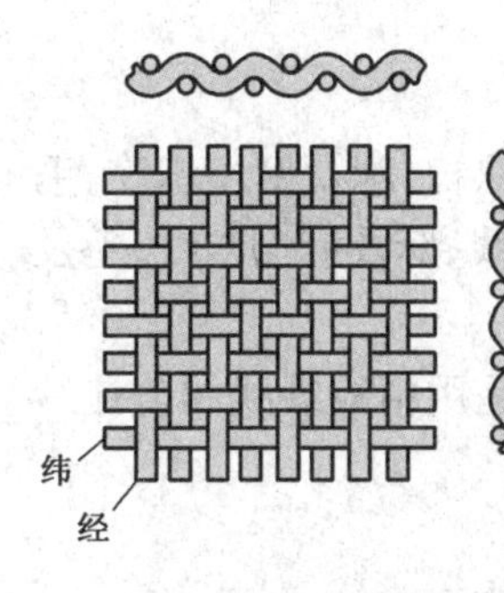

图 5　机织物结构

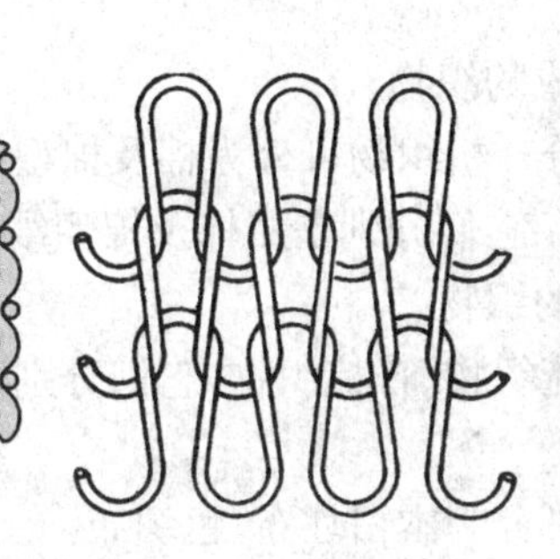

图 6　针织物结构

图 7　非织造布

图 8　编结物结构

(一) 机织物

机织物是由互相垂直的一组经纱和一组纬纱在织机上按一定规律交织而成的制品，有时也简称为织物。在机织物中垂直方向排列的是经纱，水平方向排列的是纬纱；从机织物边缘中可拆出一根根纱线。机织物最重要的结构特征之一就是组织点（经纬纱相交处），经纬纱交织规律不同，机织物的外观呈现千变万化，如图 9 所示。

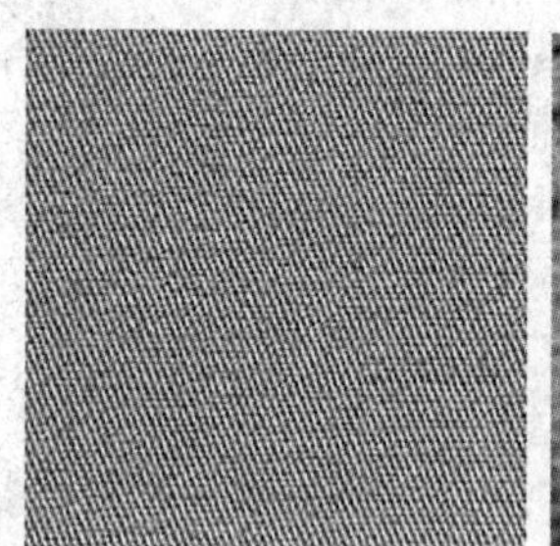
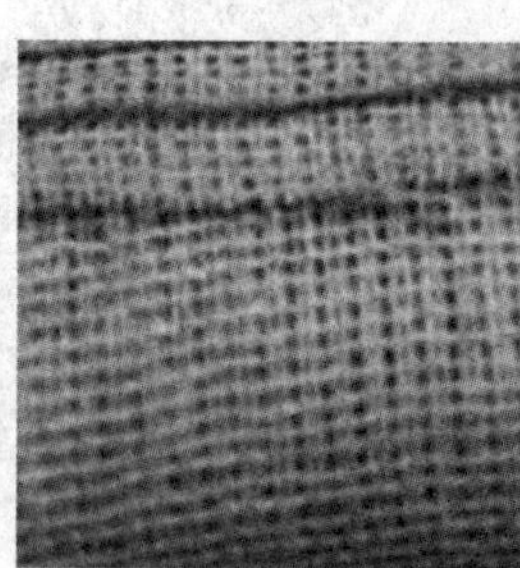

图 9　机织物实物图

1. 机织物的特点　可拆散性是机织物的一大特点，由于机织物由经纱和纬纱相互垂直交织而成，因此较其他织物有较好的可拆散性。尤其是当纱线较粗、织物密度较小时，经纱或纬纱很容易从织物中拆离出来，通常可直接用手或挑针将经纱或纬纱从织物的边缘或中间抽出。如果有布边可将布边剪去再拆。如果纱线较细、织物密度较大、织物经过涂层整理等，织物的可拆散性就会变差，但还是可以拆散的。

2. 机织物的分类

(1) 按原料分　机织物可分为纯纺织物、混纺织物、交织织物三种。

① 纯纺织物：经、纬纱用同一种纯纺纱线织成的织物，如纯棉织物、纯毛织物、各种纯化纤织物。

② 混纺织物：经、纬纱用同种混纺纱线织成的织物，如用同种 65/35 涤/棉纱作经、纬纱织成的涤棉织物；用同种 55/45 麻/棉纱作经、纬纱织成的麻棉织物；用同种 60/20/20 毛/黏/腈纱作经、纬纱织成的三合一织物。

③ 交织织物：指经纬纱用不同的纤维纺成的纱线织成的织物。如经纱用棉纱，纬纱用锦纶长丝交织的棉锦交织织物；如经纱用毛纱线，纬纱用黏胶长丝交织的毛黏交织织物。

(2) 按纱线的结构和外形分　机织物可分为纱织物、线织物、半线织物。

纱织物：经、纬纱都是单纱织成织物。

线织物：经、纬纱都是股线织成织物。

半线织物：经纱用股线、纬纱用单纱织成的织物。

(3) 按组成织物纤维的长度和线密度分　机织物可分为棉及棉型织物、麻及麻型织物、毛及毛型织物、中长纤维织物、丝及丝型织物。它们分别是用棉及棉型纱线、麻及麻型纱线、毛及毛型纱线、中长型纱线、丝及丝型纱线织成的织物。

(4) 按纺纱加工分　机织物可分为精梳织物、普梳织物，它们分别是用精梳纱线和普梳纱线织成的织物。

(5) 按织前纱线漂染加工分　机织物可分为本白坯布、色织布。

本白坯布：未经漂白、染色的纱线织成的织物。

色织布:用不同颜色的经、纬线织成的织物。

(6) 按织物漂、染、整加工方法分　机织物可分为漂布、色布、印花布。

漂布:经漂白加工的织物。

色布:经染色加工的织物。

印花布:经印花加工的织物。

(7) 按用途分　机织物可分为服装用织物、装饰用织物、产业用织物。服装用织物如制作外衣、衬衣、内衣、袜子等的织物。装饰用织物如床上用品、窗帘等的织物。产业用织物如包装布、过滤布、土工布、医药用布等织物。

(二) 针织物

针织物是由纱线通过织针有规律的运动而形成线圈,线圈和线圈之间相互串套起来而形成的织物,如图 10 所示。

图 10　针织物实物图

1. 针织物的特点　针织物具有柔软、多孔、易脱散以及延伸性和弹性较大的特点。由于针织物特殊的线圈结构形态,弯曲的纱线在织物中占有较多空间,使针织物相对于机织物而言结构较疏松,加上针织纱线一般捻度较小,使针织物具有手感柔软的特点。针织物脱散性是指针织物中如果一根纱线断裂,将引起此纵行上相邻线圈的脱散,导致织物破损甚至解体,这是针织物特有的性质。针织物的伸缩性是针织物最明显的特性,也是针织物与机织物最显著的区别。针织物受外力作用时,线圈的变形比机织物中纱线变形要大得多,因此针织物有较大的延伸性和弹性,可随人体的活动而扩张和收缩,穿着更贴身舒适。

2. 针织物的分类

(1) 按原料分　可分为纯纺针织物、混纺针织物、交织针织物。

纯纺针织物如纯棉针织物、纯毛针织物、纯丝针织物、纯化纤针织物等;混纺针织物如棉维混纺、毛腈混纺、涤腈混纺、毛涤混纺等针织物;交织针织物如棉纱与低弹涤纶丝交织、低弹涤纶与高弹涤纶交织等针织物。

(2) 按编织方法与原理分　可分为纬编和经编两大类。

纬编针织物中纱线沿纬向喂入弯曲成圈并互相串套形成织物,其特点是一个横列的所有线圈都由一根纱线编织而成。根据纱线喂入是单向还是双向,纬编又可以分为两种,一种是纱线沿一个方向喂入编织成圈,形成圆机编织物;另一种是纱线沿正、反两个方向变换编织成圈,形成横机编织物。纬编织物的基本类型有平针、罗纹和双反面织物。

经编针织物中纱线从经向喂入弯曲成圈并互相串套形成织物。其特点是每一根纱线在一个横列中只形成一个线圈,因此每一横列由许多根纱线成圈并相互串套而形成,其主要品种有特里科(Tricot)织物和拉舍尔(Raschel)织物。

(三) 非织造布

非织造布又称非织造材料、无纺布、无纺织布或不织布。非织造布是由定向或随机排列的纤维通过摩擦、抱合或黏合剂或者这些方法的组合而相互结合制成的片状物、纤网或絮片,如图 11 所示。

图 11　非织造布实物图

1. 非织造布的特点　非织造布的最大特点是加工主体对象是纤维,不同于一般织物(机织物、针织物加工的主体对象是纱线)。

2. 非织造布的分类

(1) 按纤网成形方法分　主要分为干法成网非织造布、挤压法成网非织造布和湿法成网非织造布三种。

干法成网非织造布:一种应用范围最广、发展历史最长的非织造布,它是在干燥的状态下用机械、气流或其他方式形成纤维网再加固而成的非织造布,干法成网又分为机械成网、气流成网等。

挤压法成网非织造布:利用高分子聚合物材料经过挤出加工而成网状结构,再加固而成的非织造布,又分为纺丝成网非织造布、熔喷法成网非织造布等。纺丝成网非织造布是用化纤纺丝网制成的非织造布。熔喷法成网非织造布是用高速气流将极细的纤维状纺丝熔体喷至移动的帘网上,纤维黏结而成的非织造布。

湿法成网非织造布:采用传统的造纸工艺原理形成纤网,再经加固而成的非织造布。

(2) 按纤网加固方法　主要分为针刺法非织造布、缝编法非织造布、射流法非织造布、化学黏合法非织造布和热黏合法非织造布。

针刺法非织造布：利用刺针对纤网穿刺，使纤维缠结、加固而成的非织造布。

缝编法非织造布：利用经编线圈结构对纤网进行（纱线层、非纺织材料，或它们的组合）加固制造而成的非织造布。

化学黏合法非织造布：用浸渍、喷洒或印花方式将液状黏合剂（如天然或合成乳胶）加入纤网，经热处理而成。

热黏合法非织造布：是将热熔纤维加入纤网，经热熔或热轧而成的非织造布。

（四）编结物

编结物是由纱线通过多种方法（包括用结节）相互连接而成的制品。如网、花边等，如图 12 所示。

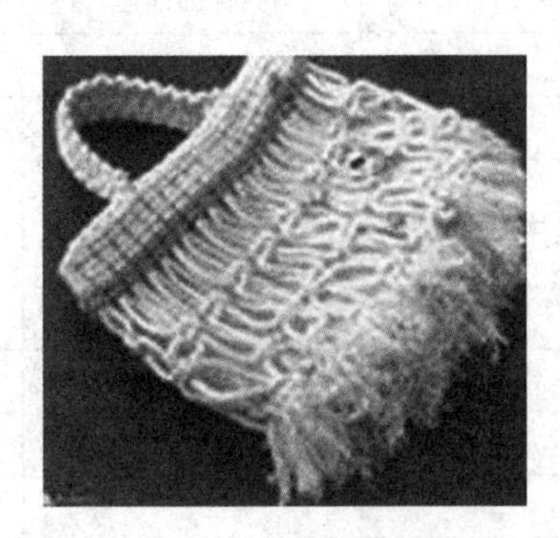

图 12　编结物实物图

任务实施

认识身边的纺织材料

一、实训目的

初步认识身边的纺织材料。

二、测试原理

根据纺织材料的外观结构特征进行纺织材料识别。

三、试样准备

机织物、针织物、非织造布、编结物、纯棉纱、涤棉混纺纱、麻纱、毛线、涤纶长丝（纱）、氨纶长丝（纱）、棉纤维、麻纤维、涤纶短纤维、蚕丝（纤维）。

四、操作步骤

（1）认识织物的结构，识别织物大类。

根据织物的结构，识别出机织物、针织物、非织造布、编结物。

（2）认识纱线的外观形态，识别纱线的大类。

根据纱线的外观结构，识别纱线的大类和品种。短纤纱中，纯棉纱手感柔软；麻纱手感粗硬；涤棉混纺纱由两种纤维组成；毛线由两根（或以上）毛纱组成，毛线较粗，手感柔软，结构一般较松散。长丝纱由长丝纤维组成，氨纶长丝的伸长远大于涤纶长丝。

（3）认识纺织纤维的外观形态，识别纺织纤维的大类。

天然纤维中含杂质较多，纤维长度整齐度差，棉、麻纤维较短，蚕丝很长；化学纤维中含杂质较少，纤维长度整齐度好。

五、实训报告

记录试样的编号及各样品的特征等，将测试结果填入测试报告单中。

纺织材料识别报告单

批样来源＿＿＿＿＿＿＿＿＿＿＿＿　　检 测 员＿＿＿＿＿＿＿＿＿＿＿＿

温、湿度＿＿＿＿＿＿＿＿＿＿＿＿　　测试日期＿＿＿＿＿＿＿＿＿＿＿＿

试样序号	贴试样	试样类别	试样外观形态结构特征的描述	备注
1#				
2#				
3#				
4#				
5#				
6#				
7#				
8#				
9#				
10#				
11#				
12#				
13#				

>>>>> 课后练习 <<<<<

1. 名词解释

纤维　纱线　织物

2. 填空题

(1) 按照来源分，纺织纤维可分为＿＿＿＿和＿＿＿＿。

(2) 棉、麻属于＿＿＿＿纤维；羊毛、蚕丝属于＿＿＿＿纤维。

(3) 化学纤维又称为＿＿＿＿纤维。

(4) 合成纤维中耐磨性最好的是＿＿＿＿。

3. 判断题

(1) 蜘蛛丝属于纤维素纤维。（　）

(2) 山羊绒的细度比羊毛粗。（　）

(3) 黏胶纤维属于化学纤维。（　）

模块一　纺织纤维的性能与检测

纺织纤维是构成纺织品的基本原料，其技术水平直接决定着纺织工业的发达程度。虽然棉、毛、丝、麻等天然纤维性能各异、品质优良，但始终未能满足人们多方面的需求。化学纤维的异军突起，使纺织工业有了突飞猛进的发展，尤其是新型环保、功能性纤维的开发利用，除满足市场需要外，更将纺织品保护人类健康、环境友好的功能推向了一个新的高度。

认识材料的一个重要方面是充分了解各种材料的性能，如工艺性能（长度、细度、卷曲等）、化学性能、吸湿性能、机械性能和物理性能等。原料性能是制定纺织工艺参数的依据，以达到合理使用原料的目的。本模块将重点介绍纺织纤维的性能、性能检测技术及纤维的鉴别。

任务一
棉纤维的性能与检测

◆ 任务目标

知识目标：

1. 熟知棉纤维的分类；2. 熟悉棉纤维的组成、结构和性能。

能力目标：

1. 能对棉纤维进行品质检验和评定；2. 能根据棉纤维的性能指导生产实践。

◆ 任务引入

天然纤维是大自然馈赠人类最幸福的礼物，而棉，是老百姓家最常见、最实用的御寒品。俗话说：千层纱万层纱，抵不过四两破棉花。小小一朵棉花，蕴含着中国人民追求美好生活的朴实、勤劳与坚强的信仰。

棉纤维(Cotton)是棉花的种子纤维。棉花是一年生植物，它是由棉花种子上滋生的表皮细胞发育而成的。从棉田中采摘的果实是籽棉，由棉纤维与棉籽组成。籽棉无法直接进行纺织加工，必须先进行轧棉，将籽棉中的棉籽除去得到棉纤维，然后分等级打包，商业习惯上称之为皮棉。成包皮棉到纺织厂后称之为原棉。

棉花以其朴实自然的风格和舒适廉价的消费特性风行全球，成为全球重要的服用纤维之一。棉纤维是我国纺织工业的主要原料，它在纺织纤维中占有举足轻重的地位。

◆ 课程思政

目前世界上有70多个国家生产棉花，棉花总产量占世界纺织原料的50%。中国、美国、中亚棉区、印度、巴基斯坦是世界五大产棉国和地区，合计产量约占世界总产量的80%。我国棉花生产区域东起台湾，西至新疆，南起海南岛，北至辽河流域，是世界最大棉花消费国、第二大棉花生产国。

我国2024年度棉花产量约616万吨，比2023年增加54万吨，增长约9.7%。其中，新疆棉产量约568万吨，占国内产量比重约92%。

关于新疆棉花一些要知道的事实：

新疆棉花具有世界顶级品质。新疆有得天独厚的自然条件，夏季温差大，阳光充足，光合作用充分，棉花生长时间长。因此，新疆长绒棉品质一流，长年供不应求。

新疆棉花产能仍未满足国内需求。我国虽然是产棉主要国家，但是总需求量大。为满足国内需求，中国每年需进口200万吨左右棉花。

新疆棉花的生产早已高度机械化，不需要大量的“采棉工”。据新疆农业部门发布的

2023年数据显示，新疆棉花机械采摘率已达85%，其中北疆95%的棉花是通过机械采摘的。新疆棉花生产早已经实现高度机械化，即使在忙碌的采摘季节，也不需要大量的“采棉工”。

知识要点

一、棉纤维的种类

（一）按品种分类

棉属植物很多。目前，在纺织上有经济价值的栽培品种只有四种，即陆地棉、海岛棉、亚洲棉和非洲棉。按照原棉的栽培品种，结合纤维的长短粗细，纺织上将其分为长绒棉、细绒棉和粗绒棉三大品系。

1. 细绒棉　细绒棉又称陆地棉，纤维细度和长度中等，色洁白或乳白，有丝光。细绒棉占世界棉纤维总产量的85%，我国目前种植的棉花大多属于此类（约占我国棉花种植面积的95%）。

2. 长绒棉　长绒棉是海岛棉种和海陆杂交棉种，纤维特长，细而柔软，色乳白或淡黄，富有丝光，是高档棉产品的原料。现生产长绒棉的国家主要有埃及、苏丹、美国、摩洛哥、中亚各国等。新疆等部分地区是我国长绒棉的主要生产基地。

3. 粗绒棉　粗绒棉是指中棉和草棉各品种的棉花，纤维粗短富有弹性。此类棉纤维因长度短、纤维粗硬，色白或呆白，少丝光，使用价值和单位产量较低，在国内已基本淘汰，世界上也没有商品棉生产。其品种目前主要作为种源库保留。

（二）按初加工分类

从棉田中采得的籽棉必须先进行初加工得到皮棉，方可用于纺织生产，该初加工又称轧棉。按初加工方法不同，棉花可分为锯齿棉和皮辊棉。

1. 锯齿棉　锯齿机是籽棉加工的主要设备。它利用几十片圆锯片的高速旋转，对籽棉上的纤维进行钩拉，通过间隙小于棉籽的肋条的阻挡，使纤维与棉籽分离。锯齿机上有专门的除杂设备，因此锯齿棉含杂较少。由于锯齿机钩拉棉籽上短纤维的概率较小，故锯齿棉短绒率较低，纤维长度整齐度较好。但锯齿机作用剧烈，容易损伤较长纤维，也容易产生轧工疵点，使纤维平均长度稍短，棉结、索丝和带纤维籽屑较多。又由于轧花时纤维是被锯齿钩拉下来的，所以皮棉呈蓬松分散状态。

2. 皮辊棉　皮辊机利用表面毛糙的皮辊的摩擦作用，带住籽棉纤维从上刀与皮辊的间隙通过时，依靠下刀向上的冲击力，使棉纤维与棉籽分离。

由于皮辊机设备小缺少除杂机构，所以皮辊棉含杂较多。皮辊机具有长短纤维一起轧下的作用特点，因此皮辊棉短绒率较高，纤维长度整齐度稍差。皮辊机作用较缓和，不易损伤纤维，轧工疵点也较少。

锯齿轧花产量高，大型轧花厂都用锯齿机轧花，棉纺厂使用的细绒棉大多也为锯齿棉。皮辊轧花产量低，由于纤维损伤小，长绒棉、低级籽棉和留种棉一般用皮辊轧棉。

（三）按色泽分类

1. 白棉　正常成熟的原棉，不管色泽呈洁白、乳白或淡黄色，都称为白棉。棉纺厂使用的原棉,绝大部分为白棉。

2. *黄棉* 棉铃生长期间受霜冻或其他原因,铃壳上的色素染到纤维上,使纤维大部分呈黄色,以符号 Y 在棉包上标示。一般属低级棉,棉纺厂仅有少量使用。

3. *灰棉* 棉铃在生长或吐絮期间,受雨淋、日照少、霉变等影响,使纤维色泽灰暗的原棉,以符号 G 在棉包上标示。灰棉一般强力低,品质差,仅在纺制低级棉纱中配用。

根据收摘时期的早晚,又有早期棉、中期棉和晚期棉之分。中期棉长度较长、成熟正常,质量最好;早期棉、晚期棉质量较差。

二、棉纤维的形态结构

(一) 棉纤维的形成

一年生草本植物的原棉,喜湿好光。棉纤维是由种子胚珠(发育成熟后即为棉籽,未受精者成为不孕籽)的表皮细胞隆起、延伸发育而成的,纤维是与棉铃、种子同时生长的。它的一端着生在棉籽表面,一个细胞长成一根纤维。棉籽上长满了纤维,每粒细绒棉棉籽表面有 1～1.5 万根纤维,有长有短。原棉纤维的生长发育特点是先伸长长度,然后充实加厚细胞壁,整个发育过程可以分为伸长期(前 25～30 天)、加厚期(后 25～30 天)和转曲期三个时期。

1. *伸长期* 在伸长期中,表皮细胞并不是在同一天伸出。早长出的纤维生长良好,长度较长,成为具有纺纱价值的棉纤维即“长绒”。在开花第三天以后,从胚珠表皮细胞层上所生长出的纤维初生细胞壁,往往不久即停止发育,最后成为附在棉籽表面短而密集的“短绒”,无纺纱价值。

2. *加厚期* 在加厚期,细胞一般不再伸长,初生细胞壁内储存的营养液在自然条件的作用下变成纤维素,并在初生细胞壁内自外向内逐日淀积一层,形成明显呈同心环状的层次,层次的数目与加厚天数相当。这种层次犹如树木的年轮,称为棉纤维的生长日轮,见图 1-1-1。当棉纤维加厚期的温度高,日照充分时,胞壁较厚,纤维成熟度高。如果加厚期的温度低,加厚时间虽长,胞壁却薄,纤维成熟度差。

3. *转曲期* 棉纤维加厚期结束后,棉铃裂开吐絮,见图 1-1-2。吐絮后纤维内水分蒸发引起收缩。由于棉纤维淀积纤维素时,是以螺旋状原纤形态层层积淀的,并且螺旋方向时左时右,所以纤维干涸收缩时,胞壁发生时左时右的螺旋形扭转,形成不规则的天然转曲。

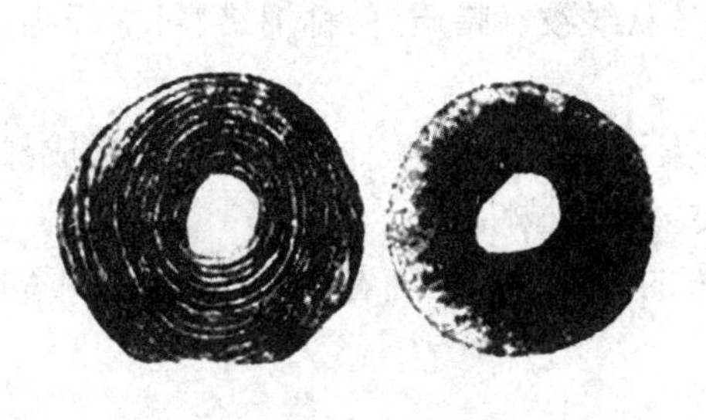

图 1-1-1 棉纤维的日轮图

图 1-1-2 吐絮棉铃

(二) 棉纤维的形态结构

1. *棉纤维的纵向形态* 棉纤维是细而长的中空物体,一端封闭,另一端开口(长在棉籽上)，中间稍粗，两头较细，呈纺锤形。正常成熟的棉纤维纵面呈不规则而且沿纤维长度方向不断改变转向的螺旋形扭曲，如图 1-1-3(a)所示。纵向外观上的天然转曲是棉纤维所特有的纵向形态特征，在纤维鉴别中可以利用天然转曲这一特征将棉纤维与其他纤维区别开来。

天然转曲一般以棉纤维单位长度(cm)上扭转半周(180°)的个数表示。细绒棉的转曲数约为 39～65 个/cm；长绒棉较多，约为 80～120 个/cm。正常成熟的棉纤维转曲在纤维中部较多，梢部最少。成熟度低的棉纤维，则纵向呈薄带状，几乎没有转曲。过成熟的棉纤维外观呈棒状，转曲也少。天然转曲使棉纤维具有一定的抱合力，有利于纺纱工艺过程的正常进行和成纱质量的提高，但转曲反向次数多的棉纤维强度较低。

2. 棉纤维的截面形态　正常成熟的棉纤维的截面呈不规则的腰圆形，有中腔；未成熟的棉纤维截面形态较扁，中腔较大；过成熟棉纤维截面呈圆形，中腔较小，如图 1-1-3(b)所示。

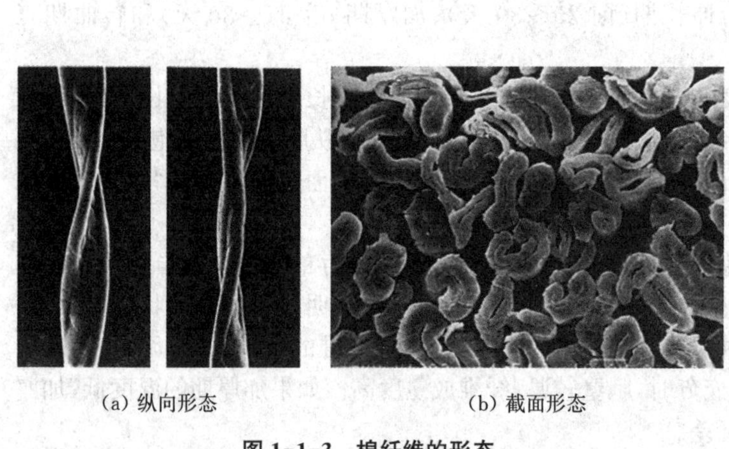

(a) 纵向形态　(b) 截面形态

图 1-1-3　棉纤维的形态

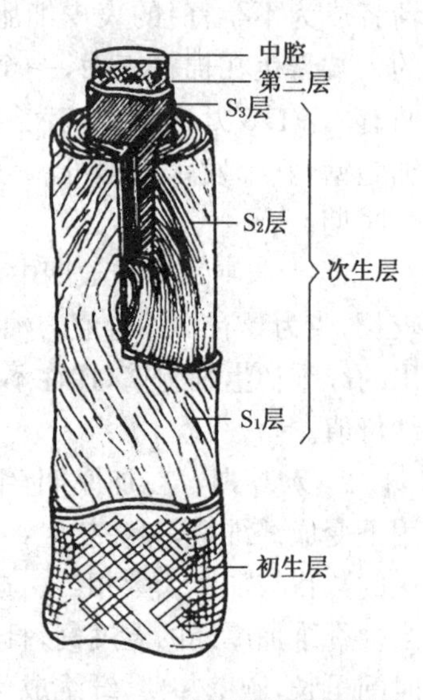

图 1-1-4　棉纤维的断面结构

3. 棉纤维的断面结构　棉纤维的横断面由许多同心层组成，主要的有初生层、次生层和中腔三部分，如图 1-1-4 所示。

(1) 初生层　初生层是棉纤维的外层，即棉纤维在伸长期形成的纤维细胞的初生部分。初生层的外皮是一层极薄的蜡质与果胶，表面有细丝状皱纹。蜡质(俗称棉蜡)对棉纤维具有保护作用，能防止外界水分的侵入。

(2) 次生层　次生层是棉纤维加厚期淀积纤维素形成的部分，是棉纤维的主要构成部分，几乎全为纤维素组成。次生层决定了棉纤维的主要物理机械性质。

(3) 中腔　中腔是棉纤维生长停止后遗留下来的内部空隙。随着棉纤维成熟度不同，中腔宽度有差异，成熟度高则中腔小。

(三) 棉纤维的组成物质

棉纤维的组成物质见表 1-1-1。可以看出，棉纤维的主要组成物质是纤维素，此外还含有蜡质、脂肪、糖分、灰分、蛋白质等纤维素伴生物。纤维素伴生物的存在对棉纤维的加工使用性能有较大影响，蜡质、脂肪会妨碍棉纤维的毛细管效应，除去脂肪的脱脂棉吸湿性很高；含糖较多的原棉会影响纺纱生产，影响产品质量。

表 1-1-1　棉纤维各组成物质含量

组成物质	纤维素	蜡质与脂肪	果　胶	灰　分	蛋白质	其　他
含量范围(%)	93.0～95.0	0.3～1.0	1.0～1.5	0.8～1.8	1.0～1.5	1.0～1.5
一般含量(%)	94.5	0.6	1.2	1.2	1.2	1.3

三、棉纤维的性能

(一) 棉纤维的质量指标

1. 长度　棉纤维的长度参差不齐，如图 1-1-5 和图 1-1-6 所示，任何一项长度指标都不能反映棉纤维长度的全貌，只能在不同的场合采用不同的长度指标来表示纤维的某一长度特征。棉纤维的长度指标包括集中性指标和离散性指标两个方面。集中性指标如主体长度、品质长度等；离散性指标(或整齐度指标)如短绒率、基数、均匀度等。

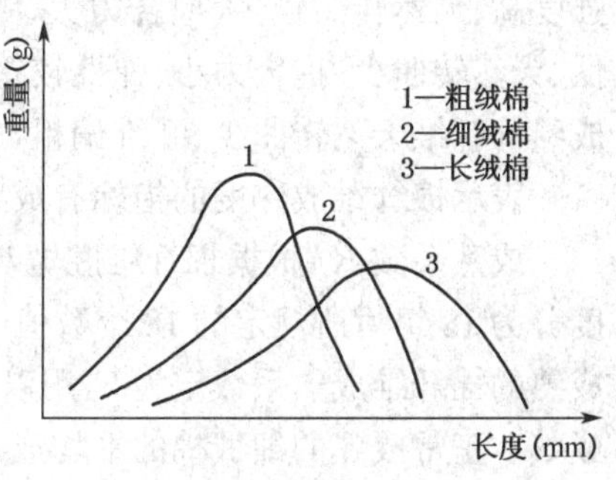

图 1-1-5　棉纤维长度-重量分布曲线

棉纤维长度主要取决于棉花的品种、生长条件和初加工。

(1) 主体长度　也称众数长度，指棉纤维长度分布中占重量或根数最多的一种长度。在工商交易中，一般都用主体长度作为纤维的长度指标。通常细绒棉的主体长度为 25～31 mm，长绒棉在 33 mm 以上。

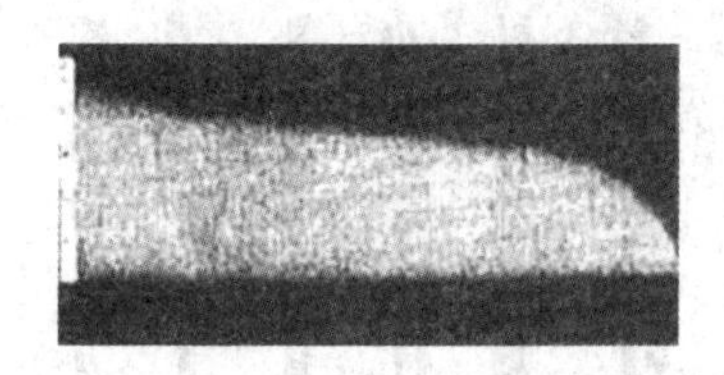
(a) 长绒棉

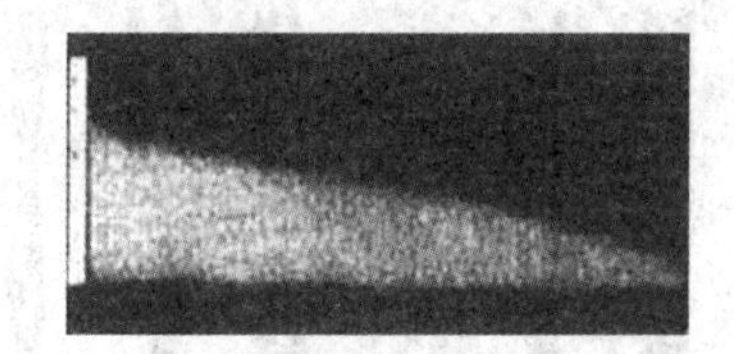
(b) 细绒棉

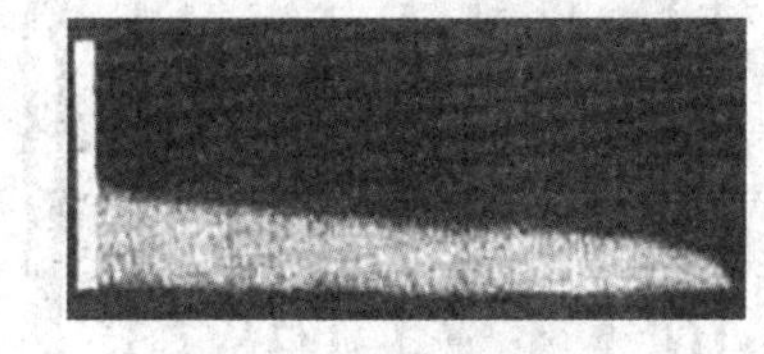
(c) 粗绒棉

图 1-1-6　棉纤维长度排列图

(2) 品质长度　指棉纤维长度分布中，主体长度以上各组纤维的重量加权平均长度。在纤维分布图上，长于主体长度的各组纤维都在图的右半部。所以品质长度又称右半部平均长度，是确定棉纺工艺参数时采用的棉纤维长度。

(3) 重量加权平均长度　指棉纤维长度分布中，以纤维重量加权平均得出的平均长度。

(4) 短绒率　指棉纤维中短于一定长度界限的短纤维重量(或根数)占纤维总重量(或总根数)的百分率。短纤维长度界限因原棉类别而异：细绒棉界限为 16 mm，长绒棉界限为 20 mm。

(5) 长度标准差　用来表示棉纤维离散程度的指标。

(6) 变异系数　用来表示棉纤维整齐程度的指标。

棉纤维长度与纺纱工艺的关系十分密切，从棉纺设备的结构、尺寸到各道工序的工艺参数，都必须与所用的原料长度相配合，因棉纤维的长短不同而有不同工艺参数。

棉纤维的长度影响成纱质量。一般纤维长度越长，且长度整齐度越高，短绒越少，可纺纱越细，成纱条干越均匀，强度越高、毛羽越少，纱条表面越光洁。

2. 线密度　反映棉纤维粗细的程度，主要取决于棉花品种和生长条件，与成熟度也有密切的关系。线密度指长度为 1 000 m 的纤维在公定回潮率下的克数，称为特克斯(tex)，是我国线密度的法定单位。纤维的线密度一般用分特(dtex)表示，1 tex＝10 dtex。一般细绒棉线密度为 1.56～2.12 dtex，长绒棉为 1.18～1.54 dtex。

一般纤维细度愈细、细度愈均匀，成纱截面内纤维根数愈多，成纱条干均匀度愈好。但纤维愈细，加工过程中愈易扭结成棉结或折断成短纤维。

3. 成熟度　棉纤维的成熟度指纤维胞壁加厚的程度。棉纤维的成熟度与原棉品种、生长条件有关，特别受生长条件的影响，是综合反映棉纤维质量的一项指标。成熟度高低与棉纤维的细度、强力、弹性、吸湿性、染色性、转曲形态及可纺性密切相关。正常成熟的棉纤维有丝光、强度高、天然转曲较多、抱合力大、弹性好，对加工性能成纱品质有益。成熟差的棉纤维强度低、天然转曲少、抱合力小、弹性较差、吸湿性和染色性差，在加工中经不起打击，容易扭结。过成熟棉纤维天然转曲少、纤维偏粗，成纱强力低。

表示棉纤维成熟度的指标有成熟系数、成熟纤维百分率和成熟度比等。

成熟系数 K：根据棉纤维腔宽与壁厚比值的大小所定出的相应数值，即将棉纤维成熟程度分为 18 组后所规定的 18 个数值，如图 1-1-7 所示。最不成熟的棉纤维成熟系数定为零，最成熟的棉纤维成熟系数定为 5，用以表示棉纤维成熟度的高低。成熟系数越大，表示棉纤维越成熟。正常成熟的细绒棉的平均成熟系数一般在 1.5～2.0；长绒棉的成熟系数通常在 2.0 左右；成熟系数在 1.7～1.8 时，对纺纱工艺与成纱质量较为理想。

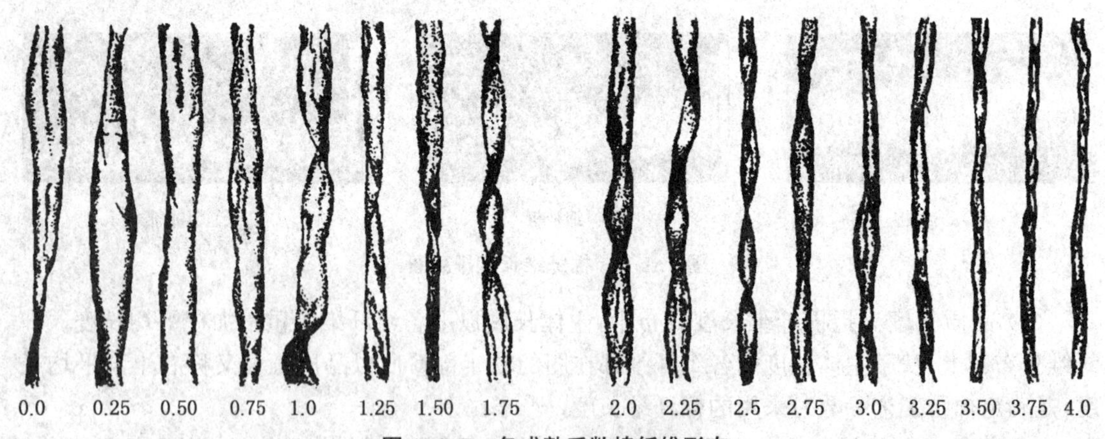

图 1-1-7　各成熟系数棉纤维形态

成熟纤维百分率 P：指在一个试验试样中，成熟纤维根数占纤维总根数的百分率。

成熟度比 M：指棉纤维细胞壁的实际增厚度与选定为 0.577 的标准增厚度之比。成熟度比越大，说明纤维越成熟。成熟度比低于 0.8 的纤维未成熟。

4. 马克隆值　马克隆值是同时反映棉纤维细度和成熟度的综合性指标，其定义是一定量的棉纤维在规定条件下透气性的量度，以马克隆刻度表示。其数值越大，则棉纤维越粗，成熟度也较高。马克隆值过高或过低的棉纤维其可纺性能都较差，只有马克隆值适中的棉纤维才能获得较全面的纺纱经济效果。马克隆值分三个等级，即 A、B、C 级。A 级最好，C 级最差，B 级为马克隆值标准级。马克隆值的分级范围如表 1-1-2 所示。

表 1-1-2　马克隆值分级分档表

分　级	分　档	范　围
A级	A	3.7～4.2
B级	B1	3.5～3.6
	B2	4.3～4.9
C级	C1	3.4 及以下
	C2	5.0 以上

马克隆值高，棉纤维能经受机械打击，易清除杂质，清梳落棉较少，制成率高，成纱条干较均匀，疵点较少，外观好，成熟度高，吸色性好，织物染色均匀。但马克隆值过高，会因纤维抱合力下降使棉纱强力下降，引起棉纱断头率增加，纤维较粗，使成纱条干均匀度和可纺性下降。马克隆值低，清梳落棉较多，棉纱疵点也较多，外观较差，纤维成熟度差，棉纱强力低，织物染色性能差。

5. 异性纤维　异性纤维(非棉和非本色棉纤维及集合体，如化学纤维、毛发、丝、麻、塑料膜、塑料绳、染色线、绳、布块等。俗称"三丝")为软杂物。异性纤维检验采用手工挑拣法。检验时对批样进行逐样挑拣，记录检出异性纤维或色纤维试样个数及包号，对未开包原棉随机抽取 5%棉包，逐包挑拣异性纤维和色纤维，根据异性纤维和色纤维的数量作降级处理。

6. 强度　棉纤维的强度指拉断单位细度棉纤维所需的最大外力，单位为 N/tex 或 cN/tex。细绒棉和长绒棉的断裂长度见表 1-1-3。棉纤维吸湿后强度增加 2%～10%；棉纤维的断裂伸长率为 3%～7%，吸湿后断裂伸长率约增加 10%。

表 1-1-3　原棉的主要质量指标

品　系	细　绒　棉	长　绒　棉
纤维色泽	精白、洁白或乳白，纤维柔软有丝光	色白、乳白或淡黄色，纤维细软富有丝光
纤维长度(mm)	25～33	33 以上
线密度(dtex)	1.67～2	1.18～1.43
马克隆值	3.3～5.6	2.8～3.8
纤维宽度(μm)	18～20	15～16
单纤强力(cN)	3～4.5	4～5
断裂长度(km)	20～25	33～40
天然转曲(个/cm)	39～65	80～120
适于纺纱品种	纯纺或混纺 11～100 tex 的细纱	4～10 tex 的高档纱和特种纱

棉纤维强力不仅与纤维的粗细有关，而且与原棉的种类、品种、生长环境、成熟度有关。一般粗纤维强力高，细纤维强力低。在其他条件相同时，纤维的强度高，其成纱的强度也高。

7. 杂质和疵点　杂质指原棉中夹杂的非纤维性物质，如沙土、枝叶、铃壳、棉籽、虫屎、籽棉等。疵点是指原棉中存在的由于生长发育不良和轧工不良而形成的对纺纱有害的物质，包括破籽、不孕籽、棉结、索丝、软籽表皮、僵片、带纤维籽屑和黄根等。杂质和疵点以及混入原棉中的异性纤维，不仅影响用棉量，还影响生产加工和产品质量。我国规定了原棉标准含杂率，皮辊棉为 3%，锯齿棉为 2.5%。

8. 回潮率　原棉水分含量的多少用含水率或回潮率表示。含水率指原棉中的水分含量占原棉重量的百分数；回潮率指原棉中的水分含量占干燥原棉重量的百分数。原棉的含水量大小影响重量的计算，也影响保管和加工。由于原棉的含水率不同，原棉的重量也不同，因此，在原棉买卖交易交接验收业务上，必须折合到标准含水率（国家规定为10%）计算标准重量，或者折合到公定回潮率计算公定重量。原棉回潮率一般在8%～13%，细绒棉公定回潮率为8.5%；回潮率最高限度为10.5%。

9. *糖分* 棉纤维中所含有的糖分包括自身含有的“生理糖”（即内糖）和附着表面的外源物质糖类（即外糖）。一般所说的棉纤维糖分是指纺织加工过程中能产生黏性的那部分糖分，这部分糖分含量较多时，在纺纱过程中可使纤维产生黏性，使棉纤维可纺性变差，见表1-1-4。

表1-1-4 棉纤维含糖量与可纺性的关系

含糖量(%)	0.3	0.3～0.5	0.5～0.8	0.8
可纺性	正常	有轻度黏性	有黏性	严重黏性

有危害的棉纤维糖分是外糖，主要是棉蚜排泄物污染和秋季低温干旱棉株蜜腺分泌物污染。

棉纤维含糖常用贝氏试剂比色法，这是一种定性测定棉纤维中还原糖的方法。贝氏试剂由甲、乙两液配制而成，甲液中含有柠檬酸三钠、碳酸钠，乙液中含有硫酸铜。两液混合后，柠檬酸三钠在碱性溶液中生成蓝色络合物。

棉纤维所含糖分子的醛基（—CHO）、酮基（—R—CO—R′）具有还原性。含糖的原棉加入贝氏试剂加热至沸，溶液中二价铜离子还原成一价铜离子，生成络合物和氧化亚铜沉淀而呈现各种颜色。由于纤维糖分含量不同，溶液分别显示出蓝、绿、草绿、橙黄、茶红五种颜色，对照标准样卡或孟塞尔色谱色标目测比色，即可定出含糖程度。

10. *色泽* 指原棉的颜色和光泽。优良的原棉应是晶亮、洁白或乳白，富有丝光，没有杂污。原棉色泽的好坏直接影响成纱的色泽。它可以反映纤维的成熟程度、生长条件或保管好坏。

11. *棉花质量标识*

(1) 棉花质量标识的标示方法及代号 棉花质量标识按棉花类型、主体品级、长度级、主体马克隆值级顺序标示，六、七级棉花不标示马克隆值级。

类型代号：黄棉以字母“Y”标示，灰棉以字母“G”标示，白棉不作标示；

品级代号：一级至七级，用“1”…“7”标示；

长度级代号：25 mm至32 mm，用“25”…“32”标示；其中，

25 mm，包括25.9 mm及以下

26 mm，包括26.0～26.9 mm

27 mm，包括27.0～27.9 mm

28 mm，包括28.0～28.9 mm

29 mm，包括29.0～29.9 mm

30 mm，包括30.0～30.9 mm

31 mm，包括31.0～31.9 mm

32 mm，包括32.0 mm及以上

六、七级棉花均按25 mm计

马克隆值级代号：A、B、C级分别用A、B、C标示；

皮辊棉、锯齿棉代号：皮辊棉在质量标示符号下方加横线“—”表示；锯齿棉不作标志。

例如：二级锯齿白棉，长度 29 mm，马克隆值 A 级，质量标识为：229A；

四级锯齿黄棉，长度 27 mm，马克隆值 B 级，质量标识为：Y427B；

四级皮辊白棉，长度 30 mm，马克隆值 B 级，质量标识为：430B；

五级锯齿白棉，长度 27 mm，马克隆值 C 级，质量标识为：527C；

五级皮辊灰棉，长度 25 mm，马克隆值 C 级，质量标识为：G525C；

六级锯齿灰棉，质量标识为 G625，其余类推。

(2) 标志　每一棉包两包头用黑字刷明标志：棉花产地（省、自治区、直辖市和县）、棉花加工单位、棉花质量标识、批号、包号、棉包毛重、生产日期。

(二) 棉纤维的物理性能

1. 吸湿性　棉纤维的主要成分是纤维素，有较多的亲水性基团，棉纤维中有中腔，又有很多孔隙，因此吸湿能力较强，其回潮率一般为 8%～13%。棉纤维吸湿后，其强力会增加，伸长也会增加。

2. 耐热性　在 110℃以下，只会蒸发棉纤维中的水分，不会引起纤维损伤。棉纤维能短时间承受 125～150℃的温度，在 150℃时会引起轻微分解。

3. 保暖性　棉纤维的导热系数为 0.071～0.075 W/m·℃，仅次于毛、丝，但优于其他化学纤维，是优良的御寒絮料之一。

4. 静电性　干燥棉纤维是电的不良导体。棉纤维的介电常数在 4～7.5 之间。随着含水率的增加，介电常数增加，导电性也增加，抗静电能力增强。

5. 耐光性　在阳光照射下，纤维素大分子会发生变化，聚合度、强度都下降。棉织物在阳光下暴晒一个月，强度会下降 26.5%，两个月强度会下降 45.8%，三个月强度会下降 60.6%。在光照作用中，紫外线对纤维的破坏作用最强。

6. 燃烧性　棉纤维接触火焰时迅速燃烧，即使离开火焰，仍能继续燃烧。

7. 抗熔性　棉纤维的回潮率较大，接触到烟灰、火花等热体时，要先使水分升温并蒸发，纤维不会软化、熔融。

8. 棉纤维的密度为 1.5 g/cm^3，是纺织纤维中较重的一种。

(三) 棉纤维的化学性能

(1) 棉纤维不溶于水，但吸水后会膨胀，其湿强大于干强。

(2) 棉纤维对碱和有机酸有较强的抵抗力。18%～25%的碱溶液在常温下处理棉纤维时，纤维素吸收氢氧化钠，使棉纤维横向膨胀，长度缩短，制品发生强烈收缩。此时，若施加张力，限制其收缩，棉制品会变得平整光滑，染色性能和光泽大大改善，该工艺称为丝光整理。

(3) 棉纤维不溶于一般的有机溶剂，如乙醇、乙醚、苯、汽油、四氯乙烯等，但它们可溶解纤维中的伴生物质。

(4) 棉纤维对无机酸的抵御力较弱。酸对纤维素大分子中苷键的水解起催化作用，使分子聚合度降低。但不同酸或同一种酸在不同条件下的作用不完全相同，无机酸如硫酸、盐酸、硝酸，对棉纤维有破坏作用，有机酸如甲酸作用较弱，70%浓盐酸或硫酸在常温下可以破坏甚至溶解纤维素。

(5) 棉纤维的染色性好。棉的吸湿性好，易于上色，可以用一般的染料在常温常压下染色。

(6) 棉纤维耐蛀不耐霉。棉纤维不易虫蛀，但在潮湿情况下，微生物极易生长繁殖，从而使纤维发霉、变色，因此棉纤维应储存在干燥的地方。

四、棉织物的服用性能

棉纤维产品用途宽广，使用领域包括服装、装饰以及产业用织物。服用棉织物品种繁多、花色各异，质地细而富有光泽，布身柔软爽滑，穿着挺括舒适。织物在原料使用上注重多元化，除纯棉产品外，棉可与各种天然纤维、化学纤维混纺或交织，赋予产品更优良的性能。

1. 外观性能　由于天然转曲，棉纤维光泽暗淡，其织物外观风格自然朴实。

棉纤维细而手感柔软，弹性差，穿着时和洗后容易起皱。为改善棉纤维的皱缩以及尺寸不稳定的性能，常对棉织物进行免烫整理。另外，与不易变形的涤纶等合成纤维混纺或进行交织加工，也是常用的提高棉织物抗皱性的措施。

2. 舒适性能　棉纤维具有较强的吸湿能力，棉制服装吸湿、透气、无闷热感，也无静电现象，手感柔软。棉纤维是热的不良导体，纤维内腔充满了静止的空气，因此棉纤维是保暖性较好的材料。

3. 耐用保养性能　棉纤维断裂伸长率较低、初始模量不高、变形能力差。棉纤维弹性差，耐磨性不突出，棉织品不太耐穿。棉纤维具有较强的吸湿能力，能吸收接近其本身重量 1/4 的水分，导致纤维膨胀，横截面变得更圆。因此棉织物在裁剪前应预缩，以避免制成服装后尺寸变小。同时，被吸收的水可以降低纤维的内应力，提高纤维的柔韧性，因此润湿的棉织物更容易熨烫。棉纤维吸湿后弹力和强力增加，在 110℃ 以下不会引起纤维损伤，因此棉纤维耐水洗，可用热水浸泡和高温烘干。

五、新型棉

（一）彩色棉

天然彩色棉是采用现代生物工程技术培育出来的一种在棉花吐絮时纤维就具有天然色彩的新型纺织原料。

长期以来，人们只知道棉花是白色的，其实在自然界中早已存在有色棉花。这种棉花的色彩是一种生物特性，由遗传基因控制，可以传递给下一代。就像不同人种的头发有黑、棕、金黄一样，都是天生的。

彩色棉制品有利于人体健康，在纺织过程中减少印染工序，迎合了人类提出的“绿色革命”口号，减少了环境污染，有利于国家继续保持纺织品出口大国的地位，打破了国际“绿色贸易壁垒”。

1. 彩棉的特点

（1）舒适　亲和皮肤，对皮肤无刺激，符合环保及人体健康要求。

（2）抗静电　由于棉纤维的回潮率较高，所以不起静电，不起球。

（3）透气透湿性好　彩棉吸附人体皮肤上的汗水和微汗，使体温迅速恢复正常，真正达到透气、吸汗效果。经过调研，发现彩色棉的环保特性和天然色泽非常符合现代人生活的品位需求，由于它未经任何化学处理，某些纱线、面料品种上还保留有一些棉籽壳，体现其回归自然的感觉，因而产品开发充分利用了这些特点，做到色泽柔和、自然、典雅，风格上以休闲为主，再渗透当季的流行元素。服饰品形象体现庄重大方又不失轻松自然，体现着生态、自然、休闲的时尚趋势，家纺类形象体现温馨舒适又给人以返璞归真的感受。彩棉服装除棕、绿色外，现在正在逐步开发蓝、紫、灰红、褐等色彩的服装品种。

（4）色泽　棉花纤维表面有一层蜡质。普通白色棉花在印染和后整理过程中，使用各种化学物质消除了蜡质，加上染料的色泽鲜艳，视觉反差大，故而鲜亮。彩棉在加工过程中未使用化学物质处理，仍旧保留了天然纤维的特点，故而产生一种朦朦胧胧的视觉效果，鲜亮度不及印染面料制作的服装。

2. *彩棉服装的真伪识别*　最直接的方法是将一块彩棉面料放入40℃的洗衣粉溶液中浸泡6 h后(目的是去除纤维表面的蜡质层),用清水洗涤干净,待干燥后观察色泽变化。如果色泽比浸泡前深的,则为真品,否则属伪制品。

3. *彩棉制品的洗涤方法*　彩色棉的色彩源于天然色素,其中个别色素(如绿、灰、褐色)遇酸会发生变化。因此洗涤彩色棉制品时,不能使用带酸性洗涤剂,而应选用中性肥皂和洗涤剂,同时注意将洗涤剂溶解均匀后再将衣服浸泡在其中。

(二) 有机棉

有机棉是指在农业生产中,以有机肥、生物防治病虫害、自然耕作管理为主,不使用化学制品,从种子到农产品全天然无污染生产的棉花;是以各国或WTO/FAO颁布的《农产品安全质量标准》为衡量尺度,棉花中农药、重金属、硝酸盐、有害生物(包括微生物、寄生虫卵等)等有毒有害物质含量控制在标准规定限量范围内,并获得认证的商品棉花。有机棉的生产方面,不仅需要栽培棉花的光、热、水、土等必要条件,还对耕地土壤环境、灌溉水质、空气环境等的洁净程度有特定的要求。因此,有机棉花生产是可持续性农业的一个重要组成部分,它对保护生态环境、促进人类健康发展以及满足人们对绿色环保生态服装的消费需求具有重要意义。

有机棉在种植和纺织过程中要保持纯天然特性,现有的化学合成染料无法对其染色,只有采用纯天然的植物染料进行自然染色。

任务实施

棉纤维性能检验

原棉的品质直接影响到纺织产品的质量及纺纱加工工艺参数的确定。原棉在进入纺织厂后要在专门的试验室进行工艺性能检验。在原棉贸易中,为了贯彻优棉优价、按质论价,确保供需双方的经济利益,需要进行公证检验。

按现行国家标准GB 1103.1—2023《原棉　锯齿加工细绒棉》规定,棉花公证检验项目分品质检验和重量检验,品质检验项目包括品级、长度、马克隆值和异性纤维含量检验,检验结果将影响棉花价格。质量检验项目包括回潮率、含杂率、公定重量,重量检验影响棉花结算重量。采用大容量快速测试仪(HVI)进行检验时,还包括棉纤维的断裂比强力、长度整齐度指数、反射率、黄色深度和色泽特征级检验。

实训1　原棉品级检验手感目测法

一、实训目的

通过实训,使学生进一步理解原棉品级条件,掌握原棉品级评定的方法,能观察认识各品级实物标样的区别,初步具有原棉品级评定的能力。

二、参考标准

国家标准GB 1103.1—2023(棉花　锯齿加工细绒棉)

三、试验仪器与用具

锯齿棉及皮辊棉品级实物标准(1～6级)各一套,棉花分级室。

四、试样准备

1. 取样原则　取样应具有代表性。

2. 取样数量　成包皮棉每10包(不足10包按10包计)抽1包。每个取样棉包抽取检验样品约300 g,形成批样。

3. 取样方法　成包皮棉从棉包上部开包后,去掉棉包表层棉花,抽取完整成块样品供品级、长度、马克隆值、异性纤维和含杂率等检验,装入取样筒;再从棉包10～15 cm深处抽取回潮率检验样品,装入取样筒内密封。

五、测试原理

依据现行国家标准GB 1103.1—2023(棉花　锯齿加工细绒棉),在分级室(具有标准模拟昼光照明或北窗光线)里,对照棉花品级的实物标准,结合品级条件和品级参考指标进行品级的评定。

1. 原棉品级条件(表1-1-5)

表1-1-5　原棉品级条件

级别	皮辊棉			锯齿棉		
	成熟程度	色泽特征	轧工质量	成熟程度	色泽特征	轧工质量
一级	好	色洁白或乳白,丝光好,稍有淡黄染	黄根、杂质很少	好	色洁白或乳白,丝光好,微有淡黄染	索丝、棉结、杂质很少
二级	正常	色洁白或乳白,有丝光,有少量淡黄染	黄根、杂质少	正常	色洁白或乳白,有丝光,稍有淡黄染	索丝、棉结、杂质少
三级	一般	色白或乳白,稍见阴黄,稍有丝光淡黄染、黄染稍多	黄根、杂质稍多	一般	色白或乳白,稍有丝光,有少量淡黄染	索丝、棉结、杂质较少
四级	稍差	色白略带灰黄,有少量污染棉	黄根、杂质较多	稍差	色白略带阴黄,有淡灰、黄染	索丝、棉结、杂质稍多
五级	较差	色灰白带阴黄,污染棉较多,有糟绒	黄根、杂质多	较差	色灰白有阴黄,有污染棉和糟绒	索丝、棉结、杂质较多
六级	差	色灰黄,略带灰白,各种污染棉、糟绒多	杂质很多	差	色灰白或阴黄污染棉、糟绒较多	索丝、棉结、杂质多
七级	很差	色灰暗,各种污染棉、糟绒很多	杂质很多	很差	色灰黄,污染棉、糟绒多	索丝、棉结、杂质很多

2. 原棉品级参考指标(表1-1-6)

表1-1-6　原棉品级参考指标

品级	成熟系数≥	断裂比强度(cN/tex)≥	轧工质量				
			皮辊棉		锯齿棉		
			黄根率(%)≤	毛头率(%)≤	疵点(粒/100 g)≤	毛头率(%)≤	不孕籽含棉率(%)
一级	1.6	30	0.3	0.4	1 000	0.4	20～30
二级	1.5	28	0.3	0.4	1 200	0.4	
三级	1.4	28	0.5	0.6	1 500	0.6	
四级	1.2	26	0.5	0.6	2 000	0.6	
五级	1.0	26	0.5	0.6	3 000	0.6	

注:疵点包括破籽、不孕籽、索丝、软籽表皮、僵片、带纤维籽屑及棉结;断裂比强度隔距3.2 mm。

3. 棉花实物标准

根据品级条件和品级条件参考指标制作而产生的实物标准是装入棉花品级标准盒中的各品级最差的棉花实物。锯齿棉、皮辊棉各有六盒。

六、操作步骤

(1) 检验品种时，手持棉样压平、握紧举起，使棉样密度与品级实物标准密度相似，在实物标准旁进行对照确定品级。

(2) 分级时应用手将棉样从分级台上抓起，使底部呈平行状态转向上，拿在稍低于肩胛离眼睛 40～50 cm 处，与实物标准对照检验。凡在本标准以上、上一级标准以下的原棉即定位该品级。

(3) 原棉品级应按取样数逐一检验并记录其品级。

(4) 检验每个棉样后，计算出批样中各相邻品级的百分比，以其中占 80%及以上的品级定位主体品级。

七、实训报告

将测试记录的结果填入报告单中。

原棉品级检验实训报告单

检测品号________________　检验人员(小组)________________

检测日期________________　温湿度________________

序　号	检验品级	品级百分比	计算结果
1			主体品级
2			
3			
4			
5			
6			
7			
8			
9			
10			

八、思考题

1. 在原棉品级检验中会造成检验人员之间的评定误差，如何减少检验误差？

2. 原棉品级条件中，成熟系数和轧工质量指标可以量化，棉花色泽指标能否量化？

3. 棉花分级室的模拟昼光照明条件如何？(GB/T 13786—1992《棉花分级室的模拟昼光照明》)

实训 2　原棉长度检验手扯法

一、实训目的

通过实训，会制备原棉手扯长度试样，学会用手扯尺量方法检验原棉的手扯长度，能对测试数据进行计算和处理并能正确填写测试报告单。

二、参考标准

国家标准 GB/T 19617—2007(棉花长度试验方法 手扯尺量法)

三、试验仪器与用具

黑绒板,纤维专用尺,原棉批样。

四、测试原理

原棉手扯长度即用手工检验原棉长度,以国家长度标准棉样作为校正的依据,它表示原棉中占有纤维根数最多的纤维长度,手扯长度与仪器检验原棉长度指标中的主体长度相接近,按国家标准规定,长度检验时以 1 mm 为间距分档,28 mm 为长度标准级,细绒棉分级如下:

25 mm(25.9 mm 及以下) 26 mm(26.0～26.9 mm) 27 mm(27.0～27.9 mm)
28 mm(28.0～28.9 mm) 29 mm(29.0～29.9 mm) 30 mm(30.0～30.9 mm)
31 mm(31 mm 及以上)

注:长绒棉手扯长度范围为 33～45 mm

五、试样准备

在分级棉样中,从不同部位多处选取有代表性的棉样 10 克,梳理小样使纤维基本趋于平顺。

六、操作步骤

1. *双手平分* 用两手靠拢握紧,双手平分缓缓扯成两半。将右手的半截棉样重叠于左手中,合并握紧,使扯开的两个面尽量平齐,用右手将截面上参差游离的纤维拿掉,使截面平齐。

2. *抽取纤维* 用右手的食指与拇指,扯取左手中棉样截面各处伸出的纤维,顺次缓缓扯出,每次扯出的纤维,顺次重叠在右手的拇指与食指间,直到形成适当的棉束时停止。

3. *整理棉束* 右手握紧棉样,用左手拇指与食指整理右手中的棉束,去掉游离纤维、索丝、杂质等,使右手中露出的棉束成整齐平滑状态。

4. *反复抽拔* 将右手的这束棉样平行地移到左手,并用左手的拇指和食指夹持,露出整齐端,(露出端不宜过长),再用步骤 3 扯取。如此两手反复扯取三、四次,一边扯取,一边剔除棉束内夹有的丝团、杂质,直到棉束平整均匀、纤维伸直、互相接近平行、一端整齐为止。

5. *尺量棉束长度* 将整理好的棉束放置在黑绒板上,用钢尺在棉束的两端划测量线,在棉束整齐端少切些,不整齐端多切些。切取程度以不见黑绒板为宜,两端所划切线必须互相平行,且与棉束垂直。用纤维尺量取两条平行线间的距离,所量之长度即为棉束的手扯长度。

用上述方法逐份检验棉样的手扯长度并记录。每份棉样手扯尺量 1 个棉束。

检验每个棉样后,根据各个棉样手扯长度计算出整批棉样的算术平均长度及各长度级的百分比。计算到小数点后二位,按修约规则修至一位。

七、实训报告

将测试记录的结果填入报告单中。

原棉手扯长度实训报告单

检测品号＿＿＿＿＿＿＿＿　检验人员（小组）＿＿＿＿＿＿＿＿

检测日期＿＿＿＿＿＿＿＿　温湿度＿＿＿＿＿＿＿＿

试样序号	检验手扯长度			各试样长度的算术平均值	手扯长度级
1					
2					
3					
4					
5					

八、思考题

1. 原棉品级与手扯长度检验的实际意义是什么？
2. 如何才能使手扯长度测得又快又准？

实训 3　棉纤维马克隆值测定

一、实训目的

通过实训，能熟练操作气流仪，会用气流仪测定纤维细度，能对测试数据进行处理并填写检测报告。

二、参考标准

国家标准 GB/T 6498—2024(棉纤维马克隆值试验方法)、Y175 型气流式纤维细度仪说明书。

三、测试仪器

图 1-1-8　Y175 型气流式纤维细度仪

四、测试原理

气流通过纤维塞试验试样，气流仪刻度尺显示其透气性(以通过纤维塞的气流量或纤维塞两端的压力差表示)，气流仪的类型决定了试验试样的质量和体积(Y145C 型动力气流式纤维细度仪需 5 g 棉样)。用气流仪指示其透气性的刻度可以标定为马克隆值，也可以用流量或压力差读数表示，再换算成马克隆值。

试验应在标准状态下进行，并以三个接近待测试试样马克隆值的校准棉样校准仪器。

五、试样准备

从实验室样品的不同部位均匀抽取纤维组成 20 g 的试验试样，在杂质分析机开松除杂两次后，从处理过的试样中称取两份各 5 g 重的试样。

六、操作步骤

1. 仪器校验　试验前，首先以校正阀调整仪器至正常状态，然后以校准棉样校准仪器。

(1) 仪器开启后，接通电源，将校正阀插入试样筒内(以扭转动作插入)。

(2) 将手柄往下扳至前位，手柄杆为水平状态。

(3) 将校正阀顶端的圆柱塞拉出。检查压差表指针是否在 Mic2.5，如果不在，调节零位调节阀(左侧的一个旋钮)，直至合适。顺时针旋转时指针向右偏、逆时针旋转时使指针向左偏。

(4) 将校正阀的圆柱塞推入。检查压差表指针是否指示在校正阀的标定值 Mic6.5 上，如果不在，调节量程调节阀(右侧的一个旋钮)，直至达到标定值。顺时针转动时指针向右移。

(5) 重复步骤 3～4，直至二个标定值均能基本达到。

(6) 将手柄回复至后位。

(7) 取出校正阀，放回校正阀托架内，并当即固定之。

2. 操作

(1) 把试样均匀地装入试样筒，可用手指扯松纤维以分解开棉块，但不要作过分的牵伸，防止纤维趋向平行。要注意所有的纤维都要均匀地塞入试样筒。然后盖上试样筒上盖并锁定在规定的位置上。

(2) 将手柄扳动至前位，在压差表上读取马克隆(估计到两位小数)。

(3) 将手柄扳动至原来位置(后位)，从而打开试样筒上盖。

(4) 取出试样，准备下一个试样。

(5) 重复 1～4 步骤，试验两个试样。

(6) 若同一种试样需作第二次测试，则注意从仪器中取出棉花时不要丢失纤维。尽可能少用手接触纤维，以保持纤维原有的温湿度。

3. 结果与计算

(1) 若实验是在标准状态下进行的，则根据每份试样测得的平均流量在气流仪上分别直接读出相应的马克隆值，而后再求出平均马克隆值。若两份试样马克隆值的差异超过 0.10 时，则进行第三份样品的测试，以三份试样的平均值作为最后的结果。

(2) 若实验是在非标准状态下进行的，则测得的每份试样的平均流量还须修正，根据修正流量再读出相应的马克隆值，求出最终的平均结果。

修正后试验结果＝修正系数×试验样品的观测值

修正系数可根据温度查表 1-1-7。

表 1-1-7　10～35℃的流量修正系数

温度(℃)	10	20	30
0	0.956	1.000	1.044
1	0.960	1.004	1.049
2	0.965	1.009	1.053
3	0.969	1.013	1.058
4	0.974	1.018	1.062
5	0.978	1.022	1.067
6	0.982	1.027	
7	0.987	1.031	
8	0.991	1.035	
9	0.996	1.040	

七、实训报告

将测试记录的结果填入报告单中。

马克隆值检测报告单

检测品号＿＿＿＿＿＿＿＿＿＿＿＿＿　　检验人员(小组)＿＿＿＿＿＿＿＿＿＿＿＿＿

检测日期＿＿＿＿＿＿＿＿＿＿＿＿＿　　温湿度＿＿＿＿＿＿＿＿＿＿＿＿＿

<table>
<tr><th>试样序号</th><th>实测马克隆值</th><th>各试样马克隆值的算术平均值</th><th>修正后的马克隆值</th><th>计算结果</th></tr>
<tr><td rowspan="2">1</td><td></td><td rowspan="2"></td><td rowspan="2"></td><td rowspan="3">修正系数</td></tr>
<tr><td></td></tr>
<tr><td rowspan="2">2</td><td></td><td rowspan="2"></td><td rowspan="2"></td></tr>
<tr><td></td><td rowspan="3">马克隆值</td></tr>
<tr><td rowspan="2">3</td><td></td><td rowspan="2"></td><td rowspan="2"></td></tr>
<tr><td></td></tr>
<tr><td>校准棉样</td><td></td><td></td><td></td><td></td></tr>
</table>

八、思考题

1. 棉纤维马克隆值是如何得来的？
2. 棉纤维马克隆值的测定方法有哪些？
3. 棉纤维马克隆值与棉纤维细度有什么关系？

»»»课 后 练 习«««

1. 名词解释

成熟度系数　马克隆值　长绒棉　细绒棉

2. 填空题

(1) 棉纤维形成分为________、________、________三个时期,其中________主要是长度。________形成天然转曲。

(2) 棉花初加工即轧花,是将棉纤维与棉籽剥离的加工,依据轧花机的不同,有________轧花和________轧花,分别形成________和________两种皮棉(原棉)。

(3) 棉花按品系分为________、________、________三中级别,其中________国内已基本淘汰。

(4) 棉纤维的马克隆值分为________、________、________三个级别,其中为标准级,马克隆值同时反映了棉纤维的________和________。

3. 判断题

(1) 棉纤维愈成熟,强度愈高。　(　　)

(2) 长绒棉长,细绒棉细。　(　　)

(3) 马克隆值越大,纤维成熟度越好。　(　　)

任务二 麻纤维的性能与检测

◆ 任务目标

知识目标：

1. 认识麻纤维的分类；2. 熟悉麻纤维的组成和结构。

能力目标：

1. 掌握麻纤维的性能；2. 能辨别苎麻、亚麻纤维。

◆ 任务引入

麻是世界上最古老的纺织纤维，埃及人早在公元前 5000 年就开始使用麻，我国也自古就有“布衣”“麻裳”之说。

麻纤维是从各种麻类植物上获取的纤维的统称，是人类最早用于衣着的纺织原料。纺织行业中使用较多的主要有苎麻、亚麻、黄麻、洋麻、罗布麻等。苎麻和亚麻是良好的夏用织物和装饰用织物原料，也是加工抽绣工艺品的理想原料。黄麻和洋麻等质地粗硬，故适宜用作包装用布、麻袋、麻绳等。麻纤维还可以用于军工和工业产品，如缆绳、绳索、麻袋、麻线、渔网及军工品等。本任务主要讲述苎麻、亚麻纤维的结构及其性能。

麻纤维织物吸湿透气、穿着凉爽舒适，其夏季服装备受欢迎。由于麻的加工成本较高，产量较少，加之其自然粗犷的独特外观迎合近几年“重返自然”的消费主题，使麻成为一种尊贵的时髦纤维。

◆ 课程思政

衣物和食品是人类赖以生存的两大基本要素。衣物最主要的功能是御寒，对衣物的需求催生了纺织品。在人类历史上，纺织生产与农业生产几乎是同时开始的。在中国，麻用于纺织的历史比丝绸更为悠久，古人最早使用的纺织品就是麻绳和麻布。现存新石器时期(江苏省吴县草鞋山，公元前 3600 年)的葛织物，是我国目前发现的最早的纺织品。麻纺织经久不衰，有些品种到今天还一直令人惊叹，也一直被世人喜爱，一个典型例子就是夏布。我国的夏布织造历史悠久，始于 2 600 多年前的春秋战国时期，至今夏布仍在织造使用，其织造技艺于 2008 年被列入国家级非物质文化遗产名录。麻类作物是重要的纤维作物，也是我国最古老的作物之一，包括韧皮纤维和叶纤维两大类。我国拥有丰富的麻类资源，麻的种类之多、产量之高，世所罕见。

知识要点

一、麻纤维的种类与初加工

(一) 麻纤维的种类

麻纤维是一年生或多年生草本双子叶植物的韧皮纤维和单子叶植物的叶纤维的统称，目前主要分为韧皮纤维和叶纤维。

1. *韧皮纤维* 韧皮纤维又称茎纤维或软质纤维，是指从双子叶织物的茎部剥离下来的韧皮，经过适度的微生物或化学脱胶，制成单纤维或束纤维。属于这类麻纤维的有苎麻、亚麻、黄麻、洋麻、苘麻、罗布麻等品种。其中洋麻、黄麻含有的木质素比较多，又称木质纤维，其质地较硬，适宜做麻袋、是凉席和绳索的原料；而苎麻、亚麻、罗布麻含有木质素较少，称为非木质素纤维，其质地柔软，可供纺织用。

2. *叶纤维* 叶纤维又称硬质纤维，是从草本单子叶植物的叶片或叶鞘中获取的纤维。叶纤维的种类很多，主要有剑麻、蕉麻和菠萝麻等。这类纤维大多分布在热带和亚热带地区，故又称热带麻，具有粗硬、坚韧、变形小、强力高、湿强高、耐海水和耐酸碱腐蚀等特点，主要用于制作绳索、渔网等。

(二) 麻纤维的初加工

脱胶后的苎麻纤维在进行纺纱时多呈单纤维状态，而脱胶后的亚麻等其他麻纤维在进行纺纱时呈纤维束状态，即工艺纤维。所谓工艺纤维是指经过脱胶和梳麻机处理后，符合纺纱要求的具有一定细度、长度的束纤维。

1. *苎麻的初加工* 苎麻主要产于我国的长江流域，以湖北、湖南、江西出产最多，印度尼西亚、巴西、菲律宾等国也有种植。苎麻是荨麻科苎麻属的多年生宿根草本植物，麻龄可达10～30年。常用栽培种子或分根、分株、压条等方法繁殖，一年可以收获三次，第一次生长期为90天，称为头麻；第二次约为70天，在9月下旬至10月收割，称为三麻。苎麻分白种苎麻和绿叶种苎麻两种，白种苎麻原产于华南山区，在中国有悠久的栽培历史，在国外久负盛名，被誉为“中国草”。

(1) 原麻是指从苎麻茎上剥下并经刮制的韧皮。麻皮自茎上剥下后，先刮去表皮，称为刮青，目前我国苎麻的剥皮和刮青以手工操作为主。经过刮青的麻皮晒干或烘干后成丝状或片状的原麻，又称生麻，即商品苎麻。

(2) 精干麻是指经过脱胶处理的苎麻。生麻在纺纱前还需经过脱胶工序，苎麻历史上一贯采用生物脱胶方法，近年渐渐采用化学脱胶，国内采用的化学脱胶工艺流程为：

苎麻原料选麻→解包剪束扎把→浸酸→高压煮练(废碱液)→高压煮练(碱液、硅酸钠)→打纤→浸酸→洗麻→脱水→给油(乳化油、肥皂)→脱水→烘燥→精干麻。

苎麻长纤维纺纱时采用切断麻脱胶，其工艺流程为：

滚刀切断→稀酸预处理→蒸球煮练→(喂料机→开纤→酸洗→水洗)联合机。

根据纺织加工的要求，脱胶后苎麻的残胶率应控制在2%以下，脱胶后的纤维称为精干麻，色白而富于光泽。

2. *亚麻的初加工* 亚麻适宜在寒冷地区生长，俄罗斯、波兰、法国、比利时、德国等是主要产地，我国的东北地区及内蒙古等地也大量种植。亚麻属亚麻科亚麻属，纺织用的亚麻均为一年生草本植物。亚麻分纤维用、油用和油纤兼用三种，前者通称亚麻，后两者一般称为胡麻。亚麻茎细而高，蒴果少，一般不分枝，纤维细长质量好，是优良的纺织纤维。油用亚麻茎粗短，蒴果多，分枝多，主要是取种籽供榨油用，纤维粗短质量差。油纤兼用亚麻的特点介于亚麻和油用亚麻之间，既收取种籽也收取纤维，可用于纺织。

从亚麻茎中获取纤维的方法称为脱胶、浸渍或沤麻。亚麻茎细，木质部都不甚发达，从韧皮部制取纤维不能采用一般的剥制方法，而是亚麻原茎经浸渍等加工而成。经过浸渍以后的亚麻，或自然干燥或经干燥机干燥，自然条件干燥后的麻，手感柔软有弹性，光泽柔和，色泽均匀，为我国普遍采用。干燥后的麻茎经碎茎机将亚麻干茎中的木质部分压碎、折断，使它与纤维层脱离，然后再用打麻机把碎茎后的麻屑（木质和杂质）去除，获得可纺的亚麻纤维，称为打成麻，它是细纤维束，由剩余胶黏结单纤维而成。其初加工的流程如下：

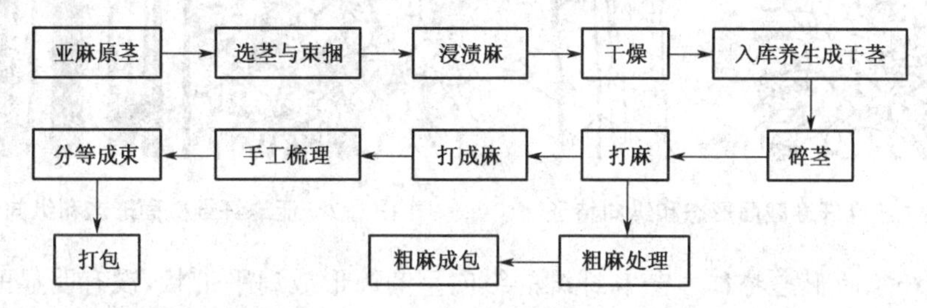

亚麻脱胶的方法很多，主要作用为破坏麻茎中的黏结物质（如果胶等），使韧皮层中的纤维素物质与其周围组织成分分开，以获得有用的纺织纤维。

二、麻纤维的形态结构

（一）麻纤维的组成物质

麻纤维的主要化学组成为纤维素，并含有一定数量的半纤维素、木质素和果胶等。脱胶工艺就是去除纤维素以外的各种物质，苎麻、亚麻纤维的化学组成见表 1-2-1。

表 1-2-1　麻纤维各组成物质含量　　单位：%

种类＼组成物质	纤维素	半纤维素	木质素	果　胶	水溶物	脂蜡质	灰　分	其　他
苎　麻	65～75	14～16	0.8～1.5	4～5	4～8	0.5～1.0	2～5	
亚　麻	70～80	12～15	2.5～5	1.4～5.7		1.2～1.8	0.8～1.3	0.3～0.6

和棉纤维一样，麻纤维的主要物质成分是纤维素，它是天然高分子化合物，化学结构式为 $(C_6H_{10}O_5)_n$，其中 n 为聚合度，麻纤维大分子有三个醇羟基，羟基和甙键的存在决定了麻纤维有较好的耐碱性和较差的耐酸性以及很好的吸湿能力等。

半纤维素与纤维素结构相似，在某些化学药剂中的溶解度大，很容易溶于稀碱溶液中，甚至在水中也能部分溶解；果胶物质对酸、碱和氧化剂作用的稳定性较纤维素低。木质素在植物中的作用主要是给植物一定的强度。木质素含量少的纤维光泽好，柔软而富有弹性，可纺性能及印染时的着色性能均好。

麻皮中还含有脂肪、蜡质和灰分等。脂肪、蜡质一般分布在麻皮的表层，在植物生长过程中，有防止水分剧烈蒸发和浸入的作用。灰分是植物细胞壁中包含的少量金属性物质，主要是钾、钙、镁等无机盐和它们的氧化物。麻纤维中还含有少量的氮物质、色素等，这些物质都能溶于 NaOH 溶液中。

（二）常用麻纤维的形态特征

不同种类的麻纤维的形态是不相同的。麻纤维的横截面为带有中腔的椭圆形、半月形、多角形、菱形或扁平形，见图 1-2-1 和图 1-2-2。其中腔亦呈椭圆形或不规则形，胞壁厚度均匀，有时带有放射状条纹，未成熟的纤维细胞横截面呈带状。

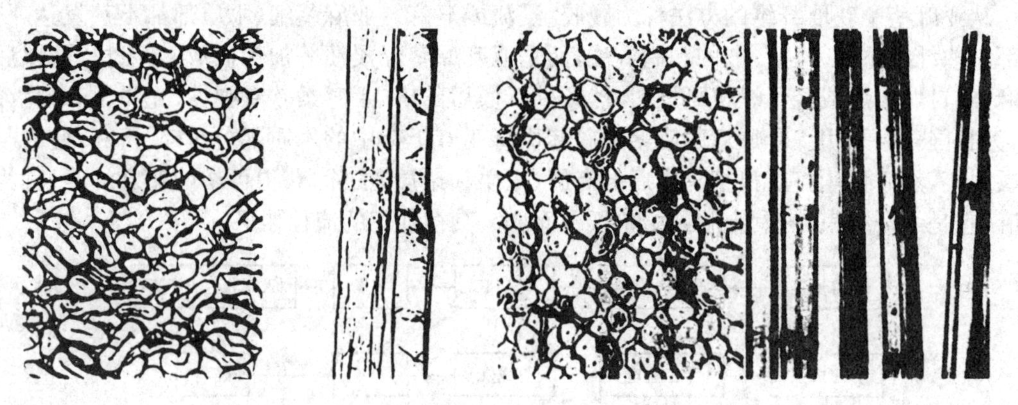

图 1-2-1　苎麻纤维截面形态和纵向特征　　**图 1-2-2　亚麻纤维截面形态和纵向特征**

1. 苎麻纤维的形态特征　苎麻纤维的纵向呈圆筒形或扁平带状，没有明显的转曲，纤维表面有时平滑，有时有明显的竖纹，两侧常有结节(横节)，纤维头端呈厚壁纯圆，其截面和纵向特征如图 1-2-1 所示。

2. 亚麻纤维的形态特征　亚麻单纤维又称原纤维，纵向中段粗两端细，呈纺锤形，横截面呈多角形。亚麻单纤维两端尖细，长度变异极大，麻茎根部最短，中部稍长，梢部最长。

麻的品质与脱胶的质量关系密切。苎麻与亚麻纤维的形态结构对比如表 1-2-2 所示。

表 1-2-2　苎麻与亚麻纤维的形态结构对比

品种	截面结构	纵向结构
苎麻	呈腰圆形，有中腔	扁平带状，表面有条纹 裂纹，有粗横节
亚麻	呈多角形(五角形或六角形)，中腔较小	表面有结节和条痕

三、其他麻纤维

1. 黄麻

黄麻属一年生草本植物，其纤维富有光泽，颜色为乳白色或乳黄色，部分为灰白色、棕黄色。黄麻能大量吸收水分，且散发速度快，透气性良好，断裂强度较高。黄麻主要用于粮食、食盐等物品的包装袋，纤维及纱线、布匹的包布，沙发面料和地毯基布及电缆包覆材料等。黄麻的断裂伸长率小于 2%，刚度大，很少用于衣料。

2. 洋麻

洋麻属一年生草本植物，原来野生于非洲。洋麻是黄麻的主要代用品，其用途与黄麻相同，用作包装用麻袋、麻布等的原料，也用于家用和工农业用粗织物。黄麻与洋麻的单纤维长度很短，纺织上利用工艺纤维进行纺纱。洋麻较黄麻粗硬，柔软度差。黄、洋麻的束纤维强度在 245～490 N 之间，洋麻强度较黄麻略高。洋麻为银白色，部分为灰白色。黄麻的光泽比洋麻好。

一般洋麻纤维比较粗硬，柔软度差，因此洋麻纺纱中断头率高，可纺性不及黄麻。黄麻和洋麻的燃点很低，纤维吸湿后产生膨胀并放热，当温度升高到150～200℃时自行着火燃烧，因此贮存过程要特别注意。

3. 罗布麻

罗布麻是一种野生的植物纤维。由于最早在新疆罗布泊发现，故以罗布麻命名，但其产量少，主要产于新疆、甘肃等地。罗布麻不仅具有一般麻类纤维的吸湿性、透气透湿性和强力，还具有丝的光泽、麻的风格和棉的舒适性，特别适于制作夏天的服装。罗布麻的品质仅次于苎麻，它的单纤维长度比亚麻等纤维长，且纤维细度小，因此可以单纤维纺纱。由于罗布麻纤维表面光滑无转曲，抱合力小，在纺织加工中容易散落，制成率较低，影响到成纱质量。可采用其单纤维与其他纤维混纺，成品效果较好。

罗布麻纤维在标准状态下的回潮率为7%左右，强力高达2.9～4.2 cN/dtex，断裂伸长率为3.4%。罗布麻最为突出的性能是具有一定的医疗保健功能，纤维中含有强心苷、蒽醌、黄酮类化合物、氨基酸等化学成分，具有清火、强心、利尿功能，对降低穿着者的血压有显著的效果，并对金黄色葡萄球菌、白色念菌和大肠杆菌有明显抑制作用，其织物水洗30次后的无菌率仍高于一般织物10～20倍。

4. 剑麻

剑麻是热带作物，可制成绳索、刷子、包装材料、纸张、地毯底布或与塑料压成建筑板材等。剑麻纤维洁白而富有光泽，粗硬，伸长小，吸水快，标准回潮率为11.3%，纤维强度高(纤维束断裂强力达784～921.2 N)，在水中的强度比干强增大10%～15%，耐碱不耐酸，耐磨，耐低温，在海水中的耐腐力特别强，在0.5%盐水中浸渍50日，其强度尚有原强度的81.2%，因此适宜于制造舰艇和渔船的绳索、缆绳、绳网等。现今由于合成纤维的发展，有逐渐被取代的趋势。

5. 蕉麻

蕉麻与香蕉同科，原产于菲律宾群岛。蕉麻纤维呈乳黄色或淡黄白色，有光泽，纤维粗硬坚韧，在硬质纤维类中强度是最大的，湿强为干强的1.2倍左右，断裂伸长率约为2%～4%。蕉麻纤维的耐水性很好，适宜制作绳索、船缆、渔网、刷子、包装袋，也可供纺织和造纸用。

6. 菠萝麻

菠萝麻原产于巴西，其叶片较短、较薄，纤维含量较少，主要通过浸泡、机械处理、化学处理、手工刮取等方法将纤维从叶子的黏合物中分离出来。由于它始终含有一定的果胶和木质素等，因此菠萝麻纤维的外观略显淡黄色，纤维较粗硬，具有与棉相当或比棉更高的强度(菠萝麻纤维的强度与成熟度关系很大)，断裂伸长接近苎麻、亚麻，初始模量高，不易变形，具有类似丝光亚麻的手感，具有很好的吸湿性能和染色性能。菠萝麻纤维可纺性差，常以工艺纤维进行纺织加工，可制成绳索、包装材料、缝鞋线，也可用于造纸和土法编席等。

上述麻类单纤维的质量指标对比见表1-2-3。

表1-2-3　其他麻类单纤维质量指标

指标	黄麻	洋麻	罗布麻	剑麻	蕉麻
细胞长度(mm)	14	2～6	20～25	2.7～4.4	3～12
细胞细度(μm)	10～20	18～27	10～20	20～32	24～25
回潮率(%)	12～14.5	10～13	7	11.3	10
比重(g/cm³)	1.211	1.272	1.55	1.251	1.45

四、麻纤维的性能

(一) 工艺性能

1. 长度　苎麻纤维的长度较长，可以利用单纤维纺纱。亚麻纤维较短，而且参差不齐，因此用亚麻纤维束纺纱，而不是单纤维。麻纤维长度的整齐度差，长度变异系数较其他天然纤维大。麻纤维的长度越长，纤维之间的接触长度较长，当形成纱线受外力作用时纤维就不易滑脱，故成纱强度就越高；麻纤维长度越短，所纺纱的极限细度就越粗。

2. 细度　细度是一个很重要的物理性能指标，它是确定可纺细纱特数的主要依据。麻纤维愈细，柔软性愈好，可挠度愈大，可以提高成纱时纤维的强力利用系数，并减少毛羽。麻纤维的细度与长度存在明显的相关，一般越长的纤维越粗，越短的纤维越细，见表 1-2-4。麻纤维的长度、细度整齐性较差，所纺得的纱线条干均匀性也差，具有独特的粗节，形成麻织物粗犷的风格。

(二) 麻纤维的物理性能

1. 强伸度　麻纤维的强力在天然纤维中居于首位，吸湿后强力增加，一般湿强较干强高 20%～30%。麻纤维的断裂伸长率较小(见表 1-2-4)，因而麻纱线及织物的弹性与延伸性均较差，且不耐磨。麻纤维的断裂比功较小，弹性回复性能差，因此纱线和织物承受冲击载荷的能力差。

2. 刚柔性　麻纤维的初始模量较大，居于其他天然纤维之首，比一般纤维的初始模量都高，所以在小负荷下变形较难，抵抗伸长变形的能力较强。麻纤维的定伸长弹性小，抗弯刚度及抗扭刚度较大，故织物比较硬挺，在纺纱加捻过程中不易抱合，易松散，纱线毛羽较多，因此纯麻织物常有刺痒感，刚性强又使麻织物吸汗后不容易黏身。

3. 吸湿性　麻纤维吸湿性强，放湿散湿速度大，透气性好，不容易产生静电。其中黄麻的吸湿能力最佳，一般大气条件下回潮率可达 14%左右，故宜做粮食、糖等的包装材料，既通风透气又可以保持物品不易受潮。

4. 色泽特征　苎麻纤维具有很强的光泽，比其他麻类纤维都好，由于含有不纯物或色素，原麻一般呈青白色或黄白色，含浆过多的呈褐色，淹过水的苎麻纤维略带红色。一般光泽好而且颜色纯白的苎麻，纤维强度高，反之亦然。亚麻纤维的色泽是决定纤维用途的重要标志，一般以银白色、淡黄色、或灰色为佳；以暗褐色、赤色为最差。一些指标对比见表 1-2-4。

表 1-2-4　苎麻和亚麻单纤维的主要质量指标

指　标	苎　麻	亚　麻
长度(mm)	60～250	10～26
长度变异系数(%)	81.46～85.59	50～100
细度(tex)	0.595～0.682	0.125～0.556
断裂强度(cN/dtex)	4.21～8.17	5.5～7.9
断裂伸长率(%)	3.26～4.3	2.5
标准回潮率(%)	8～12	8～12
密度(g/cm^3)	1.51～1.54	1.46～1.54

(三) 其他性能

麻纤维耐碱不耐酸，耐海水的浸蚀，抗霉和防蛀性能较好，热传导率大，能迅速摄取皮肤热量向外部散发，所以穿着凉爽。苎麻纤维在 243℃以上开始热分解，亚麻织物的熨烫温度可高达 260℃。苎麻纤维易染色，亚麻纤维因有较高的结晶度，不易漂白染色，而且有色差，染色性能较差。

五、麻纤维的服用性能

麻纤维具有干爽、舒适、抗菌、自然、古朴等特点。麻纤维大多粗细不同，截面不规则，纵向有横节、竖纹，麻纱条干粗细不匀，手感硬挺，其制品有挺爽、粗细不匀的纹理特征。非精纺麻织物具有独特的粗犷风格，其服装有着自然淳朴、素雅大方的美感。

1. 外观性能　麻纤维颜色多为象牙色、棕黄色和灰色，亚麻不易漂白染色，而且具有一定色差。苎麻色白光泽好，染色性能优于亚麻，更易获得较多的色彩。

织物的光泽与整理过程有关，经增光整理后可具有真丝般光泽，也可使粗糙的手感变得柔软和光滑。麻纤维有弹性差、易起皱且不易消失的缺点，在与涤纶混纺或经防皱整理后可以得到改善。

2. 舒适性能　麻纤维吸湿性好，散湿放热也快，不容易产生静电。它能迅速摄取皮肤水分与热量，向身体外部散发，所以穿着凉爽，出汗后不贴身。麻纤维的抗紫外线能力比棉纤维强，非常适合做夏季服装用料。但麻纤维刚性大，可挠性和柔软性差，因此穿着麻制作的服装有刺痒感。

3. 耐用与保养性能　麻纤维强度约为羊毛的 4 倍，棉纤维的 2 倍，吸湿后纤维强度大于干态强力，耐水洗。由于延伸性差，麻纤维较脆软，折叠处容易断裂，因此保存时不宜重压，折叠处也不宜反复熨烫。亚麻和苎麻的性能较为接近，苎麻断裂强度大于亚麻，苎麻吸湿性也比亚麻好。但苎麻在折叠处比亚麻更易折断，因此应减少折叠。麻纤维耐热性好，熨烫温度为 190～210℃，不受漂白剂的损伤，不耐酸但耐碱。

由于苎麻纤维存在断裂伸长小、弹性差、织物不耐磨、易折皱和吸色性差等缺点，因而近年来对苎麻纤维进行了改性处理，例如用碱—尿素改性苎麻，使苎麻结晶度、取向度减少，因而强度降低，伸长率提高，纤维的断裂功、勾接强度、卷曲度等都有明显提高，吸湿性、散湿性比改性前更强，从而改善了纤维的可纺性，提高了成品的服用性能。苎麻经磺化处理后，纤维的结构与性能亦有明显改变。

苎麻是麻纤维中品质最好的纤维，用途广泛，在工业上用于制造帆布、绳索、渔网、水龙带、缝纫线、皮带尺等。苎麻织物具有吸湿、凉爽、透气的特性，而且硬挺、不贴身，宜作夏季面料和西装面料。苎麻抽纱台布、窗帘、床罩等，是人们喜爱的日用工艺品。我国近年来对苎麻进行变性处理，变性后苎麻的纯纺与混纺产品更具有独特的风格。亚麻品质较好，用途较广，适宜织制各种服装面料和装饰织物，如抽绣布、窗帘、台布、男女各式绣衣、床上用品等。亚麻在工业上主要用于织制水龙带和帆布等。

用于服装材料的麻纤维除了广泛使用的苎麻和亚麻纤维之外，还有罗布麻、黄麻和洋麻等。罗布麻纤维较柔软，而且有保健价值。黄麻、洋麻等纤维较粗，但吸湿透气性好，宜做包装材料。

任务实施

麻纤维性能的检验

麻纤维的长度、细度等随品种、生长条件而变化，影响麻产品的加工成本、加工工艺和产品质量。因此，在麻纤维的交易和生产过程中，要检测麻纤维的品质和性能指标。

苎麻原麻根据外观品质分为一、二、三等，各等再按长度分为一、二、三级（简称三等九级），以二等二级为标准等级。各等级含杂率不超过1%，各等级含水率不大于14%。原麻品质评定既可参照文字品质条件，又可参照各等级实物标样进行。品质评定项目包括长度、细度、强度，杂质、色泽、回潮率等。

实训1 苎麻纤维长度梳片法测试

一、实训目的

通过使用梳片式长度分析仪测定麻纤维长度，掌握纤维长度各项指标的计算方法和长度分布的概念，并通过实验掌握梳片式长度分析仪的结构及测量方法。

二、参考标准

国家标准 GB/T 5881—2024（苎麻理化性能试验方法）

三、试验仪器与用具

梳片式长度分析仪，精密扭力天平，稀疏，黑绒板，镊子。

四、测试原理

用梳片式纤维长度分析仪，将一定量的苎麻纤维试样梳理并排列成一端平齐、有一定宽度的纤维束，再按一定组距对纤维长度进行分组，分别称出各组质量，按公式计算出有关长度指标。

五、试样准备

(1) 从麻条或麻叶中沿轴线方向分出重约1 g的试样，用镊子拣出其中的硬条、杂质。

(2) 用手轻轻整理成纤维束，然后用左手拇指和食指握持纤维的一端，右手则将从纤维露出端的部分，抽取一小束（约0.2 g，一个试样可分为5～6个小束）。在不损伤和不散失纤维的情况下，将小束纤维反复进行梳理和理齐，直到纤维的一端整齐并平直为止。

六、操作步骤

把整理好的平直纤维依长短顺序放在长度分析仪下梳片的上面，整齐的一端应与第一片梳片平齐，在纤维保持平直的状态下，用压叉轻轻将纤维平行地压入下针内，使各纤维束排列在长度仪上，再将五片上梳片压在下梳片的前五片之内，当纤维长度超出分析仪最后梳片位置时，超出部分用皮尺量其长度，组距为1 cm。

纤维排好后用夹钳从纤维最长的一端抽出，捻成小绞（一小绞重量不能超过称量范围），放在黑绒板上。每抽完一组，放下一片梳片，直抽到3 cm长的纤维为止。3 cm以下纤维并为一组。抽取纤维时要量少次多，避免将其他长度组的纤维带出。

依次将各长度组的纤维在精密扭力天平上称重，并按长度顺序记录每组纤维质量。

检测结果计算与修约：

(1) 纤维平均长度

$$\overline{X}=\frac{\sum g_i \cdot l_i}{\sum g_i} \tag{1-2-1}$$

式中：$\overline{X}$ 为纤维平均长度，cm；g_i 为每组纤维质量，mg；l_i 为每组纤维平均长度，cm。

(2) 标准差系数

$$CV=\frac{\sigma}{X}\times 100\% \qquad (1-2-2)$$

式中：CV 为纤维长度标准差系数；σ 为纤维长度标准差，cm。

$$\sigma=\sqrt{\frac{\sum g_i u^2}{\sum g_i}-\left(\frac{\sum g_i u}{\sum g_i}\right)^2}\cdot I \qquad (1-2-3)$$

式中：u 为离差，cm。

(3) 短纤维(绒)率　长纤维以 4 cm 以下为短纤维，短纤维以 1.5 cm 及以下为短绒。

$$W=\frac{G}{\sum g_i}\times 100(\%) \qquad (1-2-4)$$

式中：W 为短纤维(绒)率；G 为 4 cm 及以下短纤维总重量(或 1.5 cm 及以下的短绒总重量)，mg。

纤维平均长度及短纤(绒)率均修约至小数点后两位。

七、实训报告

将测试记录及计算结果填入报告单中。

梳片式纤维长度分析仪检测报告单

检测品号＿＿＿＿＿＿＿＿＿＿＿＿＿＿　检验人员(小组)＿＿＿＿＿＿＿＿＿＿＿＿＿＿

检测日期＿＿＿＿＿＿＿＿＿＿＿＿＿＿　温湿度＿＿＿＿＿＿＿＿＿＿＿＿＿＿

各组长度范围	组中值 l_i(cm)	各组纤维的重量 g_i(mg)	$g_i l_i$	$g_i u$	$g_i u^2$	计算结果
＜3	2.5					纤维平均长度(cm)
3～4	3.5					
4～5	4.5					纤维长度标准差(cm)
5～6	5.5					
6～7	6.5					
7～8	7.5					纤维长度标准差系数
8～9	8.5					
9～10	9.5					
…	…					短纤维(绒)率(%)
19～20	19.5					
总　和						

课后练习

1. 判断题

(1) 麻织物手感很硬挺，是由于麻纤维的初始模量很大。(　　)

(2) 麻、棉纤维吸湿后强力明显下降。(　　)

2. 单选题

(1) 在天然纤维中,同样细度下,强力最高的纤维是(　　)。

A. 细绒棉　　B. 蚕丝　　C. 羊毛　　D. 麻纤维

(2) (　　)又称为夏布。

A. 棉　　B. 麻　　C. 黏胶　　D. 涤纶

(3) (　　)是高强低伸型纤维。

A. 麻纤维　　B. 羊毛纤维　　C. 棉纤维　　D. 丝

任务三
毛纤维的性能与检测

◆ 任务目标

知识目标：

1. 熟知毛纤维的种类；2. 掌握毛纤维组成结构及性能特点。

能力目标：

1. 能对棉纤维进行品质检验和评定；2. 能根据棉纤维的性能指导生产实践；3. 掌握测试毛纤维长度和细度的方法。

◆ 任务引入

羊毛是高级的纺织原料，它具有许多优良特性：如弹性好、保暖性好、不易沾污、光泽柔和。

用羊毛可以织制各种高级衣用织物，有手感滑爽、质地轻薄的高档精纺毛织物，如薄花呢等；有手感滑糯、丰厚有身骨、弹性好、呢面洁净、光泽自然的春秋织物，如中厚花呢等；有质地丰厚、手感丰满、保暖性强的冬季织物，如各类大衣呢等。羊毛也可以织制工业用呢绒、呢毡、毛毯、衬垫材料等。此外，用羊毛织制的各种装饰品如壁毯、地毯，名贵华丽。

◆ 课程思政

羊毛在纺织原料中占相当大的比重。澳大利亚、新西兰、阿根廷、南非、俄罗斯和中国是全世界主要的羊毛产区。其中澳大利亚是最大的羊毛生产国，产量的98%都用来出口，而中国是世界上最大的羊毛纺织品生产国和消费国，在中国进口的羊毛中有60%来自澳大利亚。

中国是世界第三大羊毛生产国，也是世界最大的绵羊生产国，新疆、内蒙古、青海等地是我国羊毛的主要产区。

知识要点

一、羊毛的分类与主要品种

(一) 国内绵羊毛主要品种

绵羊毛的种类很多,按羊毛粗细分为细毛、半细毛、粗毛、长毛四个类型。

按羊种品系分,有改良毛和土种毛两大类(表 1-3-1 和图 1-3-1)。

表 1-3-1 国内主要细羊毛产区及其品质特征

细羊毛产区	产区布局		品质特征				
	占全国细羊毛产量(%)	主要分布地区	品质支数(支)	毛丛长度(mm) 统货	毛丛长度(mm) 选后平均	净毛率(%)	外观形态
新疆	50	以北疆伊犁、塔城、博乐、乌苏、阿尔泰、昌吉为主要产区,其中以伊犁自然条件较好,产毛品质较优。南疆部分地区所产细羊毛品质较差	64~70	55~65	65 左右	40~44	块大,形态比较整齐,纤维细,但结构不够严密,色泽灰白,手感稍硬,长度偏短,偶有草刺、干死毛及色花毛、毡片毛,沥青毛较严重。南疆产毛区干旱、土沙大、冲刷层深,品质较差
内蒙古	20	锡盟、乌盟大青山以南、伊盟和巴盟的农区及呼和浩特、包头两市的大部分地区	64~66	60	69 左右	36~39	较新疆细羊毛差,结构变化也大,色泽浅灰白,含油分布不匀,单根纤维强力稍好,含粗腔毛较其他细羊毛稍多,质量不稳定,净毛率低
东北三省	11	辽宁兴城、锦州、朝阳,黑龙江三肇、安达及吉林省白城、松原、四平、长春、辽源一带	64~66	55~70	70 左右	35~45	介于新疆、内蒙古毛之间,色呈青灰,油汗较少,单根纤维头部细度偏粗,毛丛长度稍长,与其他细羊毛相比,腔毛稍多,混杂严重,黑花毛较多
河南	9	安阳、新乡、洛阳及开封 4 个地区为中心及密山、商丘一带	64~70	50~60	58 左右	30~32	不整齐,毛丛结构一般较严密,色泽深黄色,油汗较大,纤维细短,高卷曲,强力较差,洗后白度好,净毛率低
山东	6	济宁最多,滕县、德州一带次之	64~66	50~65	67 左右	31~33	较河南毛稍强,惟其毛丛结构较松软,色深黄,发乌,纤维偏短,细度不匀,卷曲不规则,粪污尿黄毛较多
河北	1	河北承德、围场御道口附近地区品质一般较好	64~66	55~65	60 左右	32~34	质量不稳定,细度偏细,但离散大,含粗腔毛多,毛丛长度介于新疆毛、东北毛之间,靠近内蒙古地区的含粗毛多,承德产毛比较稳定,粗腔毛少,东北毛细度较好,但含粗腔毛严重,底绒不整齐,草刺多
其他	3	其他各省市的农区地带					

图 1-3-1　中国美利奴羊

图 1-3-2　澳大利亚美利奴羊

(二) 国外绵羊毛主要品种

澳大利亚、新西兰、阿根廷、和乌拉圭是世界羊毛主要输出国，此外还有南非地区，这些国家和地区的产毛量占世界总产毛量的 60%。此外，苏联的产毛量也较高，占世界总产毛量的 15%居第二位。我国常用的外毛，多为澳大利亚、新西兰毛，也有阿根廷和乌拉圭毛。

1. 澳大利亚毛　澳大利亚是世界上产毛量最高的国家。全国年产毛量最高达 90 万吨，约占世界总产量的 1/3，其中 75%左右为美利奴羊毛，25%为杂交种羊毛。美利奴羊毛原产于西班牙，属同质细毛，细度在 6 dtex(品质支数 60)以下。

美利奴羊毛细而均匀、毛丛长而整齐，卷曲形态正常，强度大、弹性好、油汗大、光泽好、杂质少，是精纺毛织品的优良原料。我国进口的澳毛，品质支数多为 60 支以上，供作精纺产品原料(图 1-3-2)。

2. 新西兰毛　品质支数较低，属于半细毛。7～13 dtex(品质支数 46～58)约占总产量的 65%，羊毛长度 12～20 cm，光泽好、卷曲正常，弹性及强力均较好，含杂较少，净毛率高。用来作绒线及工业用呢原料。

3. 南非毛　长度较短，细度较均匀、强度较差、手感柔软、洗净毛色泽洁白，易于缩绒，含杂较多、含油量大，洗净率较低。

4. 阿根廷毛　大部分为杂交种羊毛，毛丛长度最短为 7～8 cm，细度离散大，含有少量弱节毛，原毛色泽灰白。

5. 乌拉圭毛　大部分是 0.9 cm(品质支数 50)以下杂交种毛，是供半细毛的主要国家之一。羊毛细度、长度差异大，质量不够稳定，卷曲度高，缩绒性差，毛色发黄，净洗率低。

除了羊毛外，多种天然动物毛也被用于纺织加工，如山羊(山羊绒、山羊毛)、骆驼(骆驼绒、骆驼毛)、驼羊(驼羊毛、驼马毛、秘鲁羊毛)、兔(兔绒、安哥拉兔毛、其他兔毛)以及牛毛、马毛等。

(三) 毛纤维的分类

1. 按纤维组织结构分类　可分为细绒毛、粗绒毛、粗毛、发毛、两型毛和死毛。

(1) 细绒毛：直径在 30 μm 以下，无髓质层，鳞片多呈环状，油汗多，卷曲多，光泽柔和。异质毛中底部的绒毛，也称为细绒毛。

(2) 粗绒毛：直径在 30～52.5 μm 之间。

(3) 粗毛：直径为 52.5～75 μm，有髓质层，卷曲少，纤维粗直，抗弯刚度大，光泽强。

(4) 发毛：直径大于 75 μm，纤维粗长，无卷曲，在一个毛丛中经常突出于毛丛顶端，形成毛辫。

(5) 两型毛：一个纤维上同时兼有绒毛与粗毛的特征，有断断续续的髓质层，纤维粗细差异较大，我国没有完全改良好的羊毛多属这种类型。

(6) 死毛：除鳞片层外，整根羊毛充满髓质层，纤维脆弱易断，枯白色，没有光泽，不易染色，无纺纱价值。

2. 按取毛后原毛的形状分　有被毛、散毛、抓毛。

3. 按纤维类型分为同质毛和异质毛　绵羊毛被中仅含有同一粗细类型的毛，叫同质毛。绵羊毛被中兼含有绒毛、发毛和死毛等不同类型的毛，叫异质毛。

4. 按剪毛季节分　春毛：毛长，底绒多，毛质细、油汗多、品质较好。

秋毛：毛短，无底绒，光泽较好。

伏毛：毛短，品质差。

羊体上各部分羊毛的分布与品质情况见图 1-3-3 与 表 1-3-2。

图 1-3-3　羊体上羊毛的品质分布图

表 1-3-2　羊毛的品质情况

代　号	名　称	羊毛品质情况
1	肩部毛	全身最好的毛，细而长，生长密度大，鉴定羊毛品质常以这部分为标准
2	背部毛	毛较粗，品质一般
3	体侧毛	毛的质量与肩部毛近似，油杂略多
4	颈部毛	油杂少，纤维长，结辫，有粗毛
5	脊　毛	松散，有粗腔毛
6	胯部毛	较粗，有粗腔毛，有草刺，有缠结
7	上腿毛	毛短，草刺较多
8	腹部毛	细而短，柔软，毛丛不整齐，近前腿部毛质较好
9	顶盖毛	含油少，草杂多，毛短质次
10	臀部毛	带尿渍粪块，脏毛，油杂重
11	胫部毛	全是发毛和死毛

（四）其他毛纤维

除用绵羊毛外，还有其他动物毛可作为毛纺原料，主要有山羊绒、马海毛、兔毛、骆驼绒、牦牛绒以及羊驼毛等。

1. 山羊绒　山羊绒是紧贴山羊皮生长的浓密细软的绒毛。以开司米山羊所产的绒毛质量最好，又称开司米(Cashmere)。开司米山羊原生长在我国西藏及印度克什米尔地区一带的高原地区，为适应严寒气候，全身有粗长的外层毛被和细软的绒毛(图 1-3-4)。

图 1-3-4　绒山羊

羊绒有白绒、紫绒、青绒、红绒之分，其中以白绒最为珍贵，仅占世界羊绒产量的 30%左右，但中国山羊绒中白绒的比例较高，约占 40%。世界上产羊绒的国家，以产量多少为顺序排列为：中国、蒙古国、伊朗、阿富汗等，此外印度、独联体、巴基斯坦、土耳其等国也有少量生产。近年来，澳大利亚和新西兰也开始培育绒山羊。目前，世界羊绒年产量在 14 000～15 000 吨，而中国羊绒年产量约为 10 000 吨，占世界总产量的 70%左右。

绒毛纤维由鳞片层和皮质层组成，没有髓质层，平均长度为 35～45 mm，平均直径在 14.5～16 μm，比细羊毛还细。山羊绒的强伸度、弹性变形比绵羊毛好，具有细、轻、软、暖、滑等优良特性。由于一只山羊年产绒量只有 100～200 g，所以有"软黄金"之称。它可用作粗纺或精纺高级服装原料，纺制的羊绒衫、羊绒大衣呢、羊绒花呢等都是高档贵重的纺织品。山羊的粗毛纤维有髓质层，只能制作低级粗纺产品、服装衬料及用作制毡原料。

2. 马海毛　马海毛原产于土耳其安哥拉地区，所以又称安哥拉山羊毛(图 1-3-5)。在商业上称 Mohair，译作马海毛。"Mohair"一词源于阿拉伯文，意为"似蚕丝的山羊毛织物"，当今国际上已公认以马海毛作为有光山羊毛的专称。马海毛属珍稀的特种动物纤维，它以其独具的类似蚕丝般的光泽，光滑的表面，柔软的手感而傲立于纺织纤维的家族中。美国、南非、土耳其是主要产地，我国宁夏也有少量生产。马海毛毛纤维粗长，卷曲少，长约为 200～250 mm，直径为 10～90 μm。马海毛鳞片平阔，紧贴于毛干，很少重叠，使纤维表面光滑，光泽强，纤维卷曲少，纤维强度及回弹性较高，不易收缩、毡缩，易于洗涤。马海毛制品外观高雅、华贵，色深且鲜艳，洗后不像羊毛那样容易毡缩，不易沾染灰尘，常与羊毛等纤维混纺用于大衣、羊毛衫、围巾、帽子等高档服饰。

图 1-3-5　安哥拉山羊

3. 兔毛　兔毛有普通兔毛和安哥拉兔毛两种，不同品种中以安哥拉长毛兔毛品质最好(图 1-3-6)。兔毛由绒毛和粗毛组成，绒毛平均直径一般在 12～14 μm，粗毛在 48 μm 左右，长度多在 25～45 mm 之间。兔毛的密度为 1.10 g/cm^3，绒毛呈平波形卷曲，吸湿性比其他天然纤维都高，纤维细而蓬松。兔毛具有轻、软、暖及吸湿性好的特点，因含油率只有 0.6%～0.7%，故兔毛不必经过洗毛即可纺纱。但兔毛鳞片少而光滑，抱合力

图 1-3-6　安哥拉长毛兔

差，织物容易掉毛，强度也较低，因此单独纺纱有一定困难，多和羊毛或其他纤维混纺作针织物，也应用兔毛试制兔毛大衣呢、女式呢等。

目前，我国的兔毛产量占世界总产量的90%左右，年收购量达到8 000～10 000 t，其中90%左右供出口，出口到亚、欧、非、美、大洋洲等20多个国家和地区。粗毛类兔毛（含粗腔毛10%～15%），专供日本、中国香港地区市场的需要，由于兔毛中含粗毛比例高，可使兔毛针织衫枪毛外露、具有立体感，以迎合时装美的潮流；细毛类兔毛（含粗2%～5%），专供以意大利为主的西欧市场，以细毛比例高的兔毛，生产适应于精纺呢料风格的织物。

彩色长毛兔属"天然有色特种纤维"，毛色有黑、褐、黄、灰、棕五种，它的毛织品手感柔和细腻、滑爽舒适，吸湿性强、透气性高、弹性好，保暖性比羊、牛毛强三倍。用彩色长毛兔毛纺织成的服装穿着舒适、别致、典雅、雍容华贵，并对神经痛、风湿病有医疗保健作用。除上述优点外它更具有不用化工原料染色的优点并且色调柔和持久，适应21世纪服装行业建立"无污染绿色工程"的要求。

图1-3-7　双峰骆驼

4. 骆驼毛　用于纺织加工的骆驼毛主要来自于双峰骆驼（图1-3-7）。骆驼毛由粗毛和绒毛组成，具有独特的驼色光泽，粗毛纤维构成外层保护毛被，称驼毛。细短纤维构成内层保暖毛被，称驼绒。驼毛多用作衬垫；驼绒的强度大，光泽好，御寒保温性能很好，是优良的纺织原料，适宜织制高档粗纺毛织物和针织物，用于制作高档服装。

驼绒的颜色有白色、黄色、杏黄色、褐色和紫红色等，以白色质量最高，但数量很少；黄色和杏黄色其次，以杏黄色最多，颜色愈深，质量愈差。

我国的骆驼主要是双峰驼，总计约60万峰，约占世界总双峰驼数量的2/3。主要分布在内蒙古、新疆、青海、甘肃、宁夏以及山西省北部和陕西、河北北部等约110多万平方公里的干旱荒漠草原上。

5. 牦牛毛　牦牛毛由绒毛和粗毛组成，绒毛细而柔软，平均直径约为20 μm，我国标准规定，直径35 μm以下的称为牦牛绒，长约30 mm。牦牛绒的光泽柔和，手感柔软、滑腻、弹性强，抱合力较好，产品丰满柔软，缩绒性较强，抗弯曲疲劳较差，可与山羊绒相媲美，但它是有色毛，限制了产品的花色。可纯纺或与羊毛混纺制成花呢、针织绒衫、内衣裤、护肩、护腰、护膝和围巾等，这类产品手感柔软、滑糯，保暖性强，色泽素雅，具有一定的保健作用。粗毛略有毛髓，平均直径约70 μm，长约110 mm，外形平直，表面光滑，刚韧而有光泽，可用作衬垫织物、帐篷及毛毡等。用粗毛制成的黑炭衬是高档服装的辅料。我国是世界牦牛数量最多的国家，全世界共有1 300万头，我国有1 200万头，占世界牦牛总数的90%以上，主要分布在海拔3 000米以上的西藏、青海、新疆、甘肃、四川、云南等省区（图1-3-8）。

图1-3-8　牦牛

6. 羊驼毛　羊驼毛粗细毛混杂，平均直径22～30 μm，细毛长约50 mm，粗毛长达200 mm。羊驼毛属于骆驼类毛纤维，色泽为白色、棕色、淡黄褐色或黑色，比马海毛更细、更柔软，富有光泽，手感特别滑糯。强力和保暖性均远优于羊毛。羊驼属骆驼科，主要产于秘鲁、阿根廷等地，羊驼毛可用作大衣和羊毛衫等的原料(图 1-3-9)。

图 1-3-9　羊驼

羊驼毛纤维的另一个非常独特的特点是具有 22 种天然色泽，从白到黑及一系列不同深浅的棕色、灰色，是特种动物纤维中天然色彩最丰富的纤维。我们在市场上见到的"阿尔巴卡"即是指羊驼毛；而"苏力"则是羊驼毛中的一种，且多指成年羊驼毛，纤维较长，色泽靓丽；常说的"贝贝"为羊驼幼仔毛，相对纤维较细、较软。羊驼毛面料手感光滑，保暖性极佳。

二、毛纤维的组成物质与形态结构

纺织用毛类纤维，最大量是绵羊毛，通称羊毛。

羊毛的主要组成物质是一种不溶性蛋白质，它由多种 α 氨基酸缩合而成，组成的元素除了碳、氢、氧、氮外还有硫。羊毛优良的弹性也与其含有的硫元素有关，硫元素含量的多少决定了羊毛的硬度、弹性、稳定性等性能。一般含硫多的羊毛，弹性、耐晒性、硬度等较好。

羊毛由许多细胞聚集构成，可分为三个组成部分：包覆在毛干外部的鳞片层；组成羊毛实体的皮质层；在毛干中心不透明毛髓组成的髓质层。髓质层只存在于较粗的纤维中，细毛无髓质层。羊毛纵向根部粗，稍部细，表面覆盖着鳞片，纤维长度方向呈现卷曲，见图 1-3-10 和图 1-3-11。

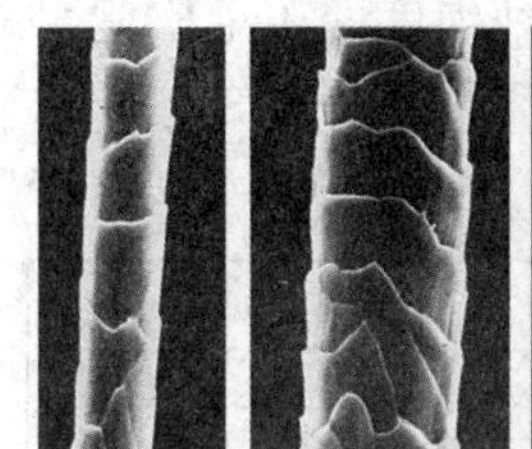

(a) 羊毛鳞片

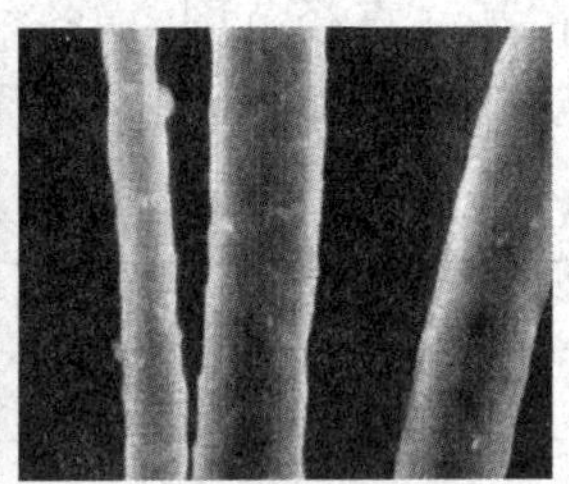

(b) 剥去鳞片后羊毛的外观

图 1-3-10　细羊毛纵向

(a) 细羊毛

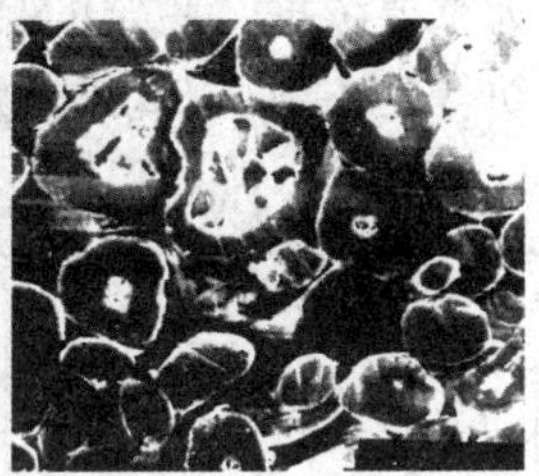

(b) 粗羊毛

图 1-3-11　羊毛截面

1. *鳞片层*　羊毛纤维的最外层由许多扁平透明的角质化的细胞组成，它们像鱼鳞片一样覆盖在纤维表面，根部附着于毛干，稍部伸出毛干表面，并指向毛尖。鳞片层保护羊毛纤维内层免受外界影响，同时由于表面不光滑增加了纤维之间的抱合力，增加了毛纱的坚韧性，使羊毛具有柔和的光泽。

2. *皮质层*　皮质层位于鳞片层的里面，是羊毛纤维的主要部分，也是决定羊毛物理、化学性质的基本物质。皮质层由许多细长、类似纺锤形排列紧密的细胞组成，而其无定形区大分子间的空隙比其他纤维多，储藏较多不流动空气，保暖性好。皮质层可分为正皮质细胞和偏皮质细胞两类，其染色性、力学性能不同。由于这两种皮质层的分侧分布，使羊毛呈现卷曲的外形。如图 1-3-12 所示。

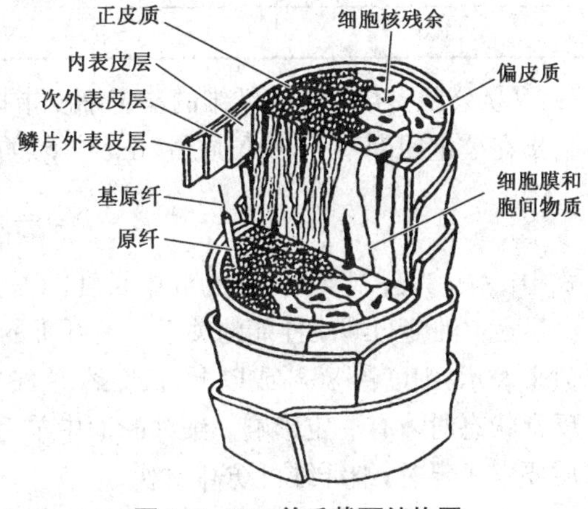

图 1-3-12　羊毛截面结构图

3. *髓质层* 髓质层位于羊毛纤维的最里层，是一种多孔组织，由结构松散和充满空气的细胞组成，它与羊毛的柔软性及强度有关。含髓质层多的羊毛卷曲较少，脆而易断，不易染色。髓质层越少，羊毛越软，卷曲越多，越易缩绒，手感越好。

三、毛纤维的性能

(一) 羊毛的工艺性能

1. *细度* 毛纤维截面近似圆形，一直用直径大小来表示它的粗细，称之为细度，单位为微米。细度是决定羊毛的品质好坏的重要指标，对成纱性质和加工工艺也有很大影响。表征羊毛细度常用品质支数、平均直径或者分特(dtex)。羊毛特数一般为 3.3～5.6 dtex，通常羊毛越粗，它的细度变化范围也越大。羊毛越细，其细度离散越小，相对强度高，卷曲度大，鳞片密，光泽柔和，脂汗含量高，但长度偏短。

羊毛的横断面形状也因细度而变化。正常的细毛横断面近似圆形，径比在 1～1.2 左右，不含髓质层。粗毛含有髓质层，随着髓质层增多，横断面呈椭圆形，径比在 1.2～2.5 之间。死毛横断面呈扁圆形，径比达 3 以上。

(1) 细度的表示方法 羊毛的细度指标有平均直径、品质支数、公制支数。

① 平均直径(d)：羊毛细度常以直径表示，单位为微米(μm)。由于羊毛粗细不匀，一般测量根数较多，同质毛测量 300 根，异质毛测量 400 根，计算时按分组进行。

② 品质支数：目前商业上交易，毛纺工业中的分级、制条工艺的制订，都以品质支数作为重要依据。一定的品质支数，反映羊毛细度在某一直径范围，指各种细度的羊毛实际可纺得的支数，以此来表示羊毛品质的好坏。它与羊毛平均直径间的关系见表 1-3-3。

表 1-3-3 羊毛的品质支数与平均直径之间的关系

品质支数	平均直径(μm)	品质支数	平均直径(μm)
70	18.1～20.0	48	31.1～34.0
66	20.1～21.5	46	34.1～37.0
64	21.6～23.0	44	37.1～40.0
60	23.1～25.0	40	40.1～43.0
58	25.1～27.0	36	43.1～55.0
56	27.1～29.0	32	55.1～67.0
50	29.1～91.0		

③ 公制支数 羊毛纤维的法定细度指标是特数(tex)，但在毛纺行业习惯使用公制支数，它指在公定回潮率下，单位质量(mg 或 g)的纤维所具有的长度(mm 或 m)。

$$N_m = \frac{L}{G_0} \times \frac{1}{1+W_k} \tag{1-3-1}$$

式中：N_m 为公制支数；L 为纤维长度；G_0 为纤维干重；W_k 为公定回潮率。

(2) 细度与纱线性能的关系 毛纤维的各种性质对毛纱强度和条干均匀度的影响用百分数来表示，细度占 80%或以上，长度约占 20%，其他性能如羊毛强度、卷曲、柔软等只有在出现反常状态时才有一定影响。细纱断面中羊毛的平均根数，一般以 30～40 根为适宜。在纱线品质要求一定时，细纤维可纺高支纱。

毛纤维的细度对纱的条干不匀率有很大影响。纱线条干不匀率反映了纱的短片段内粗细不匀的情况，它除了影响织物外观外，还与纱的强度有关，条干不匀率高的纱强度低。

毛纤维越细，细度越均匀，纱的截面中纤维平均根数越多，则纱的截面积不匀率 C 值越小，纱的条干越好。但是，细度过细易纠缠成结，会影响纱的质量。

(3) 细度与毛织物的品质和风格的关系

① 粗纺纤维中要求手感丰满柔软、质地紧密的高级织物，多选用品质支数为 60～64 支的细羊毛或一级改良毛。

② 轻薄织物要求织物表面光洁、纹路清晰、手感滑爽，因而选用同质细毛和改良毛。

③ 绒线要求手感丰满、富有弹性、具有一定强度，耐穿耐磨、耐拆洗，因此粗绒线原料最好用同质毛 46～58 支半细毛，异质毛二、三级改良毛或土种毛。

④ 作为内衣穿着的羊毛衫，则需用很细的羊毛原料。

2. 长度　由于天然卷曲的存在，羊毛纤维长度分为自然长度和伸直长度。一般用自然长度表示毛丛长度。在毛纺厂生产中，多使用伸直长度来评价羊毛的品质。细毛长度一般为 60～120 mm，半细毛的长度为 70～180 mm。

表 1-3-4　羊毛纤维的伸直长度　　单位：mm

品　种		长度范围	细毛平均长度	粗毛平均长度
绵羊毛	细毛种	35～140	55～140	—
	半细毛种	70～300	90～270	—
	粗毛种	35～160	50～80	80～130
山羊毛	绒山羊	30～100	34～65	75～80
	肉用山羊	30～110	35～60	75～80
	安哥拉山羊(羔羊)	45～100	50～90	—
	安哥拉山羊(成年羊)	90～350	80～90	130～300

羊毛的长度在工艺上的意义仅次于细度。它不仅影响毛织物的品质，更是决定纺纱系统和选择工艺参数的依据。精梳毛纺系统的长毛纺纱系统中，毛纤维长度要在 90 mm 以上，粗梳毛纺系统中毛纤维长度可在 55 mm 以上。

羊毛长度对毛纱品质也有较大影响。细度相同的毛，纤维长的可纺高支纱。当纺纱支数一定时，长纤维纺出的纱强度高、条干好、纺纱断头率低。表 1-3-5 说明了羊毛长度与成纱品质的关系。

表 1-3-5　羊毛长度与成纱品质的关系

毛别	羊毛品质			52 公支/2		CV(%)	细纱断头率(根/千锭·时)	外观疵点	
	羊毛直径(μm)	毛丛长度(cm)	伸直长度(cm)	强力(cN)	断裂长度(km)			毛粒数(个/450 m)	毛羽(个/450 m)
澳　毛	20.4	8.27	8.64	312.3	8.3	10.50	28.6	26	47
吉林毛	20.38	6.86	7.78	293.0	7.7	11.91	94.0	35	48
河北毛	20.53	6.27	7.22	252.2	6.8	12.23	120.0	39	57
新疆毛	21.38	6.36	7.13	247.3	6.6	12.15	231.0	46	52

影响成纱条干的另一个重要因素是 30 mm 以下的短纤维含量。因为短纤维在牵伸过程中不易被牵伸机构所控制，易形成“浮游纤维”，造成毛纱节粗节细、大肚纱等纱疵，因此在精梳

毛条中对短纤维含量都有严格控制。

3. *卷曲* 羊毛长度方向有自然的周期性卷曲，一般以每厘米的卷曲数来表示羊毛的卷曲程度，叫卷曲度，一般细羊毛的卷曲度为 6～9 个/cm。羊毛卷曲排列越整齐，卷曲度越高，品质越好。

按卷曲的深浅，羊毛卷曲形状可分为弱卷曲、常卷曲和强卷曲三类，如图 1-3-13 所示。

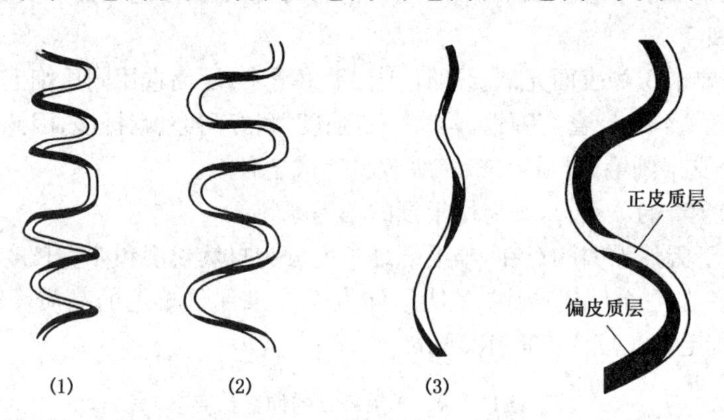

图 1-3-13 羊毛卷曲形状示意

卷曲是羊毛的重要工艺特征。羊毛卷曲排列愈整齐，愈能使毛被形成紧密的毛丛结构，可以更好地预防外来杂质和气候的影响，羊毛的品质愈好。

优良品种的细羊毛，两种皮质细胞沿截面长轴对半分布，并且在羊毛轴间相互缠绕。这样的羊毛在一般温湿度条件下，正皮质始终位于卷曲波的外侧，偏皮质始终位于卷曲波的内侧，羊毛呈双侧结构。

在粗羊毛中，绝大多数羊毛呈皮芯结构，粗毛的皮芯结构因品种不同而有差异。

(二) 羊毛的物理性能

1. *摩擦性能和缩绒性* 由于鳞片指向毛尖这一特点，羊毛沿长度方向的摩擦，因滑动方向不同而摩擦系数不同。滑动方向从毛尖到毛根，为逆鳞片摩擦；滑动方向从毛根到毛尖，为顺鳞片摩擦。逆鳞片摩擦系数比顺鳞片摩擦系数要大，这一差异是羊毛缩绒的基础。所谓羊毛的缩绒性，是指羊毛在湿热及化学试剂作用下，经机械外力反复挤压，纤维集合体逐渐收缩紧密，并相互穿插纠缠，交编毡化的特性。一般用摩擦效应 δ_u 和鳞片度 d_u 等指标来表示羊毛的摩擦特性。

$$\delta_\mu = \frac{\mu_a - \mu_s}{\mu_a + \mu_s} \times 100(\%) \tag{1-3-2}$$

$$d_\mu = \frac{\mu_a - \mu_s}{\mu_s} \times 100(\%) \tag{1-3-3}$$

式中：μ_a 为逆鳞片摩擦系数；μ_s 为顺鳞片摩擦系数。

顺鳞片和逆鳞片摩擦系数差异愈大，羊毛毡缩性愈好。

毛织物经过缩绒工艺整理，织物长度收缩，厚度和紧度增加。织物表面露出一层绒毛，可收到外观优美、手感丰厚柔软、保暖性能良好的效果。

利用羊毛的缩绒性，可把松散的短纤维结合成具有一定机械强度、一定形状和一定密度的毛毡片，这一作用称为毡合。毡帽、毡靴等就是通过毡合制成的。

(1) 缩绒的内在原因

① 由于表面鳞片的运动具有定向性摩擦效应,纤维始终保持根部向前蠕动,致使集合体中纤维紧密纠缠。

② 高度的回缩弹性是羊毛纤维的重要特性,也是促进羊毛缩绒的因素。外力作用下,纤维受到反复挤压,羊毛时而蠕动伸展,时而回缩恢复,形成相对移动,有利于纤维纠缠,导致集体密集。

③ 羊毛的双侧结构,使纤维具有稳定性空间卷曲,卷曲导致纤维根端无规律地向前蠕动。这些无规爬行的纤维交叉穿插,形成空间致密交编体。

羊毛缩绒性是纤维各项性能的综合反映。

(2) 缩绒的外在原因

温湿度、化学试剂和外力作用是促进羊毛缩绒的外因。常用方法是采用碱性缩绒如皂液,pH 值 8～9,温度 35～45℃时,缩绒效果较好。

(3) 防缩处理

① 氧化法:又称降解法,通常使用的化学试剂有次氨酸钠等,可使羊毛鳞片变形,以降低摩擦效应。

② 树脂法:也称添加法,是在羊毛上涂以树脂薄膜,减少或消除羊毛纤维之间的摩擦效应。使用的树脂有脲醛、聚丙烯酸酯等。

2. 羊毛的强伸性　羊毛纤维强力低,弹性模量小,但断裂伸长率可达 25%～40%,因此拉伸变形能力很大,耐用性也优于其他天然纤维。潮湿状态下羊毛纤维强力会下降,在温度 40～50℃的水中,羊毛纤维会吸水膨胀,强力明显下降;随着水温持续升高,羊毛纤维最终会溶解。由于羊毛具有拉伸、弯曲、压缩弹性均很好的特点,可使羊毛织物能长期保持不皱、挺括。

3. 羊毛的吸湿性　羊毛纤维的吸湿性在常用纺织纤维中最为突出,公定回潮率可达 15% 左右。在湿润的空气中,羊毛吸湿超过 30%而不感觉潮湿,细羊毛最大吸湿能力可达 40%以上。其原因在于羊毛分子含有较多亲水性基团,纤维内部的微隙可容纳较多的水分子以及具有疏水性的鳞片表层等。羊毛分子在染色时能与染料分子结合,染色牢固,色泽鲜艳。羊毛纤维的吸湿积分热为 112.4 J/g(干纤维),在常用纤维中最大,羊毛织物的调节体温的能力较大。另外毛料服装在淋湿后,不像其他织物很快有湿冷感。用羊毛纤维织物制成的服装穿着舒适、透气,较长时间穿着后也不易沾污,卫生性能好。

4. 羊毛的电、热学性能　毛纤维导热系数小,纤维又因卷曲而束缚静止空气,因此隔热保暖性好,尤其经过缩绒和起毛整理的粗纺毛织物是冬季服装的理想面料。羊毛也是理想的内衣材料,舒适而又保暖。由于不易传导热量,采用高捻度高支纱所织造的被称为“凉爽羊毛”的轻薄精纺毛织物也是夏季的高档服装用料。

羊毛耐热性不如棉纤维,较一般纤维差。在 100～105℃的干热中,纤维内水分蒸干后便开始泛黄、发硬;当温度升高到 120～130℃时,羊毛纤维开始分解,并放出刺激性的气味,强力明显下降。在熨烫羊毛织物时不能干烫,应喷水湿烫或垫上湿布进行熨烫。熨烫温度一般在 160～180℃。

羊毛纤维的可塑性能较好。羊毛纤维在一定温度、湿度和外力作用下,经过一定时间,形状会稳定下来,称为羊毛的热定形。定形的形状在特定温湿度条件下,也可能改变。羊毛具有优良的弹性回复性能,服装的保形性好,经过热定形处理易形成所需要的服装造型。

(三) 羊毛的化学性能

在羊毛分子结构中含有大量的碱性侧基和酸性侧基，因此毛纤维具有既呈酸性又呈碱性的两性性质。

1. 酸的作用　酸的作用主要使角蛋白分子的盐式键断开，并与游离氨基结合。此外，可使稳定性较弱的缩氨酸链水解和断裂，导致羧基和氨基的增加。这些变化的大小，依酸的类型、浓度高低、温度高低和处理时间长短而不同。

有机酸的作用较无机酸的作用缓和，因而醋酸和蚁酸等有机酸是羊毛染色工艺的重要促染剂，在羊毛染整工艺中广泛应用。

2. 碱的作用　碱对羊毛的作用比酸剧烈。碱的作用使盐式键断开，多缩氨酸链减短，胱氨酸发生水解。随着碱的浓度增加，温度升高，处理时间延长，羊毛受到严重损伤和明显地损坏。碱使羊毛变黄，含硫量降低以及部分溶解。在15%氢氧化钠溶液中煮沸 10 min，羊毛会全部溶解。

碳酸钠、磷酸钠、硅酸钠、氢氧化铵等弱碱物质，对羊毛的作用较为缓和，在羊毛加工工艺中经常使用。

不同类型的羊毛对碱的敏感程度不一样，经碱作用后，有髓毛的强力损失比无髓毛大。

3. 氧化剂作用　氧化剂主要用于羊毛的漂白，作用结果也是导致胱氨酸分解，羊毛性质发生变化。常用的氧化剂有过氧化氢，高锰酸钾、高铬酸钠等。卤素对羊毛纤维也发生氧化作用，它使羊毛缩绒性降低，并增加染色速率。氧化法和氯化法是当前工业上广泛使用的羊毛纺织品防缩处理法，通过氧化使羊毛表面鳞片变性而达到防缩的目的。

光对羊毛的氧化作用极为重要，光照使鳞片端受损，易于膨化和溶解。紫外光引起泛黄，波长较长的光具有漂白作用。

4. 还原剂的作用　还原剂对胱氨酸的破坏作用较大，特别是在碱性介质中尤为激烈。如羊毛与硫化钠作用时，由于水解生成碱，羊毛发生强烈膨胀。碱的作用使盐式键断裂，胱氨酸还原为半胱氨酸。亚硫酸钠和亚硫酸氢钠用于羊毛防缩及化学定型，具有实际价值。

四、羊毛织物的服用性能

1. 外观性能　毛纤维弹性好，其制品保型性好，有身骨，不易起皱，通过湿热定型易于形成所需造型，所以适用于西服、套装等用途。毛纤维吸湿后，弹性明显下降，导致抗皱能力和保型能力明显变差，因此高档毛面料应防止雨淋水洗，以维持其原有外观。

2. 舒适性能　羊毛制品手感柔糯，触感舒适，只有一些低品质的羊毛会引起刺痒感。羊毛在天然纤维中吸湿性最好，穿着舒适，且吸收相当的水分不显潮湿。羊毛卷曲蓬松，热导率低，保暖性好，是理想的冬季面料。

3. 耐用性与保养性能　羊毛耐酸性比耐碱性强，对碱较敏感，不能用碱性洗涤剂洗涤。羊毛对氧化剂比较敏感，尤其是含氯氧化剂，会使其变黄、强度下降，因此羊毛不能用含氯漂白剂漂白，也不能用含漂白粉的洗衣粉洗涤。高级羊毛面料应采用干洗，以避免毡缩和外观尺寸的改变，与锦纶、涤纶等合成纤维混纺的羊毛面料可以水洗。羊毛织物在 30℃以上的水溶液中易收缩变形，故洗涤水温不宜超过 40℃。通常用室温水(25℃)配制洗涤溶液。洗涤时切忌用搓板搓洗，用洗衣机洗涤应该“轻洗”，洗涤时间不宜过长，以防止缩绒。洗涤后不要拧绞，用手挤压除去水分，然后沥干。用洗衣机脱水时以半分钟为宜。国际羊毛局建议消费者水洗羊毛时，应使用中性洗涤剂、温水，以轻柔的方式进行。羊毛面料熨烫温度为 160～180℃，羊毛耐热性不如棉,洗涤时不能用开水烫,熨烫时最好垫湿布。羊毛易被虫蛀,也可发霉,因此保存前应洗净、熨平、晾干,高级呢绒服装勿叠压,并放入樟脑球防止虫蛀。此外,羊毛制品应在阴凉通风处晾晒,不要在强烈日光下暴晒,以防止织物失去光泽和弹性以及引起织物强度的下降。

任务实施

毛纤维性能检验

羊毛是纺织工业的重要原料,羊毛的品质直接影响到纺织产品的品牌、质量及纺纱加工工艺参数的确定。羊毛在进入纺织厂后要在专门的试验室进行工艺性能检验。在羊毛贸易中,为了贯彻优毛优价、按质论价,确保供需双方的经济利益,凡进行羊毛批量交易的,实行公证检验制度。

按现行国家标准 GB/T 6501—2006(羊毛纤维长度试验方法　梳片法)规定,毛纤维检验项目主要从羊毛的物理性质和化学性质指标两方面来进行检验,羊毛的物理性质指标主要有长度、细度、弯曲、强伸度、弹性、毡合性、吸湿性、颜色和光泽等。细度是确定毛纤维品质和使用价值的重要工艺特性,弯曲被广泛用作估价羊毛品质的依据,羊毛愈长,纺纱性能愈高,成品的品质愈好。羊毛的化学性质体现在羊毛分子结构中含有大量的碱性侧基和酸性侧基,因此毛纤维具有既呈酸性又呈碱性的两性性质。

实训 1　梳片式长度分析仪测定毛纤维长度

一、实训目的

通过实训,了解梳片式长度分析仪的结构,掌握测定羊毛纤维长度的方法,学会计算羊毛纤维各项长度指标。

二、参考标准

GB/T 6501—2006(羊毛纤维长度试验方法　梳片法)

三、试验仪器与用具

Y131 型梳片式长度分析仪(如图 1-3-14 所示),扭力天平(或高分辨电子天平),镊子、黑绒板等。毛条若干。

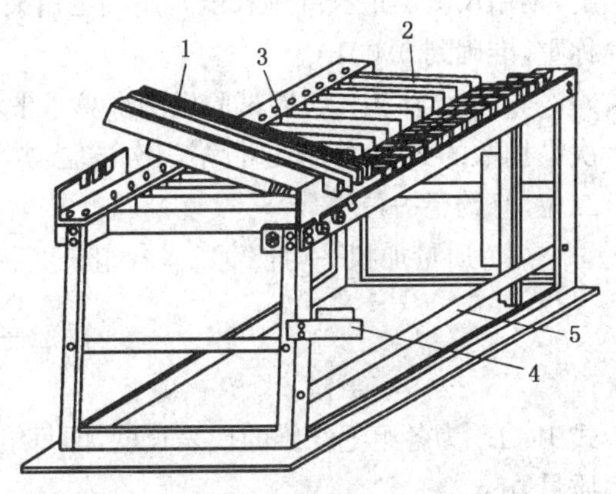

图 1-3-14　Y131 型梳片式长度分析仪

(梳片仪需两台联合使用)

1—上梳片;2—下梳片;3—触头;4—预梳片;5—挡杆

四、测试原理

毛纤维的长度分自然长度和伸直长度。自然长度指羊毛在自然卷曲状态下,纤维两端间的直线距离,一般用于测量毛丛长度。伸直长度指毛纤维消除弯曲后的长度,一般用于测量毛条中的纤维长度。梳片法测定的就是羊毛的伸直长度。

五、试样准备

毛条:按标准规定的方法抽取批样。在每个

毛包中任意抽取 2 个毛团,每个毛团抽取 2 段毛条,总数不得少于 10 根。从取好的试样中,随机抽取 9 段长约 1.3 m 的毛条,作为试验样品。

洗净散毛纤维:先用梳毛辊将散毛纤维梳理成条。梳理方法是把洗净毛散纤维试样放在工作台上充分混合后分成 3 份,分别用手将每份试样纤维扯松理顺,边理边混和,使其成为平行顺直的毛束,再用梳毛辊将毛束梳理成毛条。操作时,先把扯松后的散毛束逐一贴到转动的梳毛辊针布的针尖上(梳毛辊转速宜慢,以免丢失或拉断纤维),针尖在抓取纤维的过程中,将纤维初步拉直并陆续缠绕、深入到梳毛辊的钢丝针布之内,使一个个毛束受到梳理,直到所有制取的毛束被梳理完并均匀地缠绕在梳毛辊上,组成宽约 50 mm 的毛条。然后,用钢针将毛条一处挑开,将梳毛辊朝梳毛反向倒转,这样毛条便脱离梳毛辊,取下毛条。为了使试样混合均匀,需将毛条扯成几小段,再进行一次混和梳理,最后取下的毛条供试验用。按上述方法梳理制成 9 根毛条,6 根用于平行试验,3 根作为备样。样品需进行预调湿处理。

六、操作步骤

1. 放样　从样品中任意抽取试样毛条 3 段,每段长约 50 cm,先后将 3 段毛条用双手各持一端,轻加张力,平直地放在第一台梳片仪上,3 段毛条须分清,毛条一端露出仪器外约 10～20 cm,每根毛条用压叉压入下梳片针内,使针尖露出 2 mm 即可,宽度小于纤维夹子的宽度。

2. 夹取　将露出梳片的毛条用手轻轻拉去一端,离第一下梳片 5 mm(支数毛)～8 mm(改良级数毛与土种毛)处用纤维夹子夹取纤维,使毛条端部与第一下梳片平齐,然后将第一梳片放下,用纤维夹子将 1 根毛条全部宽度的纤维紧紧夹住并从下梳片中缓缓拉出,用预梳片从根部开始梳理 2 次,去除游离纤维。每根毛条夹取 3 次,每次夹取长度为 3 mm。将梳理后的纤维转移到第二台梳片仪上,用左手轻轻夹持纤维,防止纤维扩散,并保持纤维平直,纤维夹子钳口靠近第二梳片,用压叉将毛条压入针内并缓缓向前拖,使毛束尖端与第一下梳片的针内侧平齐。3 段毛条继续夹取数次,在第二台梳片仪上的毛束宽度在 10 cm 左右、质量在 2.0～2.5 g 时停止夹取。

3. 分组取样并称重　在第二台梳片仪上先加上第一把下梳片,再加上 4 把上梳片,将梳片仪旋转 180°,然后逐一降落梳片,直到最长纤维露出为止(如最长纤维超过梳片仪最大长度,则用尺测出最长纤维长度),用夹毛钳夹取各组纤维并依次放入金属盒内,然后逐一用天平称重,准确到 0.001 g。

4. 指标计算　长度试验以两次算术平均数为其结果,如短毛率 2 次试验结果差异超过 2 次平均数的 20%时,要进行第三次试验,并以 3 次算术平均数为其结果。计算至小数点后第二位,修约至一位小数。

(1) 质量加权平均长度 L_g(各组长度和质量的加权平均)

$$L_g = \frac{\sum L_i g_i}{\sum g_i} \text{ (mm)} \tag{1-3-4}$$

式中:L_i 为各组毛纤维的代表长度,即每组长度上限与下限的中值,mm; g_i 为各组毛纤维的质量,mg。

(2) 加权主体长度 L_m(在分组称量时,连续最重四组的加权平均长度)

$$L_m = \frac{L_1 g_1 + L_2 g_2 + L_3 g_3 + L_4 g_4}{g_1 + g_2 + g_3 + g_4} \text{ (mm)} \tag{1-3-5}$$

式中:g_1、g_2、g_3、g_4 为连续最重四组纤维的质量,mg; L_1、L_2、L_3、L_4 为各组毛纤维的质量,mg。

(3) 加权主体基数 S_m(连续最重四组纤维质量的总和占全部试样质量的百分率)

$$S_m=\frac{g_1+g_2+g_3+g_4}{\sum g_i}\times 100(\%) \tag{1-3-6}$$

S_m 数值越大,接近加权主体长度部分的纤维越多,纤维长度越均匀。

(4) 长度标准差 σ 和变异系数 CV

$$\sigma=\sqrt{\frac{\sum (L_i-L_g)^2 g_i}{\sum g_i}}=\sqrt{\frac{\sum g_i L_i^2}{\sum g_i}-L_g^2} \tag{1-3-7}$$

$$CV=\frac{\sigma}{L_g} \tag{1-3-8}$$

(5) 短毛率(30 mm 以下长度纤维的质量占总质量的百分率)

$$W=\frac{G}{\sum g_i}\times 100(\%) \tag{1-3-9}$$

式中:W 为短毛率;G 为 30 mm 以下短纤维总重量,g。

七、实训报告

将测试记录及计算结果填入报告单中。

梳片式纤维长度分析仪检测报告单

检测品号________________　　检验人员(小组)________________

检测日期________________　　温湿度________________

长度组距(mm)	组中值(mm)	各组纤维的重量(mg)	g_iL_i	$g_iL_i^2$	计算结果
0~10	5				纤维平均长度(mm)
10~20	15				
20~30	25				纤维主体长度(mm)
30~40	35				
…	…				长度标准差
130~140	135				
140~150	145				变异系数(%)
150~160	155				
160~170	165				短毛率(%)
总　和					

思考

1. 在试样准备过程中如何减少检验误差?
2. 评定毛条中羊毛长度的指标有哪几项?

实训 2　显微投影测量法测定毛纤维细度

一、实训目的

通过实训,了解显微投影仪结构,掌握显微投影仪的操作要领、会进行细度指标计算。

二、参考标准

参阅 GB/T 10685—2007(羊毛纤维直径试验方法　投影显微镜法)

三、试验仪器与用具

显微投影仪,纤维切取刀片,液体石蜡,镊子,载玻片,盖玻片,测微尺等。

四、测试原理

纤维片段的映像放大 500 倍并投影到屏幕上,用通过屏幕圆心的毫米刻度尺量出与纤维正交处的宽度或用楔尺测量屏幕圈内的纤维直径,逐次记录测量结果,并计算出纤维直径的平均值。

五、操作步骤

1. 取样与制片　随机抽取若干纤维试样,用手扯法整理顺直,再用单面刀片或剪刀切取长度约 0.2～0.4 mm 的纤维片段并置于试样钵中,滴适量石蜡油(不宜用甘油),用玻璃棒搅拌均匀,然后取少量试样油滴均匀地涂于载玻片上,先将盖玻片的一边接触载玻片,再将另一边轻轻放下,以避免产生气泡。

2. 校准放大倍数　将接物测微尺(分度值为 0.01 mm)放在载物台上,聚焦后将其投影在测量屏幕上,测微尺上的 5 个分度值(0.01 mm×5)应正好覆盖楔形尺的一个组距(25/m),此时的放大倍数刚好为 500 倍(前提是楔形尺的刻度准确)。如果不用楔形尺,而是用目镜测微尺来测量,则放大倍数的校准按以下步骤进行:将目镜测微尺放在目镜中,再将物镜测微尺置于显微镜的载物台上。调节焦距,使目镜测微尺与物镜测微尺成像重合,记录两者重合时的刻度大小,用公式(1-3-10)计算目镜测微尺每小格代表的长度。

$$x=\frac{10n_1}{n_2} \tag{1-3-10}$$

式中:x 为目镜测微尺每小格的长度,μm; n_1 为物镜测微尺在一定区间的刻度数; n_2 为目镜测微尺在同样区间的刻度数。

一般物镜测微尺 1 mm 内刻有 100 格。目镜测微尺在 5 mm 内刻有 50 格或 1 mm 内刻有 100 格,但目镜测微尺每格在显微镜视野内代表的长度随显微镜放大倍数而异。通常测量纤维直径时,目镜用 10 倍,物镜用 40 倍或 45 倍。例如:物镜测微尺 10 格与目镜测微尺 33.5 格重合,则根据公式(1-3-10),目镜测微尺每小格代表的长度 x 为:

$$x=\frac{10\times 10}{33.5}=2.93\ (\mu\text{m}) \tag{1-3-11}$$

3. 确定测量根数　由于毛纤维的直径离散较大,故测试根数对结果影响较大,为此,要在 95%置信水平下,根据纤维细度以及相应的变异系数,在一定允许误差率条件下,计算出纤维测定根数的近似值,见表 1-3-6。

表 1-3-6　显微投影测量法测定毛纤维直径的测定根数近似值

纤维细度(μm)	变异系数(%)	各允许误差率时的纤维测定根数			
		1%	2%	3%	4%
19.60	22.45	1 936	484	215	121
21.10	23.70	2 158	540	240	135
24.10	25.30	1 401	601	267	150

（续　表）

纤维细度(μm)	变异系数(%)	各允许误差率时的纤维测定根数			
		1%	2%	3%	4%
29.10	26.57	2 712	678	302	169
30.10	26.58	2 714	679	303	170
33.50	26.87	2 776	694	309	174
37.10	26.69	2 736	684	304	171
39.00	25.89	2 577	645	287	162

对于绵羊毛，根据历史资料，它的细度变异系数 CV 约为 25%，允许误差率 E 按标准规定为 3%，在置信水平 95%下，总体为∞时，t 为 1.96，故：

$$n=\left(\frac{1.96\times 25}{3}\right)^{2}=267\text{（根）} \tag{1-3-12}$$

以上确定测量根数是通过计算得到的，较为精确，可根据不同要求确定相应测量根数。其实一般也可通过查阅国家标准来确定测量根数，通常同质毛测 300 根、异质毛测 500 根。

4. 测量　把载有试样的载玻片放在显微镜载物台上，盖玻片面向物镜。先用低倍物镜对盖玻片的 A 角进行调焦，后改用高倍物镜用微调进行聚焦，待物像清晰后，纵向移动载玻片 0.5 mm 到 B，再横向移动 0.5 mm，在屏幕上得到第一个待测试的视野。等该视野内的纤维测试完毕后，再将载玻片横向移动 0.5 mm，取得第二个待测试的视野继续测量，如此反复横移测试，直至到达盖玻片右边的 C 处，然后纵向下移载玻片 0.5 mm 至 D，并继续以 0.5 mm 的步程横移测量。整个载玻片中的试样，按图 1-3-15 的测量顺序进行测量。

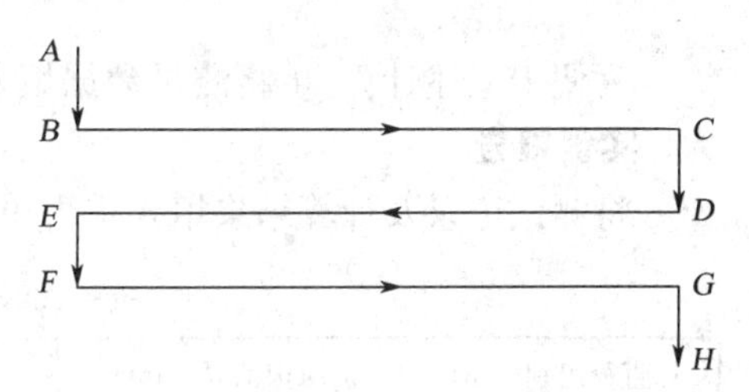

图 1-3-15　载玻片上的纤维测量顺序示意图

测量时要使楔形尺的边与准焦点的纤维一边相切，在纤维的另一边与楔形尺的另一边相交处读出读数。如果纤维长度不够楔形尺的一个分组长度，则不予测量。

5. 测试结果记录与计算

(1) 平均直径 $\bar{d}$(μm)

① 分组的普通计算法：

$$\bar{d}=\frac{\sum n_i d_i}{N} \tag{1-3-13}$$

式中：d_i 为第 i 组直径的组中值（$d_i=\frac{上界+下界}{2}$），μm；n_i 为第 i 组直径的纤维根数（频数）；N 为测试的总根数。

② 分组的简便计算法：

$$\bar{d}=\bar{d}_0+\frac{\sum n_i a}{N}\cdot\Delta d \tag{1-3-14}$$

式中：$\bar{d}_0$ 为假定直径平均数（通常选频率较大而位置又较居中的一组的组中值），μm；Δd 为组距(本实验中 Δd 为 2.5 μm)；a 为第 i 组直径(组中值)与假定直径平均数之差与组距之比，即 $a=\dfrac{d_i-\overline{d}_0}{\Delta d}$。

(2) 直径标准差 S

① 分组的普通计算法：

$$S=\sqrt{\frac{1}{N}\sum n_i(X_i-\overline{X})^2} \tag{1-3-15}$$

或

$$S=\sqrt{\frac{\sum n_i X_i^2}{N}-\overline{X}^2} \tag{1-3-16}$$

② 分组的简便计算法：

$$S=\Delta d\sqrt{\frac{\sum n_i a^2}{N}-\left(\frac{\sum n_i a}{N}\right)^2} \tag{1-3-17}$$

(3) 直径变异系数 CV

$$CV=\frac{S}{\overline{d}}\times 100(\%) \tag{1-3-18}$$

为便于上述计算，可将测试数据填入检测报告单。

六、实训报告

将测试记录及计算结果填入报告单中。

梳片式纤维细度分析仪检测报告单

直径组别(μm)	组中值 d_i(μm)	测量根数 n_i	a	$n_i a$	$n_i a^2$
10～12.5	11.25				
12.5～15.0	13.75				
15.0～17.5	16.25				
17.5～20.0	18.75				
20.0～22.5	21.25				
…	…				
合　计	.				
平均直径 $\overline{d}$(μm)					
直径标准差 S					
直径变异系数 CV(%)					

思考

1. 操作过程中如何减少实验误差？
2. 评定毛条中羊毛细度的指标有哪几项？

课 后 练 习

1. 选择题

(1) 不是羊毛缩绒的内在原因(　　)。

A. 鳞片的结构　　B. 双侧结构

C. 高度的回缩弹性　　D. 高吸湿性

(2) 以下纤维中断裂强度最小的是(　　)。

A. 棉　　B. 麻　　C. 蚕丝　　D. 羊毛

(3) 下列说法中正确的是(　　)。

A. 长绒棉较细,因此纤维的强度低

B. 用熔体纺丝加工合纤是因为不能用溶液纺丝

C. 纤维都可以用来加工纺织品

D. 羊毛纤维上的油汗能起到保护羊毛纤维的作用

(4) 表示羊毛纤维细度的指标通常采用(　　)。

A. 特克斯　　B. 品质支数　　C. 旦尼尔　　D. 微米

(5) 羊毛的初加工工序称为(　　)。

A. 轧花　　B. 脱胶　　C. 洗毛　　D. 缫丝

(6) 羊毛纤维是蛋白质纤维,(　　)。

A. 既不耐酸又不耐碱　　B. 比较耐碱不耐酸

C. 比较耐酸不耐碱　　D. 既耐酸又耐碱

(7) 鳞片越少,卷曲越少的羊毛缩绒性(　　)。

A. 越好　　B. 越差　　C. 与鳞片无关　　D. 不变

2. 判断题

(1) 羊毛、山羊绒主要依据是纤维细度。　(　　)

(2) 兔毛纤维一般没有髓质层。　(　　)

(3) 品质支数仅在毛纺行业使用,品质支数越大,表明毛纤维的直径越小。　(　　)

任务四 蚕丝的性能与检测

◆ 任务目标

知识目标：

1. 熟知丝纤维的种类；2. 掌握丝纤维组成结构及性能特点。

能力目标：

1. 能根据丝纤维的特性指导生产实践；2. 能进行丝纤维的品质检验；3. 掌握测试丝纤维长度和细度的方法。

◆ 任务引入

蚕丝是由熟蚕结茧分泌出的黏液凝固形成的纤维物质。中国是世界上最早植桑、养蚕、缫丝、织绸的国家，目前蚕丝产量较大的是中国、日本等地。

几千年来，蚕丝一直是高级的纺织原料，它具有较高的强伸度，纤维细而柔软、平滑而富有弹性、吸湿性好、光泽优雅。由蚕丝制成的丝绸产品轻薄如纱，光滑平整、穿着舒适、高雅华丽。近年来为了拓展蚕丝的应用，对蚕丝进行改性，在缫丝过程中用生丝膨化剂对蚕丝进行处理，使真丝具有良好的蓬松性，制成的面料外观丰满，手感细腻柔软，不易起皱且富有弹性，适用于做中厚型的冬季产品。

◆ 课程思政

中国是古代"丝绸之路"的发源地，丝绸打开了中西方文明的对接，中国又提出共建"一带一路"倡议，提高了人民的福祉，取得了不朽的成就。纺织人才的培养服务于国家战略、行业需求。丝织行业发展中涌现的历史典故、优秀人物、材料发明、非物质文化遗产等，都是很好的思政素材，能够激发学生的爱国热情、崇尚科学的精神，弘扬优秀传统文化的同时，激发创新创造精神。春蚕是勤劳、敬业、智慧之人的象征，在诗歌和文学作品中也用春蚕形容教师等乐于奉献的人。唐代诗人李商隐的一句"春蚕到死丝方尽，蜡炬成灰泪始干"，把春蚕的执着、坚贞、奉献精神体现到了极致，成为千古传唱的佳句。

国家级非物质文化遗产——香云纱，又称莨纱，是一种20世纪四五十年代流行于岭南的独特的夏季服装面料，由于该面料具有凉爽宜人、易洗快干、色深耐脏、不沾皮肤、轻薄而不易折皱、柔软而富有身骨的特点，特别受到沿海地区渔民的青睐。莨纱的生产历史悠久，南海、顺德和番禺是其主要产地。据史料记载，早在明永乐年间（约15世纪），广东就开始生产莨纱并出口海外。从那时一直到20世纪初，莨纱数百年来一直由民间手工生产。我国第一个工厂化生产莨纱的企业是广东佛山的公记隆丝织厂。从20世纪三十年代开始一直到20世纪九十年代初，莨纱都是该厂出口创汇的传统产品，销售对象主要是泰国、越南、新加坡、马来西亚等东南亚国家的华人、华侨老用户。香云纱的发生、发展、至今风靡海内外，体现出古人的智慧，渗透了国人的家国情怀、智慧文明、人文精神、劳动精神、工匠精神及职业道德。

知识要点

一、蚕丝的种类

蚕丝是天然蛋白质类纤维，是自然界唯一可供纺织用的天然长丝，分为家蚕丝与野蚕丝两大类。

1. 家蚕丝　家蚕以桑叶为饲料，又称桑蚕，由桑蚕茧缫得的丝称为桑蚕丝，是久负盛名的高级纺织原料，又称为真丝。一根蚕丝由两根平行的单丝（丝素）外包丝胶构成，单丝截面呈三角形。纤维细柔平滑，富有弹性，光泽、吸湿好。桑蚕茧由外向内分为茧衣、茧层和蛹衬三部分。其中茧层用来做丝织原料，茧衣与蛹衬因细而脆弱，只能用作绢纺原料。根据饲养季节分，桑蚕分为春蚕、夏蚕、秋蚕。春蚕和秋蚕工艺性质有区别，具体见表1-4-1。

表1-4-1　桑蚕茧丝的工艺性质参数表

指　标	春蚕茧	秋蚕茧
茧丝长(m)	1 000～1 400	850～950
茧丝量(g)	0.22～0.48	0.2～0.4
茧层率(%)	鲜:18～24;干:48～51	
缫丝率(%)	71～85	
缫折(kg)	220～280	
解　舒	长:500～900 (m)；　率:65～80(%)	

2. 野蚕丝　种类很多，常见有柞蚕丝、蓖麻蚕丝、樗蚕丝、樟蚕丝、天蚕丝等。其以柞蚕丝为主要产品，主要产自我国东北，也是最早在中国利用的蚕丝，因而柞蚕在国外称中国柞蚕。柞蚕生长在野外的柞树（即栎树）上，柞蚕茧丝的平均细度为6.16 dtex(5.6旦)，比桑蚕丝粗。柞蚕茧的春茧为淡黄褐色，秋茧为黄褐色，而且外层较内层颜色深。柞蚕丝的横截面形状为锐角三角形，更为扁平呈楔状，具有天然淡黄色和珠宝光泽，是一种珍贵的天然纤维。用它织造成的丝织品平滑挺爽、坚牢耐用、粗犷豪迈。柞蚕丝绸是我国传统的出口产品，畅销世界六十多个国家和地区。它的强伸度要比桑蚕丝好，耐腐蚀性、耐光性、吸湿性等方面也比桑蚕丝好，但它的细度差异大，丝上常有天然色，缫丝比较难，杂质也多，适合作中厚丝织物，质量好一些的丝可作薄型织物。其工艺性质见表1-4-2。

表 1-4-2　柞蚕茧丝的工艺性质参数表

指　标	春　茧	秋　茧
茧丝长度(m)	约 600	700～1 000
茧丝量(g)	0.24～0.28	0.42～0.58
干茧层率(%)	6～11	
缫丝率(%)	60～66	
缫折(kg)	1 340～1 450	
解　舒	长:360～490 (m);　率:30～50(%)	

二、蚕丝的形成

(一) 茧丝的形成

图 1-4-1　家蚕绢丝腺

蚕丝是蚕的腺分泌物在空气中凝固而形成的丝状纤维物质。当蚕儿成为熟蚕时,蚕体内的一对绢丝腺已发育成熟。绢丝腺的后端是闭塞的,整个腺体由后部丝腺、中部丝腺、前部丝腺和吐丝部(包括回合部、压丝部和吐丝口)等几部分组成,如图 1-4-1 所示。吐出的丝则结成茧,茧衣与蛹衬的丝细度细、强度小,适于绢纺,茧层为茧的主体,丝的质量最好。

茧丝在茧层中的排列形式,分为"S"字形和"8"字形两种。一般说来,圆形和椭圆形的蚕茧多为"S"字形,束腰形多为"8"字形;中国种多为"S"字形,日本种多为"8"字形;上蔟成茧时温湿度适中的多为"S"字形,高温、低湿的多为"8"字形。就成茧时的胶着效果来说,"8"字形胜于"S"字形,就缫丝时的离解效果而言,则"S"字形优于"8"字形。

(二) 生丝的缫制

单根茧丝,其线密度和强度等方面不能满足加工和使用的要求,必须将若干根茧丝并合在一起使之成为具有一定加工和使用性能的复合丝。把茧丝缫制成为复合丝的工艺过程称为缫丝。桑丝制成的复合丝称为生丝。生丝上仍残留着部分丝胶,起着保护丝素在加工织造中不被磨损以及把若干根茧丝黏在一起以利于加工织造的作用。有的产品需要在织造前将丝胶脱去,如需漂白、染色的丝,脱去丝胶的丝称为熟丝。

缫丝工艺流程是混茧→剥茧→选茧→煮茧→缫丝→复整。

① 混茧:用混茧机将符合混合条件的来自不同产地(庄口)的蚕茧按一定比例混合,达到扩大茧批、平衡茧质、稳定操作、以利统一丝色,大量缫制品质统一的生丝的目的。

② 剥茧:用剥茧机剥掉蚕茧外面一层松乱的茧衣。以便于选茧、称量、煮熟,有利于提高生丝质量。剥下的茧衣纤维细而脆弱,丝胶含量又多,可作为绢纺原料。

③ 选茧:从原料茧中将不能缫丝的茧选出,如双宫茧、畸形茧等。分选茧形大小和色泽不同的茧子。

④ 煮茧:利用水、热和一些化学助剂的作用,使茧丝上的丝胶适当膨润和溶解,使缫丝时茧丝能连续不断地从茧层上依次离解下来。

⑤ 缫丝:根据生丝规格要求,将经索绪和理绪的数粒茧子的茧丝离解下来并合在一起,并借丝胶的黏着作用而相互黏合制成生丝卷绕在小筒子上。

生丝的常用规格是 22.2/24.4 dtex(20/22 旦)、21.1/23.3 dtex(19/21 旦),一般 14.4/1.67 dtex(13/15 旦)及以下的称为细规格,30/32.2 dtex(27/29 旦)及以上的称为粗规格。

⑥ 复整:在复摇机上,把缫制的生丝制成一定规格的丝绞,再经整理打包,成为丝纺原料。

成绞丝有大绞、小绞、长绞之分。每绞丝的重量分别为 125 g、67 g、180 g;大绞丝每包 16 绞,小绞丝每包 30 绞,重量均为 2 kg;长绞丝每包 28 绞,重 5 kg。然后分别由 30 包和 12 包成一件,每件重 60 kg。

三、蚕丝的组成与形态结构

(一) 蚕丝的组成

每一根茧丝都是由两种主要物质组成——丝素与丝胶,丝素是纤维的主体,丝胶包覆在丝素外面起保护作用。其次还有少量的蜡质和脂肪,可以保护茧丝免受大气的侵蚀,此外还包含少量的色素和灰分等。以上这些物质的含量并不固定,常随茧的品种以及饲养的情况而有变化。一般桑蚕丝和柞蚕丝的物质组成情况可参见表 1-4-3。

表 1-4-3 蚕丝的物质组成

组成物质	桑蚕丝(%)	柞蚕丝(%)
丝 素	70~75	80~85
丝 胶	25~30	12~16
蜡质、脂肪	0.75~1.50	0.50~1.30
灰 分	0.50~0.80	2.50~3.20

在这些组成物质中,只有丝素是丝织物所需要的,丝胶以及组成蚕丝的其他成分在最后均需除去。因为丝胶有保护丝素的作用,因此一般织物都要到最后染色与整理时才脱去丝胶。在制丝过程中,应尽量使茧丝中的丝胶少溶失,便于保护丝素,有利于增强生丝在织造加工中的耐磨性,这种织物称为生织物或生货。也有部分熟织物是用生丝脱去丝胶(称精练丝)后再进行织造加工的,其织物叫熟织物或称熟货。一般采用这一工艺的都是要求有多种颜色的织物,因其所需颜色的种类无法在织物染色中得到满足。

每一根茧丝内外层的丝胶含量不等,一般从内层往外层茧丝中丝胶的含量是逐渐增加的,因此缫丝时应注意采用内外层茧子的搭配并合来使生丝的细度稳定。柞蚕丝的丝胶含量比桑蚕丝要少得多,所以柞蚕丝在加工中要特别注意丝素纤维的抱合问题。

(二) 蚕丝的形态结构

1. 横截面 每根茧丝中包含来自两侧绢丝腺的两根丝素纤维,在光学显微镜下观察,茧丝的断面好似一副眼镜,它包含有两根外形接近于三角形的丝素纤维,而包覆在它周围的则是一层非纤维状的丝胶。茧丝截面形态见图 1-4-2 与图 1-4-3,一粒茧上的整根茧丝素的三角形由外层到内层逐渐由比较圆钝变为扁平。一根丝素的平均截面积约为 80 μm^2,电子显微镜观察到每一根丝素大约由 2 000 根直径为 100~400 nm 的巨原纤构成。

由于茧丝的截面形状近似椭圆形,一般采用扁平度、充实度指标来描述其截面形状。

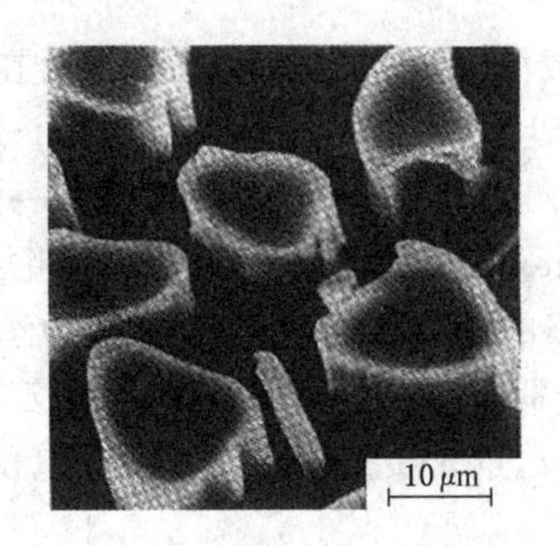

图 1-4-2 蚕丝的三角形截面

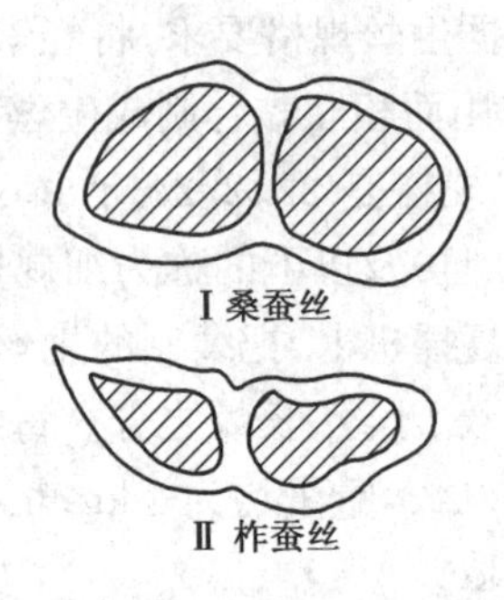

图 1-4-3 两种蚕丝截面形态的对比

2. 纵向形态 蚕丝纵向平直光滑,富有光泽。蚕丝的纵向形态见图 1-4-4,单根茧丝由于线密度和强力的原因,没法满足加工和使用的要求,从蚕茧上分离下来的茧丝,要经合并形成生丝,生丝再脱去丝胶,形成柔软光亮的熟丝才能用于织造加工。

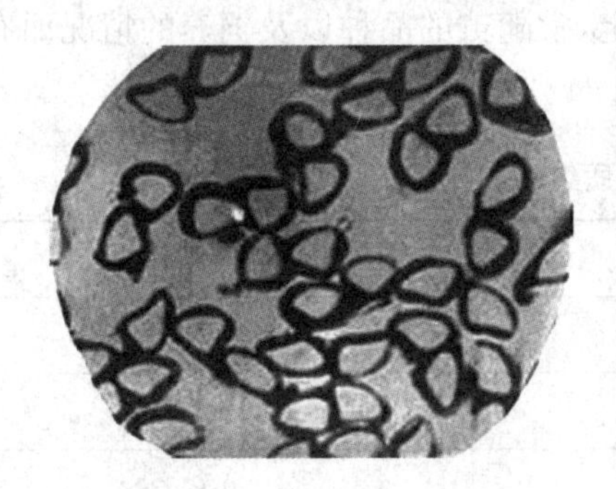

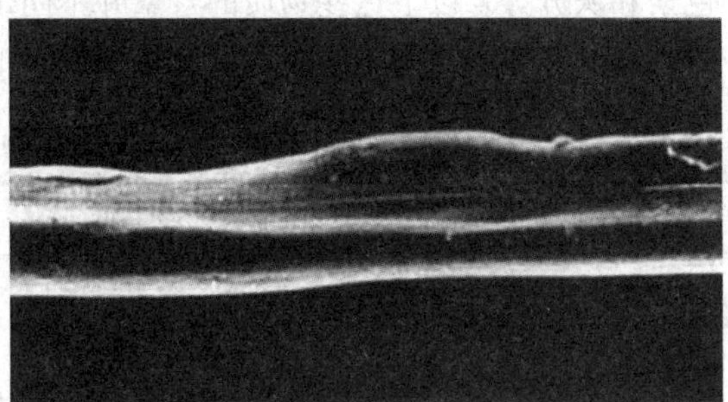

图 1-4-4 蚕丝横截面与纵向形态

不同状态的丝纤维纵向外观稍有差异。

茧丝(茧层之丝):纵向有许多异状的颣节,造成外观毛糙。

生丝(缫丝之丝):比茧丝要光滑、均匀。

熟丝(全脱胶之丝):表面光滑,粗细均匀,少数地方有粗细变化,光泽强而柔和。

四、蚕丝的纺织性能

(一) 长度与细度

桑蚕和柞蚕的茧丝长度和直径的变化范围(内含两根丝素纤维)可参见表 1-4-4。由表可见,虽然柞蚕茧的茧层量和茧形均大于桑蚕,但因茧丝直径比桑蚕大,所以茧丝长度还是比桑蚕小。茧丝直径的大小主要和蚕儿吐丝口的大小以及吐丝时的牵伸倍数有关,一般速度愈大茧丝愈细。

表 1-4-4 茧丝的长度与直径

品 种	长度(m)	直径(μm)
桑蚕丝	1 000～1 400	13～18
柞蚕丝	500～600	21～30

(二) 强伸度

总体而言,蚕丝的强力比毛、棉高,但比麻低。生丝的强伸力较好,相对强度约在 2.6～

3.5 cN/dtex，在纺织纤维中属于上乘，断裂伸长率在20%左右。生丝的强伸力除与内部结构有关外，还与加工条件有关，如煮茧工艺、缫丝张力、缫丝速度、丝鞘长度等都会影响生丝强伸力。熟丝因脱去丝胶使单丝之间的黏着能力降低，相对强度及断裂伸长率都有所下降。

柞蚕丝缫丝的相对强度略低于生丝，而断裂伸长率(25%)则略高于生丝。吸湿后，桑蚕丝强力下降而柞蚕丝强力上升，这些差别因柞蚕丝所含氨基酸的化学组成及聚集态结构与桑蚕丝不同所致。

柞蚕丝的湿强度虽高于干强度10%，但湿伸长要高于干伸长72%左右(桑蚕丝的湿伸长高于干伸长45%)，特别是它的吸湿本领又高于桑蚕丝，因此，柞水缫丝在湿态极易变形。这是丝织生产中，梅雨季节易出现"明丝紧纬"等疵点的原因，因而必须注意控制车间湿度。

(三) 吸湿性

蚕丝具有很好的吸湿性，在温度20℃相对湿度65%的标准条件下，桑蚕丝的回潮率为11%左右，柞蚕丝达12%左右，其吸湿性在天然纤维中比羊毛低，比棉纤维高。柞蚕丝因本身内部结构较疏松的缘故，其吸湿性高于桑蚕丝。蚕丝吸湿性好的原因是因为蛋白质分子链中含有大量的极性基团，如—NH_2、—COOH、—OH等，这是蚕丝类产品穿着舒适的重要原因。蚕丝浸湿后吸水量很大，一般重量增加30%～35%，而体积膨胀增加30%～40%。

(四) 酸碱性

1. 对酸的反应性　与羊毛一样，蚕丝较耐酸。但高温下起水解作用，溶解于浓的盐酸及硫酸，但遇浓硝酸，只变成黄色。在浓硫酸或28%～30%的HCl溶液中处理短时间(2～3 min)后，经水洗、中和、长度收缩30%～50%，利用此性质可制成绉绢。蚕丝溶于单宁酸的溶液中，可吸收重量25%的单宁酸，利用此性质可媒染及增量。

2. 对碱的反应性　比羊毛耐碱，与稀碱不起作用，但会失去光泽。在热碱液中长时间作用会受到损害。与浓碱作用，缩氨链会被切断。以肥皂水浸泡生丝，可溶除丝胶，使蚕丝变得更光泽、柔软。

3. 对水的反应性　于热水中部分丝胶被溶除。生丝经温水浸泡而膨胀，干后将失去其优良的触感。

4. 对盐类的反应性　蚕丝有吸收金属盐类的性质，故可用铝、铬、铁盐类作媒染剂。可用锡的盐类作增量剂。

5. 对氧化剂及还原剂的反应性　一般情况下，可使用H_2O_2、NaO_2、$KMnO_4$等氧化剂及无水Na_2SO_4、$NaSO_2$等还原剂漂白，但漂白粉及NaClO有损丝质。

(五) 抱合性

生丝的抱合性指丝胶把若干根茧丝黏在一起的一种性能，以免在织造加工中丝束脱散，造成生产困难。它与我们通常所说的纤维间的抱合力这一概念不同。

生丝是由几粒茧子的茧丝缫制并合而成，由于丝胶的胶着作用，虽经摩擦茧丝也不易分散开来，这就是所谓生丝的抱合力。若生丝抱合力不良，则丝条黏着不牢、裂丝多、强力差、不耐磨，在准备与织造过程中，易发生切断、飘丝、钩挂缠结，因此抱合力是需要经常检测的生丝重要品质之一。生丝的抱合性，是指这种丝条抵抗摩擦而不产生披裂的性能。丝胶的存在是生丝具有抱合力的主要原因。生丝的抱合性良好，做经丝的抱合力在90次以上时，可不浆丝，整经后直接织造。煮茧时丝胶膨润不足或溶失过多，缫丝中丝鞘的长短都会影响生丝的抱合力。柞水缫丝由于含胶量少，其抱合力远不及生丝，其抱合次数一般为15～25次。因此，柞水缫丝做经丝时，也需上浆方能顺利织造。

五、丝织物的服用性能

1. 外观性能　蚕丝具有柔软舒适的触感，夏季穿着凉爽，冬季温暖。蚕丝可染成各种鲜艳的色彩，并可加工成各种厚度和风格的织物，或薄如蝉翼、厚如毛呢，或挺爽、柔软。因为桑蚕丝纵向平直光滑，颜色洁白，生丝精炼后具有其他纤维所不能比拟的柔和与优雅的独特光泽。

柞丝的颜色一般呈淡黄、淡黄褐色，这种天然的淡黄色赋予柞丝产品一种更加华丽富贵的外观。它虽然光泽不如桑蚕丝柔和优雅，手感不如桑蚕丝光滑，略显粗糙，但柞丝的光泽也别具一格，有一种隐隐闪光的效应，人称珠宝光泽。这与柞丝素更为扁平的三角形截面有关。

2. 舒适性能　桑蚕丝吸湿性较强，回潮率为 11%，吸湿饱和率可高达 30%，在很潮湿的环境中，感觉仍是干燥的。由于丝素外面有一层丝胶，因此蚕丝的透水性差。组成丝素的蛋白质基本不溶解于水，水对桑蚕丝纤维强力的影响不大。

丝纤维的保暖性仅次于羊毛，也是冬季较好的服装面料和填充材料。桑蚕丝的耐热性比棉纤维、亚麻纤维差，但比羊毛纤维好。蚕丝的耐光性比棉、毛纤维差。因为蚕丝中的氨基酸吸收日光中的紫外线会降低分子间的结合力，所以日光可导致蚕丝脆化、泛黄，强度下降。因此，真丝织物应尽量避免在日光下直接晾晒。

柞蚕丝的坚牢度、吸湿性、耐热性、耐化学药品性等性能都比桑蚕丝好。在天然纤维中，柞蚕丝的强度仅次于麻，伸长度仅次于羊毛。柞蚕丝的湿强度比干强度大 4%，耐水性好，适用于耐水性强的特殊用途。在日光暴晒下柞蚕丝的强度、伸长度减小，但比桑蚕丝减少程度要低。柞丝绸具有穿着坚牢、耐晒、富有弹性、滑挺等优点，在我国丝绸面料中占相当的地位，可制作男女西装、套装、衬衫、妇女衣裙，还可做耐酸服及带电作业的均压服，但其表面粗硬，糙节较多，吸色能力较差，所以在纺织面料应用及面料外观上都不及桑蚕丝，其价值稍逊一筹。

3. 耐用性能与保养性能　与羊毛一样，蚕丝不能用含氯的漂白剂处理，洗涤时应避免碱性洗涤剂。蚕丝能耐弱酸和弱碱，耐酸性低于羊毛，耐碱性比羊毛稍强。蚕丝不耐盐水侵蚀，汗液中的盐分可使蚕丝强度降低，所以夏天蚕丝服装要勤洗勤换。丝面料经醋酸处理会变得更加柔软，手感松软滑润，光泽变好，所以洗涤丝绸服装时，在最后清水中可加入少量白醋，以改善外观和手感。蚕丝耐光性差，更不适宜长时间暴晒，过多的阳光照射会使纤维发黄变脆，因此丝绸服装洗后应阴干。蚕丝的熨烫温度为 160～180℃，熨烫最好选用蒸汽熨斗，一般要垫布，以防止烫黄和水渍的出现。蚕丝易被虫蛀也会发霉，白色蚕丝因存放时间过长会泛黄。蚕丝相互摩擦时会产生特殊的轻微声响，这就是蚕丝面料独有的丝鸣现象。

六、国家级非物质文化遗产——香云纱

1. 名字的由来　香云纱又名薯莨纱，俗称莨绸、云纱，本名“响云纱”，是一种用广东特有植物薯莨的汁水浸染桑蚕丝织物，再用珠三角地区特有的富含多种矿物质的河涌淤泥覆盖，经日晒加工而成的一种昂贵的纱绸制品。由于穿着走路会“沙沙”作响，所以最初叫“响云纱”，后人以谐音叫作“香云纱”，是国家级非物质文化遗产(图 1-4-5)。

图 1-4-5　香云纱服装

2. 香云纱的历史　香云纱是一种 20 世纪四五十年代流行于

岭南的独特的夏季服装面料，由于该面料具有凉爽宜人、易洗快干、色深耐脏、不沾皮肤、轻薄而不易折皱、柔软而富有身骨的特点，特别受到沿海地区渔民的青睐。随着岁月的流逝，各类新型纺织纤维和纺织产品不断发展涌现，薯茛纱早已在市场上绝了迹，我们只能偶尔在老电影如《南海潮》《红色娘子军》等老电影中才能看到它的身影：老渔民、南霸天、老四等人都穿过这种外黑内棕，略带闪光效果的对襟布扣绸布衫。

3. 香云纱的加工　薯茛纱实际是一种经过表面涂层处理的小提花绸，这种涂料来源于一种叫薯蓣科山薯茛的野生薯类植物的汁液，其主要成分为易于氧化变性产生凝固作用的多酚和鞣质。越人使用山薯茛汁来染织物和皮革由来已久，北宋科学家沈括的《梦溪笔谈》中记载："《本草》所论赭魁（即薯茛），皆未详审。今南中赭魁极多，肤黑肌赤，似何首乌。切破，其中赤白理如槟榔。有汁赤如赭，南人以染皮制靴"。山薯茛的外观与乾隆皇上喜欢吃的荔蒲大芋头十分近似，所以才有刘罗锅用山薯茛冒充荔蒲芋头，让乾隆老儿着实地苦涩了一回、从此不再让荔蒲芋头上贡朝廷的传说。

图 1-4-6　喷洒薯茛汁液

图 1-4-7　晾晒

图 1-4-8　在晒场的香云纱

薯茛纱加工时，将山薯茛的汁水作为天然染料，对坯绸反复多次浸染（图 1-4-6），染得棕黄色的半成品后，再拿富含铁质的黑色塘泥对其单面涂抹，并放到烈日下暴晒（图 1-4-7 和图 1-4-8）。待泥质中的铁离子和其他生物化学成份与薯茛汁中的鞣酸充分反应，生成了黑色的鞣酸亚铁之后，抖脱塘泥，清洗干净，就成了面黑里黄、油光闪烁的香云纱。黑色的成分就是鞣酸亚铁、棕色成分是氧化变性了的鞣酸。其具体生产工艺流程如下：

坯绸→精练→浸薯茛汁→晾晒→重复上述浸晒过程多遍→煮练→多次洗晒茛汁→再煮练→再多次洗晒茛汁→再煮→晒干→过泥→洗涤→晒干→摊雾→拉幅→整装。经过处理后的织物厚度增加约 30%，重量增加约 40%。

4. 香云纱的特点　香云纱手感挺爽柔润，具有防水、防晒，手洗牢度佳，易洗易干，经久耐穿等特点，是千百年来我国南方常用的夏季服装面料，并出口东南亚各国。

香云纱由真丝构成，真丝采用桑蚕丝精制，含有 18 种人体所需的氨基酸，对皮肤有营养和保健作用，能保护皮肤下血管的弹性，延缓皮肤衰老。由于附着了矿物塘泥，香云纱穿上身后感觉凉爽，遇水快干，且不容易抽丝和起皱。同时，由于薯茛本身就是一种中药，有清热化瘀的功效，还有防霉、除菌、除臭等功效，所以业内人士一般认为，用香云纱做成的衣服也具有相同的“医用”效果。

虽然是真丝的一种，但是香云纱和真丝有着很大的不同。真丝飘逸、轻薄，沾水容易贴在身上，易抽丝。而香云纱面料挺括、质感强，出汗之后不会黏在身上，透气凉爽。

香云纱面料最为奇妙的是随着时间的流逝，每年都在发生着不同的变化：随着洗涤和穿着，其颜色越来越浅、纹理越来越细，如同有生命一样，这是其他任何一种衣料都不能比拟的。所以在过去的人们心中，香云纱是可以代代相传的，就在于她越洗越美、越穿越美！随着人们的生活水平不断提高，香云纱越来越成为夏、秋季节的时尚高贵的送礼佳品！

5. 香云纱的价格　在古代，每匹薯莨纱售价12两白银，属于较为贵重的纺织产品。在历史上，香云纱曾价比黄金，因此也被称为“软黄金”。但如今，这个产业链上生产“软黄金”的人赚得并不多，把“软黄金”变成服饰卖出去的人得到了利润的大头。如一米香云纱布料出厂价几十元，一件衣服一般需要两米左右的布料，加上人工费成本也就一百元左右。而一件普通香云纱服饰市场售价少则七八百元，知名厂家的产品可以卖到数千元，即高附加值的香云纱服装能为生产厂家带来高额利润。

任 务 实 施

蚕丝的性能检验

生丝与柞蚕丝的品质和优劣，直接关系到丝织品的品质和贸易价值。因此，检验部门必须按规定的检验项目和程序，对生丝和柞蚕丝进行检验，以确定生丝和柞蚕丝的等级。丝织厂在将生丝和柞蚕丝投入使用之前，也需要进行相应的检验，以达到合理使用原料的目的。

我国生丝检验标准，是以国际生丝检验分级标准的内容为基础，结合使用上的要求及对外贸易上的需要而制定的，国家标准规定的生丝检验项目如下：

1. 品质检验

主要检验项目：细度偏差、细度最大偏差、均匀度变化、清洁、洁净。

补助检验项目：均匀变化、切断、断裂强度、断裂伸长率、抱合。

外观检验项目：疵点和性状。

委托检验项目：均匀一度变化、茸毛、单根生丝断裂强度和断裂伸长率。

2. 重量检验　检测毛重、净重、回潮率和公量。

按以上项目进行检验，分别得出各项的成绩，再根据生丝分级标准确定所检丝的等级。

实训1 蚕丝细度测试

一、实训目的

通过实训，掌握生丝细度测定的原理，熟悉旦尼尔秤和链条天平的结构，学会使用旦尼尔秤和链条天平测定生丝的细度。

二、参考标准：

参阅GB/T 1798—2008(生丝试验方法)。

三、试验仪器与用具

旦尼尔秤(如图 1-4-9 所示,这里所示的机械式旦尼尔秤,现在已经有了电子式的,外形和电子秤相仿),天平,镊子,检尺器,桑蚕丝。

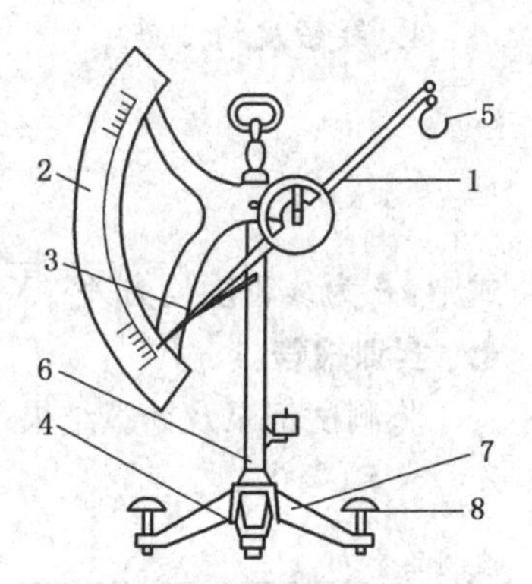

图 1-4-9　旦尼尔秤的结构

1—单臂杠杆；2—扇形刻度板；3—指针；4—水平泡；5—试样小钩；6—支柱；7—底座；8—调水平螺丝

四、测试原理

细度检验又称条份检验,是将切断检验所卷取的样丝锭在细度机上摇取一定长度(一定回数)的小绞样丝(又称细度丝、小丝),然后用细度秤测出其细度,并计算出各小绞样丝细度与平均细度的偏差程度。

五、操作步骤

(1) 调节水平调节螺丝 8,将仪器调节水平。

(2) 把一定重量的标准砝码挂到右端的称钩 5 上,观察旦尼尔秤的读数是否与标准砝码的指示值一致。若不正确,则应调节单臂杠杆上的调节螺丝的位置。

因为旦尼尔秤分为 400、200、100 回三种,所以校对时也有三种情况:

① 400 回旦尼尔秤校对时,指针数与砝码数相同。

② 200 回旦尼尔秤校对时,指针数比砝码数须增加二倍。

③ 100 回旦尼尔秤校对时,指针数比砝码数须增加四倍。

(3) 用检尺器摇取 100 回绞丝试样若干绞。

(4) 把小绞丝挂在小钩上,指针的指示值即为该样丝的旦尼尔数。

(5) 把小绞丝分别在旦尼尔秤上称出旦尼尔数,即为该绞生丝的实际细度。

(6) 也可分别将小绞丝在天平上称出其重量,然后在代入旦尼尔定义式中也能得到生丝的实际细度。

六、数据记录与结果计算

1. 平均实测细度

$$\overline{X}=\frac{\sum_{i=1}^{n}X_i}{n} \tag{1-4-1}$$

式中: $\overline{X}$ 为平均实测细度,旦; X_i 为各试样所测细度值,旦; n 为试样总数。

2. 实际回潮率

$$W=\frac{G_0-G_1}{G_1}\times 100(\%) \tag{1-4-2}$$

式中: W 为试样实际回潮率; G_0 为试样总原重,g; G_1 为试样总干重,g。

3. 平均公定线密度

$$N_D=\frac{G_1\times 1.11\times 9\,000}{n\times L\times 1.125} \tag{1-4-3}$$

式中: N_D 为平均公定线密度,旦; G_1 为试样总干重,g; n 为试样总数; L 为每个试样长度,回。

4. 线密度均方差

$$\sigma = \sqrt{\frac{\sum_{i=1}^{n}(X_i - \overline{X})^2}{n}} \tag{1-4-4}$$

式中：σ 为线密度均方差；$\overline{X}$ 为平均实测线密度；X_i 为各试样所测细度值；n 为试样总数。

七、实训报告

将测试记录及计算结果填入报告单中。

蚕丝细度测试报告单

检测品号__________ 检验人员(小组)__________

检测日期__________ 温湿度__________

实测细度(旦) / 结果				……	
试样数				……	
平均实测细度(旦)					
实测回潮率					
平均公定细度(旦)					
细度均方差(旦)					
细度最大偏差(旦)					

实训 2 生丝的抱合力测试

一、实训目的

通过实训，了解抱合力机的结构，学会用抱合力机测定生丝抱合力。

二、参考标准

参阅 GB/T 1798—2008(生丝试验方法)。

三、试验仪器与用具

Y731 抱合力机、生丝筒子。

四、测试原理

抱合力检验是检验生丝和柞丝中的茧丝之间相互捻合的牢固程度。检验时，将丝条连续往复置于抱合机框架两边的 10 个挂钩之间，在恒定和均匀的张力下，使丝条的不同部位同时受到摩擦，摩擦速度约为 130 次/min，一般在摩擦到 45 次左右时，应作第一次观察，以后摩擦一定次数应停同仔细观察丝条分裂程度。如半数以上丝条有 6 mm 及以上分裂时，记录摩擦次数，并另取新试样检验。以 20 只丝锭的平均值取其整数即为该批丝的抱合次数。

五、操作步骤

(1) 接通电源，使马达转动，检查各部位运转是否正常。

(2) 转动变速调节键，使转速调至 1 130 r/min。

(3) 右面绕丝活动排钩放至指定位置，并固定排钩位置在键揿上，翻开上部摩擦装置。

(4) 将样丝一端绕入固定钮上，依次逐一来回绕上左右绕丝排钩间，待全部挂装后，将样丝末端绕入另一固定钮上。

(5) 将排钩位置固定键扳开，使排钩活动。将上部摩擦装置轻轻盖上。

(6) 计数器调拨至“0”。

(7) 打开电源，开始摩擦，待45次后，翻开上部摩擦器，并将活动排钩向左方推移，使样丝稍松，在照明灯的对面观察其分裂状态。

(8) 检查如发现丝条无分裂，则继续摩擦5次再查，直至有半数(十根)以上丝条，每根有6 mm长度以上的分裂，检查即可终止，记录计数器的摩擦次数，即为该丝抱合力。

(9) 重复上述三～五次。

六、实训报告

将测试的结果填入下表中。

生丝抱合报告单

检测品号________________ 检验人员(小组)________________

检测日期________________ 温湿度________________

试样编号 / 结果	1	2	3	……	19	20
抱合力/次				……		
平均抱合力/次						

课后练习

1. 名词解释

生丝 茧层率 绢纺纱

2. 判断题

(1) 蚕丝的光泽较好是由于其截面为圆形。 ( )

(2) 蚕丝耐酸不耐碱。 ( )

(3) 蚕丝大分子稳定的结构为β型的曲折链。 ( )

3. 选择题

(1) 熟丝的横截面大多为( )。

A. 腰圆形 B. 不规则的三角形 C. 圆形 D. 椭圆形

(2) 被誉为纤维皇后的是( )。

A. 山羊绒 B. 驼绒 C. 蚕丝 D. 牦牛毛

(3) 天然纤维中的长丝纤维是( )。

A. 细绒棉 B. 蚕丝 C. 细羊毛 D. 剑麻

任务五 常规化学纤维的性能与检测

◆ 任务目标

知识目标：

1. 认识常规化学纤维的分类与形态结构；2. 掌握常规化学纤维的主要性能和应用情况。

能力目标：

学会测试常规化学纤维的主要性能指标。

◆ 任务引入

在纺织原材料中，棉、麻、丝、毛等天然纤维的使用历史最悠久，也是农业文明的产物。但是，随着人口的不断增长和社会发展，天然纤维不只是产量增长受到客观条件的限制，其性能也满足不了人们使用的要求，而化学纤维则很好地弥补了天然纤维的不足，并且快速发展壮大，目前我国化学纤维占纺织纤维的比例达到85%，可以说化学纤维是工业文明的代表之一。

化学纤维是指用天然的或合成的高聚物为原料，经过化学或机械方法加工制成的纤维，主要包括再生纤维、合成纤维和无机纤维。化学纤维的问世也使纺织工业出现了突飞猛进的发展，并广泛地应用在服装、装饰、工业、农业、医疗、国防以及航空等各个领域。按照化学纤维天然化、功能化和绿色环保的发展思路，化学纤维的新品种层出不穷，大大改善了化学纤维的使用性能，同时也扩大了化学纤维的应用领域。本任务主要介绍常规化学纤维的种类、性能及基本指标的测试方法。

◆ 课程思政

纺织业，特别是化纤行业的发展与人类的文明进步密不可分。中华民族从站起来、富起来到强起来的伟大飞跃中，我国的纤维工业取得的巨大进步，离不开一代又一代纤维大家的呕心沥血。

作为我国化学纤维工业和专业教育的奠基人，钱宝钧在20世纪50年代初开创了我国以棉绒为原料的黏胶纤维研究，特别重视纤维测序工作，摸索出一套适合我国实际的生产黏胶纤维的工艺，之后又筹建了我国第一家年产万吨的黏胶帘子线厂。顾利霞老师解决了聚酯纤维与天然纤维混纺染色时损伤天然纤维的难题，先后荣获国家科学技术进步奖和技术发明奖。

郁铭芳院士曾参加筹建中国首家自行设计的上海合成纤维厂，并纺出了中国第一根合成纤维——锦纶6，之后领导建设了中国第一条自己设计安装制造的年产六百吨的锦纶装置，生产出中国第一批军用降落伞用锦纶长丝，结束了我国军用降落伞丝依靠进口的难题，为国防建设作出了突出的贡献。

2018年年底,国内首条技术和全套装备完全自主设计织造的单线3万吨Lyocell纤维生产线投入生产,中国纺织科学研究院十八年磨一剑的创新精神,正是对"加快核心技术自主创新,为经济社会发展打造新引擎"的全面诠释。

在再生纤维中,大豆蛋白纤维作为一种新型的天然再生纤维,是我国具有自主知识产权的两大纤维品种之一。科研人员的不懈坚持,特别是农民科学家对大豆纤维的执着,极大地激励着学生的求知欲望和刻苦钻研的科学精神。"绿水青山就是金山银山",国家目前全面推行绿色制造,促进工业绿色低碳发展,化纤行业的绿色转型发展对于整个纺织工业践行绿色纺织具有重要的意义。

如今,站在新发展阶段,我们需要贯彻新发展理念,构建新发展格局,需要更加积极地传承每位科学家的奉献精神和高尚品格,传承他们践行一生的"五爱精神",并把它与社会主义核心价值观充分融合,砥砺前行、奋斗不止,做出更大的贡献。

知 识 要 点

一、化学纤维的种类

化学纤维的种类繁多,分类方法也有很多种,其中最普遍的是根据原料来源的不同分类。

(一)按原料来源分

可分为再生纤维、合成纤维和无机纤维。常见化学纤维的分类和名称见表1-5-1。

表1-5-1　化学纤维的分类和名称

分类	中文学名	英文学名	中国商品名
再生纤维	黏胶纤维	Viscose fiber	黏胶纤维
	铜氨纤维	Cuprammonium fiber	铜氨纤维
	醋酯纤维	Acetate fiber	醋酸纤维
	大豆蛋白纤维	Soybean fiber	大豆蛋白纤维
合成纤维	聚酯纤维	Polyester fiber	涤　纶
	聚酰胺纤维	Polyamide fiber	锦　纶
	聚丙烯腈纤维	Polyacrylonitrile fiber	腈　纶
	聚丙烯纤维	Polypropylene fiber	丙　纶
	聚乙烯醇缩甲醛纤维	Polyvinyl formal fiber	维　纶
	聚氯乙烯纤维	Polyvinyl chloride fiber	氯　纶
	聚氨酯纤维	Spandex fiber	氨　纶
无机纤维	无机纤维	Metallic fiber	金属纤维
		Glass fiber	玻璃纤维
		Carbon Fiber	碳纤维
		Graphite fiber	石墨纤维

(二)按化学纤维的长度分

化学纤维按长度可分为长丝和短纤维。

1. 长丝　化学纤维加工中不切断的纤维称为长丝,化学长丝可分为单丝、复丝、捻丝、复捻丝和变形丝。单丝指长度很长的连续单根纤维；复丝指两根或两根以上的单丝并合在一起；复丝加捻成为捻丝；两根或两根以上的捻丝再合并加捻就成为复合捻丝；化学原丝经过变形加工使之具有卷曲、螺旋、环圈等外观特性而呈现膨松性、伸缩性的长丝称为变形丝。

2. 短纤维　化学纤维在纺丝后加工中可以根据纺纱要求切断成各种长度规格的短纤维，可将其制成棉型、毛型和中长型化纤。棉型化纤的长度为 30～40 mm，线密度为 1.67 dtex 左右；毛型化纤长度为 70～150 mm，线密度为 3.3 dtex 以上；中长型化纤长度为 51～65 mm，线密度约为 2.78～3.33 dtex。中长型化纤指长度与线密度介于棉型与毛型之间，可以在毛纺机台或稍加改造的毛纺机台上加工仿毛型产品的这类纤维。

(三) 按纤维性能差别分

可分为常规纤维、差别化纤维、功能性纤维、高性能纤维和绿色环保纤维等。常规纤维见表 1-5-1；差别化纤维、功能性纤维和绿色环保纤维等，此部分将在新型纺织材料中介绍。

二、化学纤维的性能

(一) 再生纤维(Regenerated fiber)

再生纤维是以天然高聚物为原料制成的、化学组成与原高聚物基本相同的化学纤维。以天然纤维素为原料制成的纤维称为再生纤维素纤维，例如黏胶纤维、莫代尔、醋酯纤维等；以天然蛋白质为原料制成的纤维称为再生蛋白质纤维，如大豆蛋白纤维、酪素纤维(牛奶纤维)等。

1. 黏胶纤维(Viscose fiber)

(1) 纤维来源　黏胶纤维于 1905 年在美国首先实现工业化生产，是最早实现工业化的化学纤维。黏胶纤维是以木材、棉短绒、甘蔗渣、芦苇等为原料，经物理化学反应制成可溶性纤维素纺丝溶液，然后经喷丝孔喷出凝固而成的纤维。其原料丰富，价格便宜，技术较成熟，在化学纤维中占有重要地位。我国黏胶纤维从 20 世纪 50 年代起开始发展，特别是改革开放后，产量已经处于世界领先位置；目前，已经做到了设备国产化，同时，在"节能、减排"方面也获得了较为显著的效果。

目前黏胶纤维品种很多，按性能差别可分成普通黏胶纤维、高湿模量黏胶纤维(如波里诺西克纤维、富强纤维)、强力黏胶纤维、特种黏胶纤维等。高湿模量黏胶纤维具有较高的强力和湿模量；强力黏胶纤维具有较高的强力和耐疲劳性能；特种黏胶纤维具有阻燃、复合、中空、导电等特殊性能。黏胶的外国商品名有虎木棉(日本)、波里诺西克(国际)、阿夫列尔(美国)、莫代尔(欧洲)等。

(2) 纤维形态结构　普通黏胶纤维的截面形状为锯齿形，有皮芯结构，纵向平直有沟槽。黏胶纤维的形态结构见图 1-5-1。

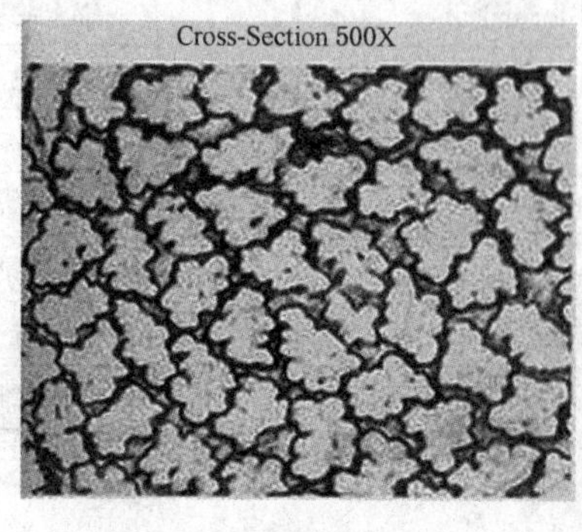

(a) 截面形态

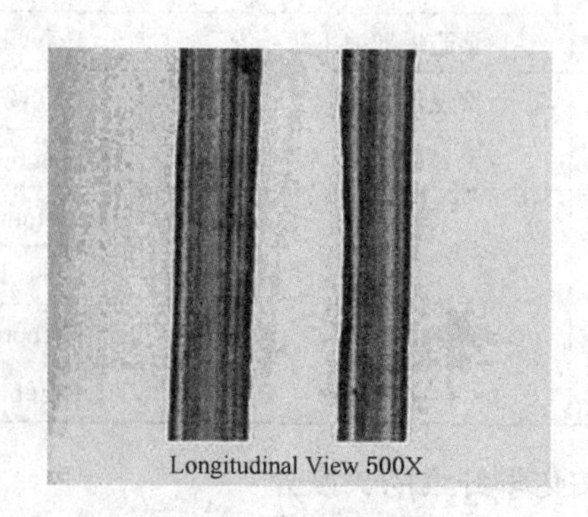

(b) 纵向形态

图 1-5-1　黏胶纤维的形态结构

(3) 纤维性能

① 外观性能：黏胶纤维具有丝样的外观和优良垂感，产品虽不如蚕丝光泽柔和悦目，但光亮美观；黏胶纤维染色性能好，色彩纯正、艳丽，色谱齐全，可以染成各种鲜艳的颜色；面料不易产生静电，不起毛起球。缺点是面料弹性差，起皱严重且不易回复，尺寸稳定性差。

② 舒适性能：黏胶纤维手感柔软平滑，吸湿透气性良好且优于棉纤维，在通常大气条件下回潮率为13%左右，是常见化学纤维中吸湿能力最强的纤维。黏胶导热性好，穿着凉爽舒适，尤其适宜在气候炎热的地区穿着。

③ 耐用与保养性能：普通黏胶纤维的断裂比强度较低，一般为1.6～2.7 cN/dtex，其湿强仅为干强的50%～60%，断裂延伸度高，模量低。此外，普通黏胶纤维在小负荷作用下容易变形，且不易回复，弹性差，易起皱；其制成的织物下水收缩、发硬，不耐水洗和湿态加工，洗涤时应避免剧烈揉搓。

由于其主要组成物质是再生纤维素，因此黏胶较耐碱而不耐酸，但耐碱性不如棉纤维，不能进行丝光和碱缩。黏胶纤维面料易生霉，尤其在高温高湿条件下易发霉变质，保养时应注意。

(4) 纤维应用　黏胶纤维是一种应用十分广泛的化学纤维，其性能与棉纤维具有很大相似之处，可纺性好，吸湿性能较强，容易上色。黏胶纤维面料悬垂性好，上身非常舒适，不会出现静电。黏胶纤维不仅可用于纺织业，而且在工业、农业、医疗和建筑等方面有广泛的应用；特别是随着新型黏胶材料的出现，黏胶纤维可应用于止血纤维、纱布、绷带及医用床单、被服等医疗卫生领域。

黏胶纤维有长丝和短纤维两种形式。黏胶长丝又称人造丝，是我国化纤产品最具有竞争力的品种之一，由于其质地轻薄、手感柔软、染色性好，适合制作成服装、床上用品、和装饰用织物。并且，用黏胶长丝制成的轮胎帘子线强度高，受热后强度小，价格低廉，在轮胎工业中占有重要地位。黏胶短纤维有棉型、毛型和中长型。棉型黏胶短纤维俗称人造棉，常用于仿棉或与棉及其他棉型合成纤维混纺；毛型黏胶称人造毛，常用于与毛及其他毛型合成纤维混纺；中长型黏胶短纤维大多与中长型涤纶混纺制成涤/黏仿毛产品。

2. 醋酯纤维(Acetate fiber)

(1) 纤维来源　醋酯纤维于1924年首先在美国进行商业化生产。近年来随着产品品种和生产技术的不断更新发展，醋酯纤维已成为化学纤维工业中发展较快的品种之一。醋酯纤维所用的原料与黏胶一样，与黏胶不同的是先将纤维素与醋酸进行化学反应，生成纤维素醋酸酯，然后将其溶解在有机溶剂中，再进行纺丝和后加工制得。醋酯纤维根据乙酰化处理的程度不同，可分为二醋酯纤维和三醋酯纤维。

(2) 纤维形态结构　醋酯纤维纵向平直光滑，截面多为瓣形、片状或耳状，无皮芯结构，醋酯纤维的形态结构如图1-5-2所示。

(3) 纤维性能

① 外观性能：二醋纤制品具有蚕丝面料般的光滑和身骨，可以制成柔软的缎类。三醋纤常用于经编面料，其风格像锦纶面料。三醋纤具有较好的弹性和回复性，不易起皱，易产生静电。醋酯纤维的吸湿能力较差，给染色带来了一定的困难，染色性能较黏胶纤维差。

② 舒适性能：醋纤制品质量较轻，手感平滑柔软，吸湿性、舒适性较黏胶纤维差，在标准大气条件下，回潮率二醋酯纤维为6.5%左右，三醋酯纤维为4.5%左右。

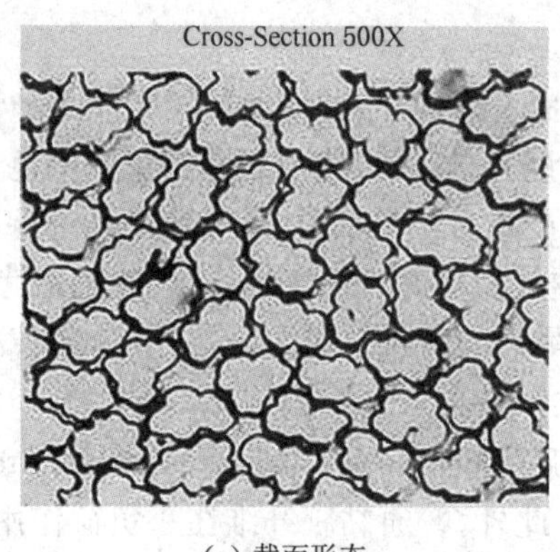

(a) 截面形态

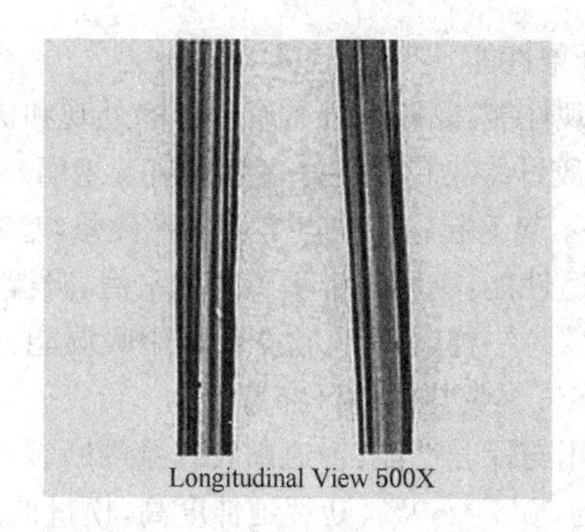

(b) 纵向形态

图 1-5-2 醋酯纤维的形态结构

③ 耐用与保养性能 二醋酯纤维强度比黏胶纤维差，湿强也低，但湿强下降的幅度没有黏胶纤维大，耐磨性、耐用性较差，三醋酯纤维面料较二醋酯纤维面料结实耐用；醋酯纤维对稀碱和稀酸具有一定的抵抗能力，但纤维在浓碱中会发生裂解。二醋酯纤维耐热性较差，很难进行热定型加工，三醋酯纤维耐热性和热稳定性较好，可以进行热定型，形成褶裥。

(4) 纤维应用 二醋酯纤维大多以长丝形式出现，用量最大的是做服装衬料，用醋酯纤维织物做的服装里料、领带、披肩等能给人高雅、轻盈、爽滑柔软舒适的感觉。三醋纤常为短纤维形式，经常与锦纶混纺加工成染色或印花绸，质地轻薄、光滑凉爽，用于罩衫、裙装等。在工业上，醋酯丝也常用于制作商标、医用胶带等。

3. 大豆蛋白纤维(Soybean fiber)

(1) 纤维来源 大豆蛋白纤维是一种再生植物蛋白纤维，其主要原料来自大豆榨完油后的大豆粕，将豆粕水浸、分离、提纯出球状蛋白质，通过添加功能性助剂，改变蛋白质空间结构，并在适当条件下与羟基与氰基高聚物共聚接枝，通过湿法纺丝生成大豆蛋白纤维。大豆蛋白纤维是中国自主研制开发的植物纤维，由河南省华康化学生物工程联合集团公司李官奇等研制，是实现工业化生产的一种性能优异的全新纺织纤维。这项技术的发明人李官奇先生于2004 年初荣获世界知识产权组织发明专利金奖。大豆蛋白纤维可称为新的“生态纺织纤维”。

(2) 纤维的形态结构 大豆蛋白纤维横截面呈扁平状哑铃形或腰圆形，中间有微孔；纵向表面呈现不明显的沟槽，且具有一定的卷曲。

(3) 纤维性能

① 物理机械性能：大豆蛋白纤维的干态断裂强力接近涤纶，高于棉、黏胶纤维、蚕丝和羊毛；干断裂伸长度高于棉，与蚕丝和黏胶纤维接近；初始模量高于真丝。由于大豆蛋白纤维初始模量偏高，弹性差，而沸水收缩率低，故面料尺寸稳定性好。在常规洗涤下不必担心织物的收缩，抗皱性也非常好且易洗快干。

② 舒适性能：由于大豆蛋白质纤维具有外层的皮芯结构和沟槽状的表面，从而使纤维具有良好的导湿性。因为蛋白分子中含有大量的氨基、羧基、羟基等亲水基团，从而使纤维具有优于棉的吸湿性和透气性，保证了穿着的舒适与卫生。

③ 抗菌性能：大豆蛋白质中含有羟基、氨基、羧基等极性基团和人体所需多种氨基酸，对人体有一定的保健作用。加上纺丝时加入抗菌剂，能抑制大肠杆菌、脓胞菌和胞芽菌。

(4) 纤维应用 大豆蛋白纤维面料具有类似真丝的光泽，其悬垂性也极佳，给人以飘逸脱俗的感觉,用高支纱织成的织物,表面纹路细洁、清晰,是高档的衬衣面料。与蚕丝的混纺面料具有色泽鲜艳、闪光、双色、同色效果,手感滑糯,轻盈飘逸,可作高档丝绸服装面料。与羊毛、羊绒的混纺面料具有弹性优良、手感滑糯、光泽持久、色泽坚牢等特点,可作高档西服、女套装和衬衣面料。大豆蛋白纤维和化学纤维混纺交织产品制成具有毛型、丝型手感风格的面料,如仿毛型花呢、板司呢等;可开发中高档仿毛型产品,手感挺括、光泽好、吸湿性好、穿着舒适,提高产品档次。

(二) 合成纤维(Synthetic fiber)

合成纤维是以煤、石油、天然气中的低分子化合物为原料,通过人工聚合成高分子化合物,经溶解或熔融形成纺丝液,然后从喷丝孔喷出凝固形成的纤维。合成纤维具有生产效率高、原料丰富、品种多、服用性能好、用途广等优点,因此发展迅速。常用的主要有涤纶、锦纶、腈纶、维纶、丙纶、氯纶、氨纶等七大纶,它们具有以下共同特性:

① 纤维均匀度好,长短粗细等外观形态较一致;

② 吸湿性普遍低于天然纤维,热湿舒适性不如天然纤维,易起静电,易吸灰;

③ 合成纤维制品易洗快干、不缩水、洗可穿性好;

④ 大多数合成纤维强度高、耐疲劳性好,弹性好、结实耐用,不易起皱;

⑤ 合成纤维长丝面料易勾丝,短纤维面料易起毛起球;

⑥ 合成纤维热定型性大多较好。通过热定型处理可形成褶裥等稳定的造型,尺寸形状稳定,制成服装保形性好;

⑦ 合成纤维一般都具有亲油性,容易吸附油脂,且不易去除;

⑧ 合成纤维不霉不蛀,保养方便。

1. 涤纶(Polyester)

(1) 纤维来源　涤纶是聚酯纤维的中国商品名,是以聚对苯二甲酸乙二醇酯(简称聚酯)为原料合成的纤维,于1953年涤纶首先由美国杜邦公司开发成功。涤纶应用广泛,是世界上用量最大的化学纤维。随着新技术、新工艺的不断应用,对涤纶进行改性制得了抗静电、吸湿性强、抗起毛起球、阳离子可染等涤纶。涤纶因发展速度快、产量高、应用广泛,被誉为化学纤维之冠。

(2) 纤维形态结构　涤纶纵向平滑光洁,横截面一般为圆形。涤纶纤维的形态结构见图1-5-3。

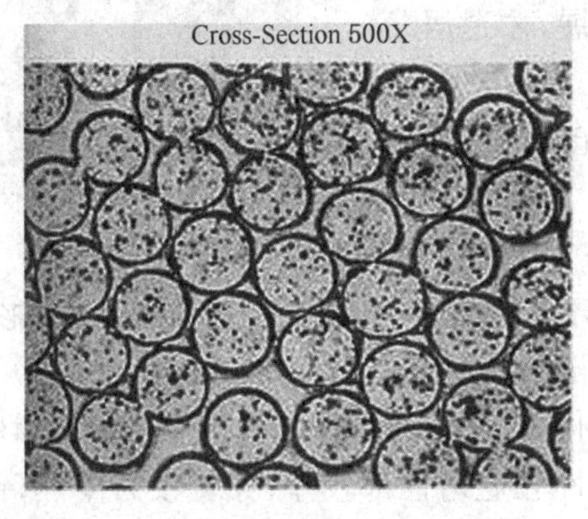

(a) 截面形态

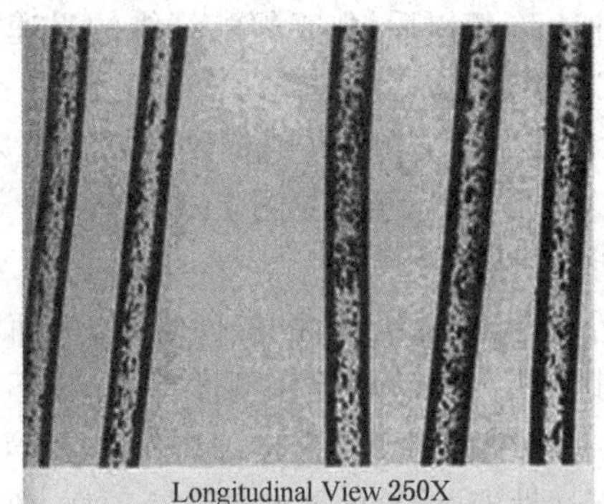

(b) 纵向形态

图1-5-3　涤纶纤维的形态结构

(3) 纤维性能

① 外观性能：涤纶具有高的弹性和回复性，面料挺括，不易起皱，保型性好，在加工使用过程中能保持原来形状，而且通过热定型可以使涤纶服装形成持久的褶皱。但涤纶制品易产生静电，吸附灰尘，起毛起球严重。

② 舒适性能：由于涤纶是疏水性纤维，大分子中缺乏亲水基团，分子链结构紧密，结晶度和取向度较高，造成涤纶吸湿性差，公定回潮率只有0.4%；水分子和染料难于进入纤维内部，不容易染色，需采用特殊的染料、染色方法和设备。由于纤维吸湿性差、导热性差，故其面料穿着闷热、易产生静电、易沾污，有不透气感，但手感爽滑。

③ 耐用和保养性能：涤纶自20世纪问世以来，一直在化纤行业中占据着重要的位置。涤纶的许多的物理、化学性能都优于天然纤维，例如高强高模、耐磨性好、耐疲劳性能好、耐冲击性能好，因而其织物不易变形、坚牢耐用、抗皱免烫、挺括不粘毛、价格低廉。其制品可机洗、易洗快干、洗可穿性好，洗涤时应采用温水，中温烘干，烘干温度过高会使面料产生不易去除的折皱。涤纶对一般化学试剂较稳定，耐酸，但不耐浓碱长时间高温处理。涤纶耐热性比一般的化学纤维高，软化温度为230℃，熨烫温度为140～150℃，熨烫效果持久，但温度过高会产生极光或熔融。涤纶耐光性好，仅次于腈纶。

(4) 纤维应用　涤纶广泛应用于服装、家居装饰用品和工业领域，如套装、裙子、内衣、衬里、窗帘、地毯、填充料、缝纫线、轮胎帘子线等。涤纶有短纤维和长丝两种形式。短纤维可与棉、毛、丝、麻和其他化学纤维混纺，加工不同性能的纺织制品，常见的有棉涤、毛涤、麻涤、涤黏中长等产品。涤纶长丝，特别是变形丝可用于针织、机织制成各种不同的仿真型内外衣，如雪纺、柔姿纱、乔其纱等产品。

2. 锦纶(Polyamide)

(1) 纤维来源　锦纶是聚酰胺纤维的中国商品名，1939年锦纶由美国杜邦公司开发成功。锦纶的种类很多，最主要品种有锦纶66和锦纶6，常见商品名为尼龙(Nylon)。锦纶是世界上最早的合成纤维品种，由于性能优良，原料资源丰富，因此一直是合成纤维产量最高的品种。直到1970年以后，由于聚酯纤维的迅速发展，才退居合成纤维的第二位。

(2) 纤维形态结构　传统锦纶产品纵向为光滑的圆棒状，截面为圆形，形态结构见图1-5-4。

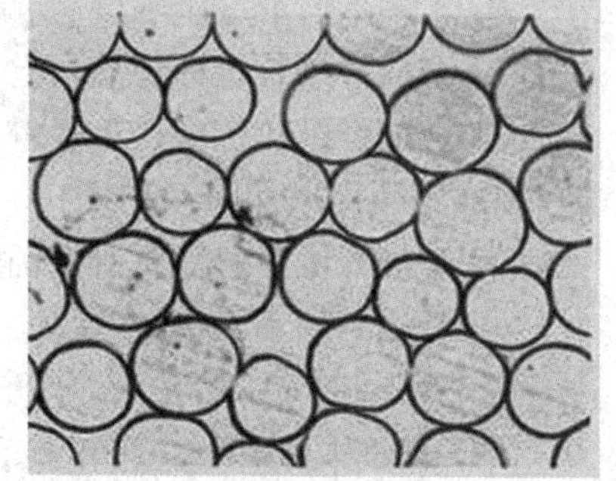

(a) 截面形态

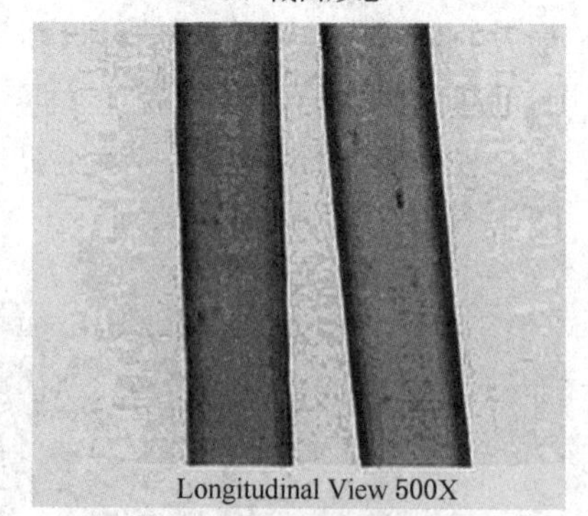

(b) 纵向形态

图1-5-4　锦纶纤维的形态结构

(3) 纤维性能

① 外观性能：锦纶弹性好，回复性好，面料不易起皱。但纤维刚度小，与涤纶相比保型性差，外观不够挺括，很小的拉伸力就能使面料变形走样，但它可以随身附体，是制作各种体形弹性服装的好材料。

② 舒适性能：锦纶的缺点与涤纶一样，吸湿性和通透性都较差，穿着较为闷热，锦纶的公定回潮率为4.5%，在干燥环境下，易产生静电，短纤维织物也易起毛、起球。改性锦纶利用芯吸作用来改善其吸湿性能。锦纶的比重较小，小于涤纶，穿着轻便。

③ 耐用和保养性能：锦纶的最大特点是强度高、耐磨性好，它的耐磨性居所有纤维之首。锦纶面料可以机洗，并且易洗快干。锦纶洗涤时水温不宜过高，在高温下易变黄，烘干温度过高会产生收缩和永久的褶皱。白色锦纶制品应单独洗涤，防止面料吸收染料和污物而发生颜色改变。锦纶耐热性不如涤纶，熨烫温度应控制在140℃以下。锦纶耐光性差，阳光下易泛黄、强度降低。锦纶耐碱不耐酸，对氧化剂敏感，尤其是含氯氧化剂。锦纶对有机萘类敏感，所以锦纶制品存放时不宜放卫生球(萘)。

(4) 纤维应用　锦纶广泛用于服装、户外防护、产业用等各类织物中，包括袜子、手套、针织运动衣等耐磨产品，目前锦纶仍以长丝产品为主。普通锦纶长丝可用于针织和机织产品，高弹丝适宜作针织弹力面料。锦纶短纤维产量少，主要为毛型短纤维，可与羊毛或其他毛型化学纤维混纺，提高产品的强度和耐磨性。锦纶的比重较小，穿着轻便，适于做登山服、防风服、风雨衣、宇航服、降落伞、工业用布等。近年来，随着锦纶的研发力度加大，出现了许多具有特殊功能的纤维品种，如可降解锦纶、石墨烯锦纶、吸光发热锦纶等，进一步提升了其织物的服用性能，应用前景良好。

3. 腈纶(Acrylic)

(1) 纤维来源　腈纶是聚丙烯腈纤维的中国商品名，是以丙烯腈为主要原料(含丙烯腈85%以上)制成的纤维，于1950年腈纶由美国杜邦公司开发成功。

(2) 纤维形态结构　腈纶纤维纵向为平滑柱状、有少许沟槽，截面呈圆形或哑铃形，腈纶纤维的形态结构见图1-5-5。

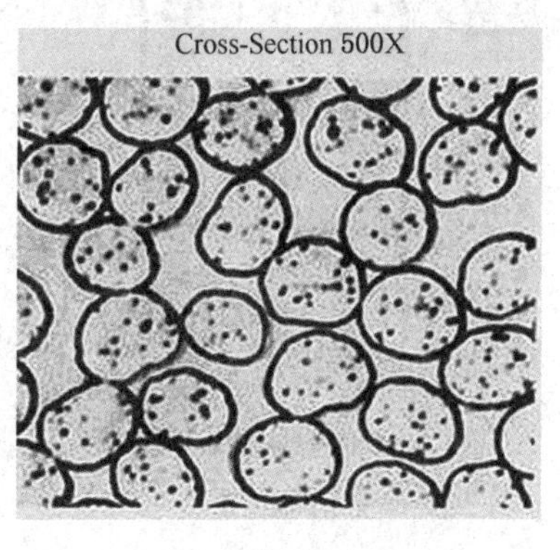

(a) 截面形态

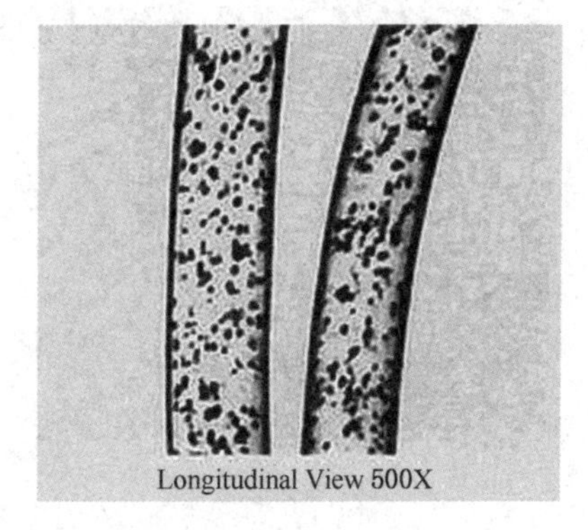

(b) 纵向形态

图1-5-5　腈纶纤维的形态结构

(3) 纤维性能

① 外观性能：腈纶柔软、蓬松、保暖，很多性能与羊毛相似，因此有“合成羊毛”之称，与羊毛相比，腈纶具有质轻、价廉、耐晒、不霉不蛀、洗可穿性好等优点，且染色性能好，色彩鲜艳。其缺点是易起毛起球，降低了腈纶的美观性，使腈纶一直无法成为高级成衣面料，也无法取代羊毛在服装面料中的地位。

② 舒适性能：腈纶热导率低，纤维蓬松，保暖性好；腈纶的吸湿性能较涤纶好，但较锦纶差，穿着舒适性欠佳，其回潮率为2%左右，制品易产生静电，易吸灰。

③ 耐用和保养性能：腈纶的强度、耐磨性和耐疲劳性不是很好，是合成纤维中耐用性较差的一种。但腈纶耐日光性突出，是常用纤维中最好的。腈纶化学稳定性较好，但浓酸强碱会导

致其破坏，使用强碱和含氯漂白剂时需小心。腈纶对热较敏感，熨烫温度应在130℃以下，因其热弹性好可用于膨体纱的加工。

（4）纤维应用　腈纶纤维以短纤维为主，其中大多数为毛型短纤维，用于纯纺或与羊毛及其他毛型短纤维混纺。目前，腈纶及其纺织品主要应用于服装玩具类、装饰类、和产业类3大领域，其中服装和玩具领域占总量的70%左右。服装玩具类制品包括人造毛皮、毛线毛衫、儿童衣袜、毛绒玩具等；装饰类制品包括毛巾、毛毯、地毯、床上用品、帐篷窗帘等；产业类制品包括滤膜类过滤材料和碳纤维等。

（5）改性腈纶（Modacrylic）　改性腈纶具有与普通腈纶相似的柔软、蓬松、手感温暖等特性，与普通腈纶的最大不同是具有防火阻燃性，其制品不易燃烧，燃烧时也不融化滴落，是一种安全的阻燃纤维。有的改性腈纶产品热定型性能好，可以进行轧花模压加工，得到各种花纹且花纹形状稳定。改性腈纶常用于仿毛面料，尤其用于仿毛皮。改性腈纶还常与涤纶或腈纶混纺，用于长毛绒面料、假发、儿童睡衣、起绒里料、大衣、服饰配件、针面料、地毯、装饰布等产品。

4. 维纶（Polyvinyl alcohol fiber）

（1）纤维来源　维纶是聚乙烯醇缩甲醛纤维的中国商品名，是以聚乙烯醇为主要原料制成的合成纤维，1950年维纶在日本实现工业化生产。

（2）纤维形态结构　维纶纤维纵向平直，有1～2根沟槽，截面大多数为腰圆形，有皮、芯结构，皮层结构紧密，芯层结构疏松。维纶纤维的形态结构见图1-5-6。

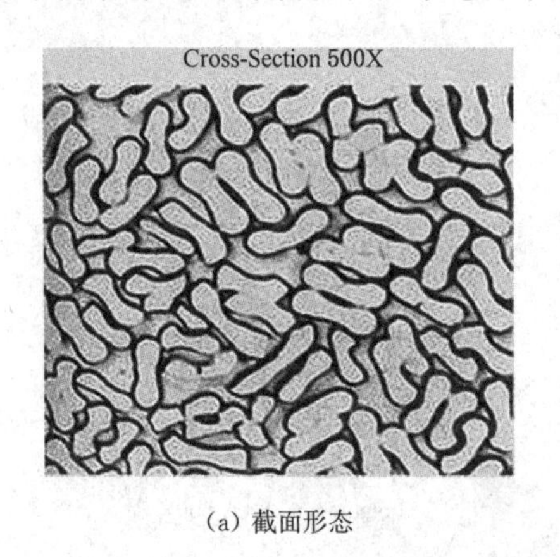

（a）截面形态

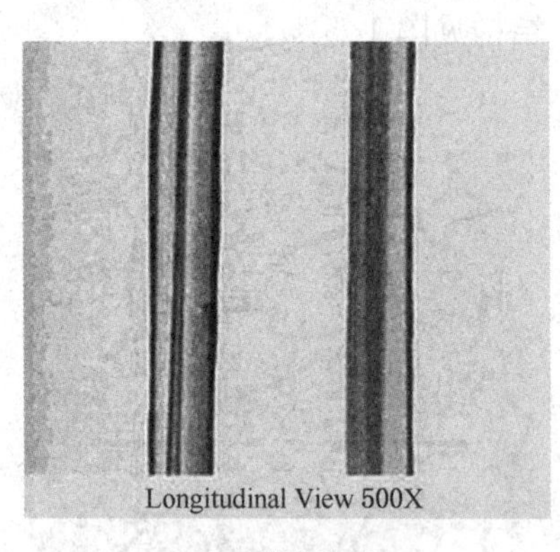

（b）纵向形态

图1-5-6　维纶纤维的形态结构

（3）纤维性能

① 外观性能：维纶的手感与外观像棉，所以有"合成棉花"之称，常用来与棉混纺。维纶的弹性较其他合成纤维差，织物保形性较差、易起皱、易起毛起球。染色性能较差，色谱不齐，颜色暗淡。

② 舒适性能：维纶的吸湿性能是合成纤维中最好的，一般大气条件下其回潮率为4.5%～5%，因此抗静电能力较好；维纶的导热能力较差，保暖性好，质量较轻。

③ 耐用性和保养性能：维纶短纤维外观性状接近棉花，并且强度、耐磨性都优于棉花，制品结实耐用。50/50的棉/维混纺织物的强度比纯棉织物高60%，耐磨性可提高50%～100%。维纶耐干热性较好但耐湿热性较差，过高的水温会引起纤维强度降低、尺寸收缩，甚至部分溶解，因此洗涤时水温不宜过高，熨烫温度应为120～140℃。维纶的化学稳定性好，耐碱

性、耐腐蚀性、耐日光性好，不蛀不霉，长期放在海水中、日晒、土埋，对它影响不大，故常用于产业用纺织品。

(4) 纤维应用　维纶的产品主要为棉型短纤维，常与棉混纺，用于床上用品、军用迷彩服、工作服等。由于纤维性能的限制，一般只制作低档的民用织物。另一方面，高强维纶在产业用纺织品中的应用是其发展的重要途径。利用高强维纶抗断裂强度大、耐冲击和耐海水腐蚀等优点，可用其制造各种类型的渔网、渔具、鱼线、绳索、水龙带、帆布、帐篷等产品。维纶绳缆质轻、耐磨、不易扭结，具有良好的冲击强度、耐气候性、耐海水腐蚀性，在水产、车辆和船舶运输等方面有较多应用。

5. 丙纶(Polypropylene fiber)

(1) 纤维来源　丙纶是聚丙烯纤维的中国商品名，是以等规聚丙烯为原料制成的合成纤维。1957 年丙纶在意大利首先实现工业化生产，由于其生产工艺简单、成本低、价格低廉，因而发展很快。

(2) 纤维形态结构　丙纶纤维纵向光滑平直，截面多数为圆形。丙纶纤维的形态结构见图 1-5-7。

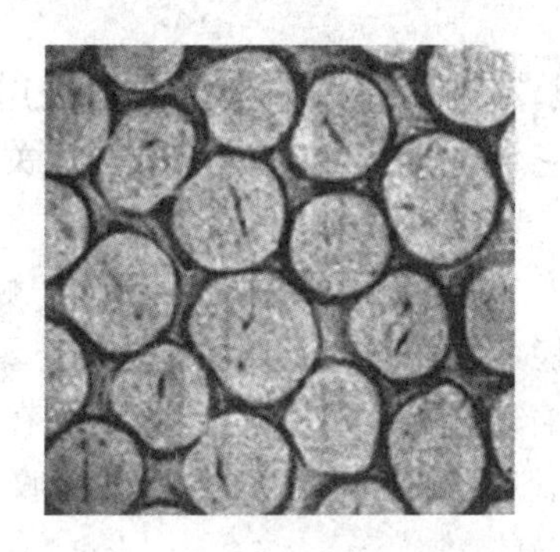
(a) 截面形态

(b) 纵向形态

图 1-5-7　丙纶纤维的形态结构

(3) 纤维性能

① 外观性能：丙纶纤维具有蜡状的手感和光泽，染色困难，色谱不全，一般要用原液染色或改性后染色。丙纶纤维弹性好，回复性好，产品挺括不易起皱，尺寸稳定，保型性好。

② 舒适性能：丙纶密度小，仅为 0.91 g/cm^3，比水还轻，是纺织纤维中最轻的纤维，织物覆盖性好。丙纶吸湿性差，一般大气条件下回潮率为 0，在使用和保养过程中易起静电和毛球。丙纶具有独特的芯吸作用，水汽可以通过纤维中的毛细管道传递，纤维导湿性提高，故制品的舒适性并不差，而且由于丙纶本身不吸湿，由丙纶超细纤维制成的内衣或尿不湿等产品，不仅能传递水分，同时保持人体皮肤干燥，做内衣穿着无冷感，保暖性好。

③ 耐用和保养性能：丙纶强度高、弹性好、耐磨性好、结实耐用，化学稳定性优良，对酸碱的抵抗能力较强，有良好的耐腐蚀性。但耐热性差，抗熔孔性很差，100℃以上开始收缩，熨烫温度不要超过 100℃，熨烫时中间最好垫湿布或用蒸汽熨；丙纶耐光性和耐气候性差，尤其在水和氧气的作用下容易老化，纤维易在使用过程中失去光泽，强度、延伸度下降，导致纤维发黄变脆，因此制造时常需添加化学防老剂。

(4) 纤维应用　丙纶品种较多，主要有长丝、短纤维和裂膜纤维三种形式。丙纶长丝常用于仿丝绸、针织面料等制品，丙纶短纤维可以纯纺或与棉纤维、黏胶纤维混纺，织制服装面料，高强度丙纶常用于地毯、土工布、过滤布、人造草坪等非织造布；膜裂纤维则大量用于包装材料、绳索等纺织制品替代麻类纤维，地毯、非织造布等制品。但是由于丙纶织物极限氧指数低，容易燃烧，存在一定的安全隐患，因此其阻燃整理格外重要。

6. 氯纶(Polyvinyl chloride fiber)

(1) 纤维来源　氯纶是聚氯乙烯纤维的中国商品名，是以聚氯乙烯为主要原料制成的合成纤维。氯纶是世界上最早的合成纤维之一，于1947年在德国首先实现工业化生产。氯纶具有耐水性、耐化学性、耐腐蚀性及不燃性等许多优点，且还具有原材料丰富、生产流程短、生产成本低等其他合成纤维所没有的优点。氯纶国外商品名有帝维纶、天美纶(Teviron)、罗维尔(Rhovyl)、毛意尔、佩采乌(PCU)等；由于我国的氯纶首先在云南研制成功，故又称滇纶。

(2) 纤维形态结构　氯纶截面接近圆形，纵向平滑或有1～2根沟槽。

(3) 纤维性能

① 外观性能：氯纶制品弹性较好，有一定延伸性，制品不易起皱；氯纶染色性很差，色谱不全。

② 舒适性能：氯纶吸湿透气性差，几乎不吸湿，穿着不舒适，一般不作服装用途。但它电绝缘性强，摩擦后易产生大量静电，保暖性好，用它制成的内衣对治疗风湿性关节炎有辅助作用。

③ 耐用性和保养性能：氯纶强度与棉纤维相接近，具有耐磨、耐磨蚀、抗焰、耐光、绝热、隔音等特性，耐日光性比棉好；氯纶具有较好的化学稳定性，耐酸、耐碱性能优良。氯纶阻燃性很好，是纺织纤维中最不易燃烧纤维，接近火焰收缩软化，离开火焰自动熄灭，在面料中混有60%以上的氯纶就具有良好的阻燃性。氯纶的缺点是耐热性差，70℃以上便会收缩，沸水中收缩率更大，故只能在30～40℃水中洗涤，不能熨烫。

(4) 纤维应用　氯纶因其具有阻燃性好、耐腐蚀等特点，可应用于产业用纺织品，如防毒面罩、绝缘布、仓库覆盖布等；在民用上主要用来编制窗纱、筛网、绳索、网袋、阻燃沙发布、床垫布等；其短纤维可用于制造内衣、装饰布、保暖絮棉填充料等。另外还可以利用氯纶摩擦产生大量负离子对人体有一定治疗功效的特点，将它制成卫生保健用品。

7. 氨纶(Polyurethane fiber)

(1) 纤维来源　氨纶是聚氨酯系纤维的中国商品名，是一种高弹性纤维。世界上通称为“斯潘德克斯”(Spandex)，1959年美国DuPont公司开始工业化生产，并将其商品名注册为“Lycra”(莱卡)，由于该弹性纤维在服用上具有更加舒适、合身并方便活动的特点，而被评为20世纪时装最佳创意发明。

(2) 纤维形态结构　氯纶纵向平滑，截面是不规则的圆形或土豆形。

(3) 纤维性能　氨纶具有高弹性、韧性和高回复性，具有很大的轴向伸长性，即在较小的外力作用下能产生较大的伸长变形；在较大的负荷下，其急弹性回复大，弹性伸长可达6～8倍，回复率100%，产品穿着舒适，运动自如，具有极大的附和性，穿着没有束缚感、服用性好，含有氨纶纤维的内衣具有“第二肌肤”的美誉。氨纶的优良性能还体现在良好的耐气候性和耐化学药品性，在寒冷、风雪、日晒情况下不失弹性；能抗霉、抗虫蛀及抗绝大多数化学物质和洗涤剂，但氯化物和强碱会造成纤维损伤。洗涤氨纶面料时可用洗衣机洗，水温不宜过高。氨纶耐热性差，熨烫时一般要采用低温快速熨烫，熨烫温度为 90～110℃。

(4) 纤维应用　氨纶广泛用于弹力面料、内衣、运动服、袜子等产品中。氨纶在产品中主要以包芯纱或与其他纤维合股的形式出现，而且只要用很少的氨纶就可赋予面料优良的弹性。目前氨纶除用于高弹力面料外，很多面料都要加入少量氨纶，以提高尺寸稳定性和保型性。由于氨纶弹性大、重量轻(仅为橡皮筋的 1/2)，所以经常取代橡皮筋用于袖口、袜口、手套等产品，但价格较高。

(三) 无机纤维

以无机矿物质为原料制成的纤维称为无机纤维。无机纤维与有机纤维的区别在于无机纤维有极高的热稳定性和不燃性，而且耐腐蚀性极佳。其主要品种有碳纤维、玻璃纤维、金属纤维、陶瓷纤维及硼纤维等。本教材主要简单介绍碳纤维、玻璃纤维和金属纤维。

1. 碳纤维　碳纤维是以聚丙烯腈、黏胶纤维、沥青等为原料，通过高温处理除去碳以外的其他一切元素制得的一种高强度、高模量的纤维，它有很高的化学稳定性和耐高温性能，是高性能增强复合材料中的优良结构材料。

碳纤维具有高强度、高模量，还具有很好的耐热性和耐高温性。碳纤维除能被强氧化剂氧化外，一般的酸碱对它不起作用。碳纤维具有自润滑性，密度虽比一般的纤维，但远比一般金属轻，用碳纤维制作高速飞机、导弹、火箭、宇宙飞船等的骨架材料，不仅质轻、耐高温而且有很高的抗拉强度和弹性模量。用碳纤维制成的复合材料还在原子能、机电、化工、冶金、运输等工业部门以及容器和体育用品等方面有广泛的用途。

2. 玻璃纤维　玻璃纤维是一种铝、钙、镁、硼等硅酸盐的混合物。玻璃纤维强度很高，在相同重量时，其断裂强度比钢丝高 2～4 倍。玻璃纤维尺寸稳定，其最大伸长率仅为 3%。玻璃纤维的硬度较高，是锦纶的 15 倍，但抗弯性能差，易脆折；它的吸湿能力差，几乎不吸湿；密度高于有机纤维，低于金属纤维；化学稳定性好；电绝缘性优良；耐热和绝热性也好。玻璃纤维在工业中可用作绝缘、耐热和绝热以及过滤等材料。玻璃纤维还可作为复合制品的骨架材料。民用中，玻璃纤维常用于织制贴墙布、窗纱等；工业中广泛用于冶金、化工、建筑、航天航空、交通等领域。

3. 金属纤维　金属纤维作为新型的功能性材料，应用前景广阔，国际上较早研发金属纤维的企业主要有比利时的 Bekaert 公司、美国的带材公司和日本的冶金工业公司。金属纤维早期采用金属钢、铜、铅、钨或其他合金拉细成金属丝或延压成片，然后切成条状而制成；现已采用熔体纺丝法制取，可生产直径小于 10 μm 的金属纤维。

金属纤维既具备金属材料高抗拉强度、高延伸率、导电性能、耐高温、耐腐蚀、高弹性模量的特性，又具备非金属材料的可纺织、柔韧的特点。因此，凭借其优良的综合性能，多样化的工艺路线，日益扩大的新需求，金属纤维材料已经成为工业、民用、军用领域的新兴材料。金属纤维因密度大、质硬且易生锈，一般不宜作衣用材料，但可将占比小于 20%的金属纤维与棉等混纺制成防辐射织物；在地毯上加入极少量的金属纤维，可大大改善其导电性，有效地防止静电的产生；在工业上金属纤维用作轮胎帘子线、带电工作服和电工材料，不锈钢丝多用作过滤材料；金属纤维在过滤、微波防静电、军事作战、导电塑料、纤维增强材料等方面也有着不可替代的作用。

»»»任 务 实 施«««
化学纤维性能检验

纤维的性能不仅影响纺织成品与半成品的质量，而且直接影响纺织生产工艺和纺织产品质量的控制。因此，学会检验与评价化学纤维的有关性能，是保证纺织生产正常进行、提高产品质量的前提条件。

根据国家检验标准，化学短纤维主要根据物理、化学性能与外观疵点来进行品质评定，并将化学短纤维一般分为优等品、一等品、二等品、三等品 4 个等级。而化纤长丝一般根据物理指标和外观指标分为优等品、一等品、合格品 3 个等级，低于合格品为等外品。国家标准中规定：物理、化学性能一般包括断裂强度、断裂伸长率、线密度偏差、长度偏差率、超长纤维、倍长纤维、卷曲率、疵点含量等，对合成纤维则常要检验卷曲度、含油率、比电阻等性能。此外，品种不同还会增加一些其他指标。外观疵点是指生产过程中形成的不正常疵点，包括硬丝、僵丝、未拉伸丝、并丝、胶块、注头丝、硬块丝等。

实训 1 中段切断法测试化学纤维的长度

一、实训目标

通过实训，学会用中段切断法测定化学纤维的长度，并懂得计算其相关长度指标。

二、参考标准

参阅 GB/T14336—2008(化学纤维　短纤维长度试验方法)。

三、试验仪器与用具

黑绒板，镊子，中段切断器。

四、测试原理

将等长化纤排列成一端整齐的纤维束，再用中段切断器切取一定长度的中段，并称其中段和两端重量，然后计算化纤的各项长度指标。

五、测试方法

(1) 从经过标准温湿度调湿的试样中，用镊子随机从多处取出约 4 000～5 000 根纤维，不得低于 50 g。批量样品中实验室样品和式样抽取按 GB/T 14334 规定执行。其样品质量范围可由下式计算：

$$\text{样品质量(mg)}=\frac{\text{线密度(dtex)}\times\text{名义长度}\times\text{根数}}{1\,000} \qquad (1\text{-}5\text{-}1)$$

然后用手扯法将试样整理成一端整齐的纤维束；

(2) 将纤维束整齐端用手握住，另一手用 1 号夹子从纤维束尖端夹取纤维，并将其移置到限制器绒板上，叠成长纤维在下、短纤维在上一端整齐、宽约 25 mm 的纤维片；

(3) 用 1 号夹夹住离纤维束整齐端 5.6 mm，先用稀梳，继用密梳从纤维束末端开始，逐步靠近夹部分多次梳理，直至游离纤维被梳除；

(4) 用 1 号夹将纤维束不整齐一端夹住，使整齐端露出夹子外 20 mm 或 30 mm，按 3 所述方法梳除短纤维；

（5）梳下的游离纤维不能丢弃，将其置于绒板上加以整理，如有扭结纤维则用镊子解开，长于短纤维界限的（≥20 mm）仍归入已整理的纤维束中，并将超长纤维、倍长纤维及短纤维取出分别放在黑绒板上。

超长纤维：指纤维长度超过名义长度（≤50 mm）加界限长度 7 mm 或名义长度（>50 mm）加界限长度 10 mm 以上至名义长度 2 倍以下的纤维。

倍长纤维：纤维长度为名义长度两倍及以上者（包括漏切纤维）。

化纤短纤维：棉型纤维 20 mm 以下；中长纤维 30 mm 以下者。

（6）在整理纤维束时挑出的超长纤维；称重后仍归入纤维束中（如有漏切纤维，挑出另做处理，不归入纤维束中）。

（7）将已梳理过的纤维束在切断器上切取中段纤维（纤维束整齐端距刀口 5～10 mm，保持纤维束平直，并与刀口垂直）。

（8）将切断的中段及两端纤维、整理出的短纤维、超长纤维及倍长纤维在标准温湿度条件下调湿平衡 1 h 后，分别称出其质量（mg）。

（9）实验结果计算

$$平均长度=\frac{L_C\times(W_C+W_T)}{W_C} \tag{1-5-2}$$

$$倍长纤维率=\frac{W_{OZ}}{W_O}\times 100(\%) \tag{1-5-3}$$

$$超长纤维率=\frac{W_{OV}}{W_O}\times 100(\%) \tag{1-5-4}$$

式中：W_O 为总纤维量（mg，$W_O=W_C+W_t$）；W_t 为两端切下的纤维束质量，mg；W_C 为中段纤维质量，mg；W_{OV} 为超长纤维质量，mg；W_{OZ} 为倍长纤维质量，mg；L_C 为中段纤维长度，mm。

六、实训报告

将测试及计算结果填入报告单中。

中段切断法测试化学纤维的长度报告单

检测品号＿＿＿＿＿＿＿＿＿＿　　检验人员（小组）＿＿＿＿＿＿＿＿＿＿

检测日期＿＿＿＿＿＿＿＿＿＿　　温湿度＿＿＿＿＿＿＿＿＿＿

试样编号 结　果	1	2
W_C		
W_t		
L_C		
平均长度		
倍长纤维含量		
短纤维率		

实训 2 中段切取称重法测试化学纤维的细度

一、实训目标

通过实训，学会用中段切断法测定化学纤维的细度。

二、参考标准

参阅 GB/T14335—2008(化学纤维　短纤维线密度试验方法)。

三、试验仪器与用具

黑绒板、镊子、中段切断器。

四、测试原理

将纤维排成一端平齐、平行伸直的纤维束，然后用纤维切断器在纤维中段切取 10 mm 长的纤维束，再在扭力天平上称重，计算这一束中段纤维的根数。根据纤维切断长度、根数和重量，计算出纤维的公制支数。

五、试样准备

(1) 取样：从试验纤维条纵向取出约 1 500～2 000 根纤维。

(2) 调湿和试验用标准大气的相对湿度是 65%±5%。

(3) 整理纤维束：将试样手扯整理 2 次，用左手握住棉纤维束整齐一端，右手用 1 号夹从纤维束尖端分层夹取纤维置于限制器绒板上，反复移置 2 次，叠成长纤维在下、短纤维在上的一端整齐、宽约 5～6 mm 的棉束。

六、操作步骤

(1) 梳理：将整理好的纤维束，用 1 号夹夹住距整齐一端约 5～6 mm 处，梳去纤维束上的游离纤维(梳理时先用稀梳后用密梳，从纤维束尖端开始逐步靠近夹子)，然后将纤维束移至另一夹子，按要求梳理整齐端。

(2) 切取：将梳理好的平直纤维束放在 Y171 型纤维切断器(10 mm)夹板中间，纤维束应与切刀垂直，两手分别捏住纤维束两端，用力均匀，使纤维伸直但不伸长，然后用下巴抵住切断。

(3) 称重：用扭力天平分别称取纤维束中段和两端纤维的质量，准确至 0.02 mg。

(4) 数根数：纤维较粗的用肉眼直接计数，较细的则可借助显微镜或投影仪逐根计数。

七、数据记录与结果计算

1. 细度

$$N_t=\frac{10\,000\times G_c}{n_c\times L_c} \tag{1-5-5}$$

式中：N_t 为纤维线密度，dtex；G_c 为中段纤维质量，mg；L_c 为中段纤维长度，mm；n_c 为中段纤维根数。

2. 细度偏差

$$\text{细度偏差}=\frac{N_{t_1}-N_{t_2}}{N_{t_2}}\times 100(\%) \tag{1-5-6}$$

式中：N_{t_1} 为实测线密度(或旦)；N_{t_2} 为名义线密度(或旦)。

八、实训报告

将测试及计算结果填入报告单中。

中段切断法测试化学纤维的细度报告单

检测品号________________　检验人员（小组）________________

检测日期________________　温湿度________________

结果 \ 试样编号	1	2
G_c		
L_c		
n_c		
细度		
细度偏差		

课后练习

1. 名词解释

化学纤维　再生纤维　合成纤维　单丝　复丝

2. 填空题

(1) 化学纤维制造主要包括________、________、________共三个步骤。

(2) 人造棉也被称为________。

(3) 合成羊毛也被称为________。

(4) 丙纶是________纤维的中国商品名。

3. 判断题

(1) 化学纤维的吸湿性都很差。（　）

(2) 常规合成纤维制品易洗快干、不缩水、洗可穿性能好。（　）

(3) 常说的七大纶的名字分别包括：涤纶、锦纶、腈纶、丙纶、维纶、氯纶、氨纶。（　）

(4) 所有的合成纤维的截面形态都呈圆形，纵向为光滑的圆棒状。（　）

(5) 黏胶纤维是最早实现工业化生产的化学纤维。（　）

4. 单项选择题

(1)（　）纤维俗称合成棉花。

A. 涤纶　B. 锦纶

C. 腈纶　D. 维纶

(2)（　）纤维属于无机纤维的范畴。

A. 涤纶　B. 碳纤维

C. 黏胶　D. 氨纶

任务六 纺织纤维鉴别

◆ 任务目标

知识目标:

1. 掌握多种鉴别纺织纤维的方法和技术(手感目测法、燃烧法、显微镜观察法、溶解法、药品着色法等);2. 理解各种鉴别方法的原理依据、特点和适用条件。

能力目标:

1. 能熟练运用鉴别方法进行纤维鉴别;2. 能分析纱线或织物中纤维类别及混纺比;3. 具备自我学习和适应新纤维技术的能力。

◆ 任务引入

纺织纤维是构成纺织品的最基本的物质。纺织品的各项性能与纤维紧密相关。在纺织品生产管理、产品分析、商业贸易、科学研究乃至日常生活中,常常需要知道一批纤维或者纤维制品(纱线、织物等)属于哪种纤维;需要知道纱线、织物中的纤维制品及其混纺比。因此,掌握纤维鉴别的专门技术是非常必要的。

纺织纤维鉴别的步骤,一般是先确定纤维的类别(天然纤维素纤维、天然蛋白质纤维、化学纤维等),然后分析纤维的品种;先作定性分析(确定品种),再作定量分析(确定混纺比)。

◆ 课程思政

纺织纤维作为纺织的基础材料,承载着各个历史时期、不同地域文化的独特印记,从古老东方的丝绸、棉麻,到西方文明中的羊毛、亚麻织物,每一种纤维背后都隐藏着丰富的信息,等待着我们去揭开其神秘的面纱。而纺织纤维鉴别这一专业领域,就像是一把神奇的钥匙,为我们打开通往这些历史与文化宝库的大门,通过深入了解纤维的种类、特性以及它们背后的制作工艺,我们能够重构古代人类的生活画卷,探索不同文明之间的交流与融合。

马王堆汉墓出土的大量精美丝织品震惊了世界,湖南省博物馆联合多所高校和科研机构对这些丝织品进行了深入研究,其中纤维鉴别是关键环节,研究人员对丝织品的纤维进行了多种分析。利用光学显微镜,可以观察到蚕丝纤维的光泽、粗细和均匀度,这些蚕丝质量优良,表面光滑,粗细一致;在红外光谱分析中,其光谱特征准确反映出它是家蚕丝;通过与现代家蚕丝的对比分析,研究人员发现古代蚕丝在某些化学键的吸收峰上有细微差别,这可能与古代养蚕方法和缫丝工艺有关;在对丝织品染色纤维的研究中,通过拉曼光谱分析技术,研究人员可以鉴别出古代使用的天然染料成分。这些纤维鉴别研究成果为还原汉代纺织业的辉煌和古代丝绸文化传播等学术研究提供了坚实的依据,让世人更清晰地了解古代中国在纺织领域的卓越成就。

知识要点

鉴别纺织纤维的方法常用的有手感目测法、燃烧法、显微镜观察法、溶解法、药品着色法等，各种鉴别方法的鉴别原理、特点与适用条件有所不同。

一、手感目测法

手感目测法是鉴别纺织纤维最简单的方法，就是用眼看手摸来鉴别纤维的方法。它根据各种纤维的外观形态、色泽、长短、粗细、强力、弹性、手感和含杂情况等，依靠人的感觉器官来鉴别纤维，此法适于鉴别呈散状纤维状态的纺织原料。例如天然纤维的长度整齐度较差，化学纤维的长度整齐度一般较好；天然纤维中棉、毛、麻、丝各有显著特点，棉纤维比较柔软，纤维长度较短，常附有各种杂质和疵点；麻纤维手感比较粗硬；羊毛纤维较长，有卷曲，柔软而富有弹性；蚕丝则具有特殊的光泽，纤维细而柔软。因此，对散纤维状态的棉、毛、麻、丝很易区别。在化学纤维中，普通黏胶纤维的特点是湿强力特别低，可以浸湿后观察其强力变化以区别于其他纤维；氨纶为弹性纤维，它的最大特点是高伸长、高弹性，在室温下它的长度能拉伸至 5 倍以上，利用它的这一特性，可以区别于其他纤维。其他化学纤维的外观形态基本近似，且在一定程度上可以人为而定，所以用手感目测法是无法区别的。所以，手感目测法鉴别分散纤维状态的天然纤维、普通黏胶纤维和氨纶是比较容易的。这种方法鉴别纤维最简单、快速、成本最低，不受场地和资源条件的影响，但需要检查者有一定的实际经验。

二、燃烧法

纺织纤维的化学组成不同，因而在燃烧时火焰色泽、冒烟情况、难易燃程度、燃烧灰迹等特征不同，以此来定性区分纤维大类的方法。

燃烧试验时，将一小束待鉴定的纤维（或是一小段纱、一小块织物）用镊子挟住，缓慢地靠近火焰，要把握五个要点：第一，观察试样在靠近火焰时的状态，看是否收缩、熔融；第二，将试样移入火焰中，观察其在火焰中的燃烧情况，看燃烧是否迅速或不燃烧；第三，使试样离开火焰，注意观察试样燃烧状态，看是否继续燃烧；第四，要嗅闻火焰刚熄灭时的气味；第五，待试样冷却后，观察残留灰烬的色泽、硬度、形态。常见各种纤维燃烧特征如表 1-6-1 所示。

表 1-6-1　几种常见纤维燃烧特征

纤　维	燃烧性能			燃烧时气味	残留物特征
	靠近火焰	接触火焰	离开火焰		
棉、麻、黏胶	不缩不熔	迅速燃烧	继续燃烧	烧纸味	灰白色的灰
毛、蚕丝	收缩	渐渐燃烧	不易延燃	烧毛发味	松脆黑灰
大豆纤维	收缩、熔融	收缩、熔融和燃烧	继续燃烧	烧毛发味	松脆黑色硬块
涤　纶	收缩、熔融	先熔后燃有熔液滴下	能延燃	特殊芳香味	玻璃状黑褐色硬球
锦　纶	收缩、熔融	先熔后燃有熔液滴下	能延燃	氨臭味	玻璃状黑褐色硬球
腈　纶	收缩、微熔、发焦	熔融、燃烧、发光、有小火花	继续燃烧	辛辣味	黑色松脆硬块

（续　表）

纤　维	燃烧性能			燃烧时气味	残留物特征
	靠近火焰	接触火焰	离开火焰		
维　纶	收缩、熔融	燃　烧	继续燃烧	特殊的甜味	黄褐色硬球
氯　纶	收缩、熔融	熔融、燃烧	自行熄灭	刺鼻气味	深棕色硬块
丙　纶	缓慢收缩	熔融、燃烧	继续燃烧	轻微沥青味	黄褐色硬球
氨　纶	收缩、熔融	熔融、燃烧	自　灭	特异气味	白色胶块

燃烧法的优点是快速、简便，在纺织纤维的鉴别中常被首选使用。其缺点是较粗糙，只能鉴别出纤维大类，如要在同一类纤维中细分就较困难；它只适用于单一成分的纤维、纱线和织物。此外，经防火、防燃处理的纤维或织物用此法不合适。

三、显微镜观察法

根据各种纤维，尤其是天然纤维或有明显形态特征的化学纤维，利用显微镜观察各种纤维的纵向和截面形状，或配合染色等方法，可以有效地区分纺织纤维的种类。

显微镜法既适合于鉴别成分单一有特殊形态结构的纤维，也可用于鉴别多种形态不同的纤维混合而成的混纺产品，但无法鉴别形态特征相同或相似的纤维。

纵面观察时，将纤维平行排列置于载玻片上，横截面观察时，将切好的厚度为10～30 μm的纤维横截面切片置于载玻片上，然后加上一滴透明剂，盖上盖玻片，放在100～500倍生物显微镜的载物台上，观察其形态。切片方法一般使用哈氏切片器或回转式切片机。也可用扫描电镜或透射电镜观察纤维外观形态。

几种常见纤维的纵面和横截面形态特征见表1-6-2，常见纤维在显微镜下的纵向和横截面形态特征如图1-6-1。

表1-6-2　几种常见纤维的纵面和横截面形态特征

纤　维	纵面形态	横截面形态
棉	扁平带状，有天然扭转	不规则腰圆形，有中腔
苎　麻	长形条带状，有横节竖纹	不规则腰圆形，有中腔
亚　麻	长形条带状，有横节竖纹	不规则多角形，有中腔
羊　毛	表面粗糙，有鳞片	圆形或近似圆形(或椭圆形)
蚕　丝	透明、光滑	不规则三角形
黏　胶	表面光滑，有清晰的纵条纹	锯齿形
涤纶、锦纶、丙纶	表面光滑	圆　形
腈　纶	表面光滑、有纵条纹	圆形或哑铃形
维　纶	表面光滑、纵向有槽	腰圆形或哑铃形
氯　纶	表面光滑	圆形、蚕茧形
氨　纶	表面暗深，呈不清晰骨形条纹	不规则状，有圆形、土豆形

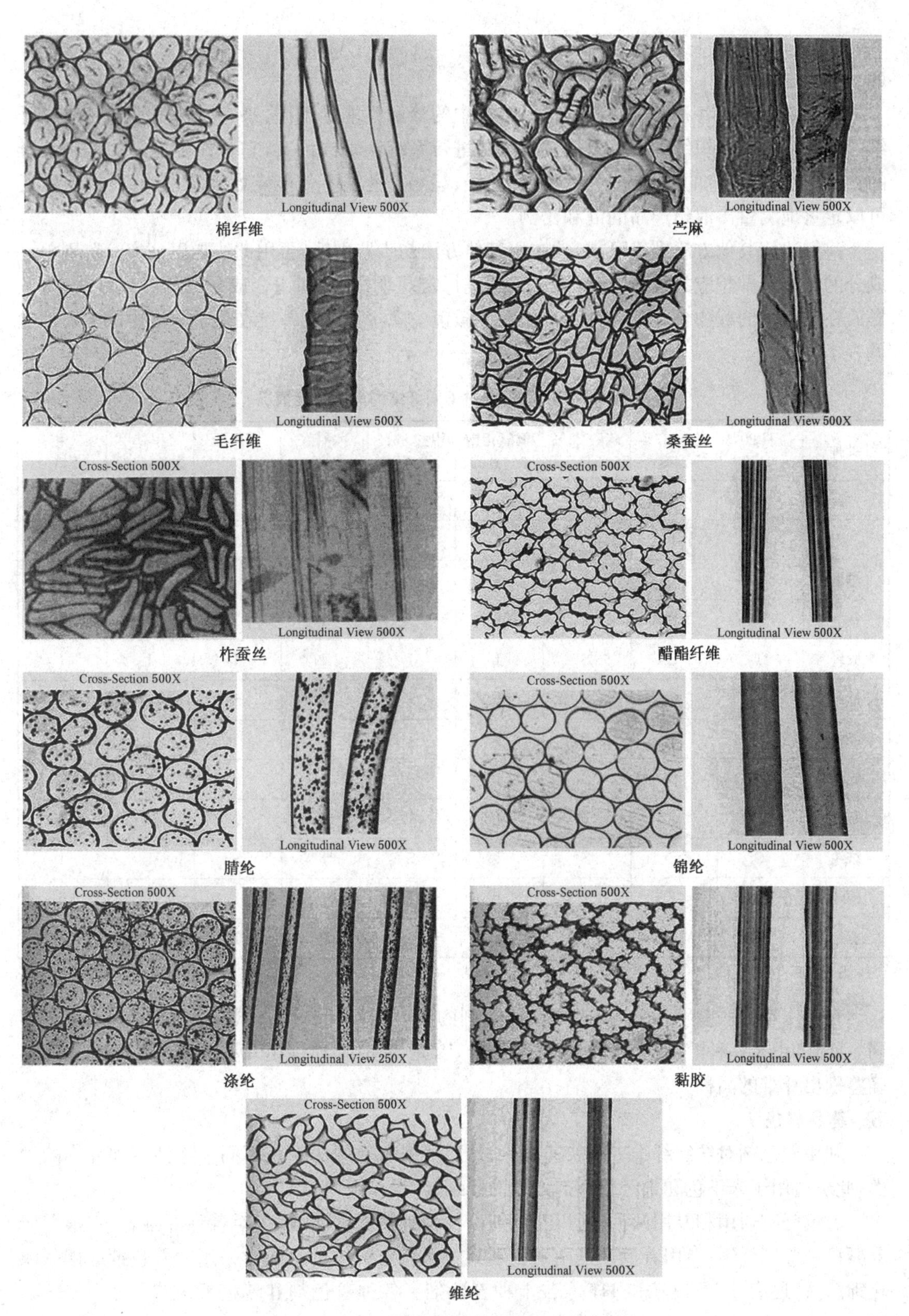

图 1-6-1　几种常用纤维的横截面和纵向形态

四、溶解法

溶解法是利用各种纤维在不同化学溶剂中的溶解性能的不同，来有效地鉴别各种纺织纤维的方法。各种纺织纤维都可以通过溶解法进行系统鉴别或证实，它是一种可靠的鉴别纤维的方法，包括已染色的、混合成分的纤维、纱线、织物。此法不仅能定性地鉴别出纤维品种，还可以定量地测量出混纺产品的混和比例。

溶解法比其他方法准确可靠，常在用其他方法初步鉴别后，再用此法加以证实。鉴别单一成分的纤维选择相应的溶液，将纤维放入后进行宏观观察；鉴别混合成分的纤维或纱线，将试样放在显微镜的载物台，滴上溶液，直接在显微镜中观察。常见纤维在化学溶液中的溶解性能见表1-6-3。

表1-6-3　不同溶剂对不同纤维的溶解性能情况

纤维种类	盐酸20% 24℃	盐酸37% 24℃	硫酸75% 24℃	氢氧化钠 5%煮沸	甲酸85% 24℃	冰醋酸 24℃	间甲酚 24℃	二甲基甲 酰胺24℃	二甲苯 24℃
棉	I	I	S	I	I	I	I	I	I
麻	I	I	S	I	I	I	I	I	I
羊毛	I	I	I	S	I	I	I	I	I
蚕丝	SS	S	S	S	I	I	I	I	I
黏胶纤维	I	S	S	I	I	I	I	I	I
醋酯纤维	I	S	S	P	S	S	S	S	I
涤纶	I	I	I	I	I	I	JS	I	I
锦纶	S	S	S	I	S	I	S	I	I
腈纶	I	I	SS	I	I	I	I	JS	I
维纶	S	S	S	I	S	I	S	I	I
丙纶	I	I	I	I	I	I	I	I	S
氨纶	I	I	P	I	I	P	I	JS	I

注：S—溶解；SS—微溶；P—部分溶解；I—不溶解；JS—加热(93℃)溶解。

在使用本方法鉴别纤维时，必须注意溶剂的浓度、温度和时间；试验条件不同，结果会不同。此外，由于一种溶剂往往能溶解多种纤维，因此，有时要连续用几种溶剂进行验证才能正确鉴别出纤维的品种。

五、药品着色法

利用着色剂对纺织纤维进行快速染色，然后根据所呈现的颜色不同来定性鉴别纤维的种类，此法适用于未染色和未经整理剂处理的纤维、纱线和织物。

着色剂有通用和专用两种，通用着色剂由各种染料混合而成，可对各种纤维着色，根据所着颜色来鉴别纤维；专用着色剂是用来鉴别某一类特定纤维的。通常采用的着色剂为碘—碘化钾溶液，还有1号、4号和HI等若干种着色剂。各种着色剂和着色反应参见表1-6-4、表1-6-5。

表 1-6-4　几种纤维的着色反应

纤维种类	着色剂 1 号	着色剂 4 号	杜邦 4 号	日本纺检 1 号
纤维素纤维	蓝色	红青莲色	蓝灰色	蓝色
蛋白质纤维	棕色	灰棕色	棕色	灰棕色
涤　纶	黄色	红玉色	红玉色	灰色
锦　纶	绿色	棕色	红棕色	咸菜绿色
腈　纶	红色	蓝色	粉玉色	红莲色
醋酯纤维	橘色	绿色	橘色	橘色

注：1. 杜邦 4 号为美国杜邦公司的着色剂。
2. 日本纺检 1 号是日本纺织检测协会的纺检着色剂。
3. 着色剂 1 号和着色剂 4 号是纺织纤维鉴别试验方法标准草案所推荐的两种着色剂。

表 1-6-5　几种不同纤维着色剂染色后的色相表

纤维种类	碘—碘化钾显色	HI 着色剂显色	纤维种类	碘—碘化钾显色	HI 着色剂显色
棉	不着色	灰 N	涤纶	不着色	黄 R
麻	不着色	深紫 5B(苎麻)	锦纶	黑褐	深棕 3RB
羊毛	淡黄	桃红 5B	腈纶	褐	艳桃红 4B
蚕丝	淡黄黑	紫 3R	维纶	蓝灰	桃红 3B
黏胶纤维	黑蓝青	绿 3B	丙纶	不着色	黄 4G
醋酯纤维	黄褐	艳橙 3R	氯纶	—	不着色
铜氨纤维	橘红	黄褐	氨纶	—	红棕 2R

注：1. 碘—碘化钾饱和溶液是将碘 20 g 溶解于 100 mL 的碘化钾饱和溶液。
2. HI 着色剂是东华大学和上海印染公司共同研制的一种着色剂。

六、混纺产品的定量分析

对混纺纱线或双组分纤维做定量分析常用溶解法鉴别，这种方法主要用于测定混纺纱线混纺比。选用适当的溶液，使混纺纱线中的一种纤维溶解，而其他纤维不溶解，称取残留纤维的重量，计算出混纺百分率。几种常见混纺纱线对化学溶解的溶解性能见表 1-6-6。

表 1-6-6　几种常见混纺纱线对化学溶液的溶解性能

混纺纱线种类	溶　剂	温度(℃)	时间(min)	被溶解纤维
棉与涤纶、丙纶	75%硫酸	40～45	30	棉
毛与涤纶、棉、腈纶、黏胶纤维、锦纶、丙纶、苎麻	1 mol/L 次氯酸钠	25±2	30	羊毛
丝与涤纶、棉、腈纶、黏胶纤维、锦纶、丙纶、苎麻	1 mol/L 次氯酸钠	25±2	30	蚕丝
麻与涤纶	75%硫酸	40～45	30	麻
丝与羊毛	75%硫酸	40～45	30	丝
黏胶纤维与涤纶	75%硫酸	40	30	黏胶纤维

混纺产品的一般鉴别步骤：着色试验(采用着色剂)→显微镜观察(纵向或横截面)→溶解试验(比重测定、熔点测定等)。一般混纺纱，着色后只要通过显微镜观察即可鉴别。如果采用

显微镜尚不能鉴别时,则采用溶解任何一种纤维的方法,用显微镜观察其溶解与否,再进一步溶解其残存的纤维,再用比重和熔点等方法来验证。采用这种方法只能鉴别混纺纤维的种类,不能鉴别其混纺比。

总之,在实际鉴别时,应根据具体的条件、要求,选用合适的方法。一般采用由简到繁,逐渐缩小鉴别范围,几种方法结合使用,综合分析、验证,直至得到准确结论为止。

七、纺织纤维的其他常规鉴别方法

1. *荧光颜色法* 利用紫外线荧光灯照射纤维,根据各种纤维发光的性质不同,纤维的荧光颜色也不同来鉴别纤维。但此方法对于荧光颜色彼此差异不显著的纤维,或者加入过助剂和进行某些处理后的纤维就无法鉴别。

2. *熔点法* 根据某些合成纤维的熔融特性,在化纤熔点仪上或在附有热台和测温装置的偏光显微镜下,观察纤维消光时的温度测定纤维的熔点,从而鉴别纤维。由于有些合成纤维的熔点比较接近,较难区分,又有些纤维没有明显的熔点。因此,该方法一般不单独应用,而是在初步鉴别之后作为证实的辅助手段。

3. *比重法* 利用各种纤维比重不同的特点来鉴别纤维。通常采用密度梯度法测定纤维的比重,然后根据测得纤维的比重,判别该纤维的类别。

八、其他三组分混纺织品的纤维含量分析

应用方法详见表1-6-7所示的常见的三组分混纺织品定量化学分析方法,具体操作参见本节相应的二组分混纺织品的纤维含量分析。

表1-6-7 常见的三组分混纺织品定量化学分析方法

纤维组成			应用方法
第一组分	第二组分	第三组分	
毛、丝	黏胶纤维	棉、麻	碱性次氯酸钠法
毛、丝	锦纶	棉、黏胶纤维、苎麻	碱性次氯酸钠法 80%甲酸法
丝	毛	涤纶	碱性次氯酸钠法 75%硫酸法
锦纶	腈纶	棉、黏胶纤维、苎麻	二甲基甲酰胺法 80%甲酸法
锦纶	棉、黏胶纤维、苎麻	涤纶	80%甲酸法 75%硫酸法
含氯纤维	黏胶纤维	棉	丙酮法 二甲基甲酰胺法
醋酯纤维	聚丙烯腈	棉、黏胶纤维	丙酮法 二甲基甲酰胺法

任务实施

纺织纤维的鉴别

随着化学纤维的发展,各种纤维原料及其制成的纯纺或混纺织物日益增多。不同的纤维制品不仅物理化学性能不同,染整加工方法及其工艺条件也不同。因此,分析与了解被加工纤维及其制品的组成,有助于纺织工作者合理制定工艺,从而确保产品质量。

纺织材料成分的鉴别是根据各种纺织纤维的特性在不同条件下所表现出的本质差异而区分鉴定的。纤维鉴别的方法很多,常用的有显微镜观察法、燃烧法和溶解法等。

本实训的目的是使学生了解各类纤维的燃烧特性、形态结构，掌握纺织材料成分分析的常用方法，并能综合运用各种方法，较准确、迅速地鉴别出未知纤维及其制品的成分；学会测定常见二组分及三组分混纺织品的混纺比例。

实训 1　显微镜观察法

一、实训目的

通过实训，学会制作纺织纤维的切片，并会用普通生物显微镜认识各种纤维的纵横向形态特征。

二、参考标准

FZ/T 01057.3—2007（显微镜法）

三、试验仪器与用具

生物显微镜，Y172 型哈氏切片器，刀片，火棉胶，甘油，擦镜纸，载玻片，盖玻片，纤维若干种。

四、试样准备

取纤维素纤维（棉、麻、黏胶纤维）、蛋白质纤维（羊毛、蚕丝）、合成纤维（涤纶、锦纶、腈纶等）若干份作为未知纤维，标上编号。

五、测试原理

1. 仪器结构　哈氏切片器结构如图 1-6-2 所示，它主要有两块金属底板，左底板上有凸舌，右底板上有凹槽。两块底板齿合时，凸舌和凹槽之间留有一定大小的空隙，试样就放在空隙中。空隙的正上方，有与空隙大小相一致的小推杆，用精密螺丝控制推杆的位置。

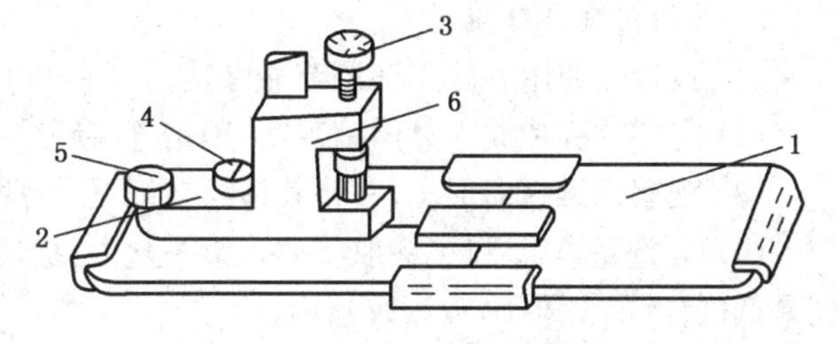

图 1-6-2　Y172 型纤维切片器

1—金属板（凸槽）；2—金属板（凹槽）；3—精密螺丝；4—定位螺丝；5—定位销子；6—螺座

2. 检测原理　切片时，转动精密螺丝，推杆将纤维从底板的另一面推出，推出的距离，即切片的厚度，由精密螺丝控制。若切片的厚度小于或等于纤维直径，则可避免纤维倒伏。切好后，将切片放在载玻片上，盖上盖玻片，放在显微镜下观察，可清晰地看到纤维的截面形态。

六、操作步骤

1. 纤维纵向切片的制作　取试样一束，用手扯法将纤维整理平直，用右手拇指与食指夹取纤维，将纤维均匀地排在载玻片上，用左手覆上盖玻片，这样使夹取的纤维平直地排在载玻片上。然后，在盖玻片的两端涂上胶水，使盖玻片黏着并增加视野的清晰度。

2. 纤维截面切片的制作

(1) 取哈氏切片器，旋松定位螺丝，并取去定位销，将螺座转到与右底板成垂直的定位（或取下），将左底板从右底板上抽出。

(2) 取一束试样纤维，用手扯法整理平直，把一定量的纤维放入左底板的凹槽中，将右底板插入，压紧纤维，放入的纤维数量以轻拉纤维束时稍有移动为宜。

(3) 用锋利的刀片切去露在底板正反两面外边的纤维。

(4) 转动螺座恢复到原来位置，用定位销加以固定，然后旋紧定位螺丝。此时，精密螺丝下端的推杆应对准放入凹槽中的纤维束的上方。

(5) 旋转精密螺丝，使纤维束稍稍伸出金属底板表面，然后在露出的纤维束上涂上一层薄薄的火棉胶。

(6) 待火棉胶凝固后，用锋利刀片沿金属底板表面切下第一片切片。在切片时，刀片应尽可能平靠金属底板（即刀片和金属底板间夹角要小），并保持两者间夹角不变。由于第一片切片厚度无法控制，一般舍去不用。从第二片开始作正式试样切片，切片厚度可由精密螺丝控制（大概旋转精密螺丝刻度上的一格左右）。用精密螺丝推出试样，涂上火棉胶，进行切片，选择好的切片作为正式试样。

(7) 把切片放在滴有甘油的载玻片上，盖上盖玻片，在载玻片左角贴上试样名称标记，然后放在显微镜上观察。

切片制作时，羊毛切取较为方便，其他细纤维切取较为困难。因此，可把其他纤维包在毛纤维内进行切片，这样容易得到好的切片。

如果要制作纤维永久封固切片，可在载玻片上涂一层蛋白甘油，把切片放在上面。再用乙醚冲去苎麻纤维上的火棉胶，再将树胶溶液滴在试样上。盖上盖玻片，轻轻加压，使树胶溶液铺开而不存留气泡。

3. 显微镜观察纤维

(1) 按操作使用方法正确调节显微镜。

(2) 将切片逐片放入显微镜观察，用铅笔将纤维截面形态描绘在纸上，并说明其特征。

(3) 观察纤维纵向形态，并将其描绘在纸上，说明其特征。

(4) 实验完毕后，将镜头取下放入镜头盒内，把显微镜揩干净，镜臂恢复垂直位置，镜筒降到最低位置，罩上罩子，放入仪器内。

七、实训报告

实训报告应包括实训项目名称、实训目的要求、试样名称、仪器型号及简洁的操作步骤、并把观察到纤维的截面形态描绘在纸上。

显微镜观察法鉴别纤维报告单

检测品号＿＿＿＿＿＿＿＿＿＿ 检测人员（小组）＿＿＿＿＿＿＿＿＿＿

测试日期＿＿＿＿＿＿＿＿＿＿ 温、湿度＿＿＿＿＿＿＿＿＿＿

编　号	横截面形态	纵向形态
1#		
2#		
3#		
4#		
5#		
……		

实训2　纺织纤维的鉴别

一、实训目的

通过实训，了解各类纤维的燃烧特性、溶解性能、形态特征及着色性能，掌握鉴别纤维的几种常用方法，并能综合运用各种方法鉴别出未知纤维及其制品的成分。

二、参考标准

FZ/T 01057.1～4—2007(纺织纤维鉴别试验方法第1～4部分)、FZ/T 01057.5—2007(含氯含氮呈色反应法)

三、试验仪器与用具

酒精灯、镊子、试管、玻璃棒、烧杯(500 mL、50 mL)、镊子、电炉等；氢氧化钠(C.P.)、硫酸(C.P.)、盐酸(C.P.)、二甲基甲酰胺(C.P.)、正丙醇(C.P.)、碘(C.P.)、碘化钾(C.P.)、HI-1号纤维鉴别着色剂。

四、试样准备

取纤维素纤维(棉、麻、黏胶纤维)、蛋白质纤维(羊毛、蚕丝)、合成纤维(涤纶、锦纶、腈纶等)若干份作为未知纤维，标上编号。

五、操作步骤

1. 燃烧法

(1) 将酒精灯点燃，取10 mg左右的纤维用手捻成细束，试样若为纱线则剪成一小段，若为织物则分别抽取经纬纱数根。

(2) 用镊子夹住一端，将另一端徐徐靠近火焰，观察纤维对热的反应情况。

(3) 将纤维束移入火焰中，观察纤维在火焰中和离开火焰后的燃烧现象，嗅闻火焰刚熄灭时的气味。

(4) 待试样冷却后观察灰烬颜色、软硬、松脆和形状。

2. 溶解法

(1) 将待测纤维分别置于试管内。

(2) 在各试管内分别注入某种溶剂，在常温或沸煮5 min下加以搅拌处理，观察溶剂对试样的溶解现象，并逐一记录观察结果。

(3) 依次调换其他溶剂，观察溶解现象并记录结果。

(4) 参照表1-7-3常用纤维的溶解性能，确定纤维的种类。

3. 药品着色法

(1) HI-1号纤维鉴别着色剂着色

① 将待测纤维分别标上编号。

② 取未知纤维一小束(约20 mg)，按浴比1∶30量取1%HI-1号纤维着色剂工作液，并投入着色剂中沸煮1 min。

③ 取出试样，用蒸馏水冲洗干净、晾干。

④ 参照表1-7-5常用纤维的溶解性能，确定纤维的种类。

(2) 碘—碘化钾饱和溶液着色

① 将待测纤维分别标上编号。

② 取未知纤维一小束(约 20 mg)放入试管中，在试管中加入碘—碘化钾饱和溶液，使其浸泡 0.5～1 min。

③ 取出试样，用蒸馏水冲洗干净、晾干。

④ 参照表 1-7-5 常用纤维的着色不同，确定纤维的种类。

六、实训报告

用表格形式记录各种纤维在上述几种实验中所得的结果，然后综合考虑，以得出鉴别结论。

纺织纤维的鉴别报告单

检测品号＿＿＿＿＿＿＿＿＿＿＿＿ 测试人员(小组)＿＿＿＿＿＿＿＿＿＿＿＿

温、湿度＿＿＿＿＿＿＿＿＿＿＿＿ 测试日期＿＿＿＿＿＿＿＿＿＿＿＿

测试方法 \ 试样编号		$1^{\#}$	$2^{\#}$	$3^{\#}$	$4^{\#}$	$5^{\#}$	$6^{\#}$
燃烧法	燃烧状态						
	残留物特征						
	燃烧气味						
溶解法	75%硫酸(室温)						
	5%氢氧化钠(沸)						
	20%盐酸(室温)						
	二甲基甲酰胺(沸)						
着色剂	HI-1 号着色剂						
	碘—碘化钾饱和溶液着色剂						
定性结论							
说明		S-溶解 P-部分溶解 I-不溶解					

实训 3 混纺纱线(织物)中纤维成分检测

项目一 二组分混纺产品(涤/棉)定量分析

一、实训目的

通过测试，了解纤维含量分析的基本原理，学会测试二组分混纺产品纤维的含量，并计算其混纺比。

二、参考标准

采用标准：GB/T 2910.11—2024[某些纤维素纤维与某些其他纤维的混合物(硫酸法)]

三、试验仪器与用具

YG086 型缕纱测长仪、Y802K 型通风式快速烘箱；恒温水浴锅、索氏萃取器、电子天平(分度值为 0.2 mg)；真空泵、干燥器；250 mL 带玻璃塞三角烧瓶、称量瓶、玻璃砂芯坩埚、抽气滤瓶；温度计及烧杯等。

化学试剂：石油醚、硫酸、氨水和蒸馏水等。

四、操作步骤

1. 将预处理过的试样至少 1 g，放入已知质量的称量瓶内，连同瓶盖(放在旁边)和玻璃砂芯坩埚放入烘箱内烘干。烘箱温度为105℃±3℃，一般烘燥4～16 h，至恒重。烘干后，盖上瓶盖迅速移至干燥器内冷却30 min后，分别称出试样及玻璃砂芯坩埚的干重。

2. 试剂选配

(1) 75%硫酸：取浓硫酸(20℃时密度为1.84 g/mL)1 000 mL，徐徐加入570 mL蒸馏水中，浓度控制在73%～77%之间。

注：初次作业人员一定要在指导老师的陪同和指导下完成！稀释硫酸过程：将浓硫酸沿着器壁缓缓注入蒸馏水里，并用玻璃棒不断搅拌。切忌将蒸馏水倒入硫酸中！并且做好防护，注意安全。

(2) 稀氨溶液：取氨水(密度为0.88 g/mL)80 mL，倒入920 mL蒸馏水中，混合均匀，即可使用。

3. 化学分析

(1) 将试样放入有塞三角烧瓶中，1 g试样加入200 mL 75%的硫酸，盖紧瓶塞，用力搅拌，使试样浸湿。

(2) 将三角烧瓶放在温度为50℃±5℃恒温水浴锅内，保持1 h，每隔10 min摇动1次，加速溶解。

(3) 取出三角烧瓶，将全部剩余纤维倒入已知干重的玻璃砂芯坩埚内过滤，用少量硫酸溶液洗涤烧瓶。真空抽吸排液，再用硫酸倒满玻璃砂芯坩埚，靠重力排液，或放置1 min用真空泵抽吸排液，再用冷水连续洗数次，用稀氨水洗2次，然后用蒸馏水充分洗涤，洗至用指示剂检查呈中性为止。每次洗液先靠重力排液，再真空抽吸排液。

(4) 将不溶纤维连同玻璃砂芯坩埚(盖子放在边上)放入烘箱，烘至恒重后，盖上盖子迅速放入干燥器内冷却，干燥器放在天平边，冷却时间以试样冷至室温为限(一般不能少于30 min)。冷却后，从干燥器中取出玻璃砂芯坩埚，在2 min内称完，精确至0.2 mg。

五、实验结果计算

$$p_1=\frac{m_1 d}{m_0}\times 100(\%) \tag{1-6-1}$$

$$p_2=100-p_1 \tag{1-6-2}$$

式中：p_1为不溶解纤维的净干含量百分率；p_2为溶解纤维的净干含量百分率；m_0为预处理后试样干重，g；m_1为剩余的不溶纤维干重，g；d为不溶纤维在试剂处理时的重量修正系数(涤纶为1.00)。d值的计算公式为已知不溶纤维干重与试剂处理后不溶纤维干重的比。

六、实训报告

1. 记录　执行标准、试样名称和编号等。

2. 计算　试样各组成纤维的百分含量、净干重量百分率和结合公定回潮率的百分率等。

涤/棉混纺产品定量分析报告单

检测品号__________　检测人员(小组)__________

温、湿度__________　测试日期__________

试样名称 / 试验结果	涤棉混纺织品	
	试样1#	试样2#
试样干重 W(g)		
残留纤维干重 W_A(g)		
混纺比例(涤/棉)		
平均混纺比例(涤/棉)		

项目二　三组分混纺产品(毛/黏/涤)定量分析

一、实训目的

通过测试，了解纤维含量分析的基本原理，掌握三组分混纺产品纤维含量的测试方法及操作过程，并计算其混纺比。

二、参考标准

(1) 详细内容可参见 GB/T 2910.2—2009(定量化学分析三组分纤维混合物)。

(2) 本实验法亦适用于毛棉涤、丝黏涤、毛麻涤混纺产品的纤维含量分析。

三、试验仪器与用具

1. 仪器设备　电子天平、称量瓶、有塞三角烧瓶(容量不小于 250 mL)、玻璃砂芯坩埚、吸滤瓶、量筒(100 mL)、烧杯、干燥器、剪刀、温度计(100℃)、玻璃棒、恒温水浴锅、烘箱。

2. 染化药品　氢氧化钠(C. P.)、硫酸(C. P.)、冰醋酸(C. P.)、氨水(C. P.)、次氯酸钠(C. P.)。

3. 试验材料　毛黏涤混纺纱线或织物。如试样为纱线则剪成 1 cm 长；如试样为织物，应将其拆成纱线或剪成碎块(注意每个试样应包含组成织物的各种纤维组成)；每个试样取 2 份，每份试样 1 g。

四、试样准备

1. 溶液制备　碱性次氯酸钠溶液、0.5%醋酸溶液、75%硫酸溶液、稀氨溶液。溶液制备方法详见本节二组分混纺织品的纤维含量分析。

2. 基本原理　利用毛、黏、涤三种纤维耐化学试剂的稳定性，选择合适浓度的碱性次氯酸钠溶解羊毛纤维，硫酸溶解黏胶纤维，最终保留涤纶。通过逐个溶解、称重，由不溶解纤维的重量分别算出各组分纤维的百分含量。

3. 实验方案　实验材料及实验条件见表 1-6-8。

表 1-6-8　实验材料及条件

实验过程	第一阶段	第二阶段
毛黏涤混纺试样(g)	x	y
碱性次氯酸钠溶液(mL/g)	100	—
75%硫酸(mL/g)	—	200
温度(℃)	25	50±5
时间(min)	30	60

五、操作步骤

(1) 将制备好的试样放入称量瓶内，在 105℃±3℃下烘至恒重，冷却后准确称取试样干重 W。

(2) 将已称重的试样放入烧杯中，每克试样加入 100 mL，碱性次氯酸钠溶液，在不断搅拌下，于 25℃左右处理 30 min。待羊毛充分溶解后，用已知干重的玻璃砂芯坩埚过滤。然后用少量次氯酸钠溶液洗 3 次，蒸馏水洗 3 次，再用 0.5%醋酸溶液洗 2 次，用蒸馏水洗至中性。

(3) 将玻璃砂芯坩埚及不溶纤维于 105℃±3℃烘至恒重，移入干燥器冷却、称重，可得不溶纤维重量 R_1。

(4) 将上述不溶试样放入三角烧瓶中，每克试样加 200 mL 75%硫酸，盖紧瓶塞，摇动锥形瓶使试样浸湿。将锥形瓶保持 50℃±5℃、60 min，并每隔 10 min 用力摇动 1 次。待试样溶解后经过滤、清洗、烘干后称取干重 R_2。

(5) 计算各组分纤维净干重含量百分率。

$$p_1=\frac{R_2}{W}\times 100(\%) \tag{1-6-3}$$

$$p_2=\frac{R_1}{W}\times 100(\%)-p_1 \tag{1-6-4}$$

$$p_3=100(\%)-p_1-p_2 \tag{1-6-5}$$

式中：p_1 为涤纶含量百分率；p_2 为黏胶纤维含量百分率；p_3 为羊毛纤维含量百分率；R_1 为不溶纤维重量，g；R_2 为剩余的不溶纤维干重，g；W 为试样的干重，g；

六、实训报告

1. 记录　执行标准、试样名称和编号等。

2. 计算　试样各组成纤维的百分含量、净干重量百分率和结合公定回潮率的百分率等。

毛/黏/涤定量分析报告单

检测品号________________　检测人员(小组)________________

温、湿度________________　测试日期________________

试样名称 / 干燥重量		毛黏涤混纺织品	
		试样 1#	试样 2#
试样干重 W(g)			
不溶纤维干重(g)	R_1		
	R_2		
涤纶含量(%)			
黏胶纤维含量(%)			
羊毛纤维含量(%)			
平均纤维含量(涤：黏：羊毛)(%)			

课后练习

1. 现有羊毛、氨纶、腈纶、丙纶制成的粗毛线各 500 g，如何将它们分开？若不允许破坏又如何鉴别？

2. 有两块丝巾，一块是黏胶丝的，一块是醋纤丝的，如何鉴别(至少列举两种方法，其中一种不允许破坏)？

3. 现有纯棉及棉涤混纺面料各一块，如何将这两块面料区分开？并设计测试棉涤混纺织物混纺比的方法。

任务七
纺织材料的吸湿性能

◆ 任务目标

知识目标：

1. 熟知纺织材料回潮率系列指标的定义；2. 掌握测试纺织材料回潮率的方法及其背后的过程与原理；3. 了解影响纺织材料吸湿的因素。

能力目标：

1. 能使用通风式烘箱测试纺织材料的回潮率；2. 能使用电阻式测湿仪测试纺织材料的回潮率。

◆ 任务引入

纺织材料在自然状态下会从自然界吸收一定量的水分，或向外界环境放出一定的水分。纺织材料从大气中吸收或放出气态水分的性能称之为吸湿性。纺织材料的吸湿性用回潮率表示，它是影响材料交易、纺纱、织造、成品、使用等各项工艺和方面的重要指标。例如，某公司从海外某国进口羊毛10吨，合同的数量只写明“10吨”。结果，某国所交的羊毛实际回潮率竟高达33.3%，使该公司遭受重大损失。所以，买卖双方在合同中必须明确纺织材料的回潮率，作为交易的标准。那么，交易中纺织材料回潮率的实际值又如何测定？这即是我们本次的学习任务。

◆ 课程思政

纺织材料的回潮率在纺织品交易中尤为重要，直接影响了成本、价格、利润等，因而也就出现了寻租、造假等不良问题。作为新时代的纺织人，在测定回潮率过程中，必须本着实事求是的精神，拒绝诱惑，诚实守信，标准化操作，规范化管理，给出客观的测试结果。

知识要点

一、与吸湿性有关的名词

1. 标准大气　在纺织材料的研究上，标准大气亦称大气的标准状态，有三个基本参数：空气的温度、空气的相对湿度、空气的压力。标准状态规定温度为20℃（热带可为27℃），相对湿度为65%，我国规定大气压力为1标准大气压，即101.3 kPa（760毫米汞柱）。温度、湿度允许波动的范围按我国颁布的“GB 6529（纺织品调湿和试验用标准大气）国家标准”执行。参见表

1-7-1。

表 1-7-1　测试用标准温、湿度及允许误差

要求 级别	标准温度(℃)		标准相对湿度(%)	备　注
	温　带	热　带		
A	20±1	27±2	65±2	用于仲裁检验
B	20±2	27±3	65±3	用于常规检验
C	20±3	27±5	65±5	用于要求不高的检验

2. 调湿　纺织材料在进行物理或机械性能测试前,往往需要在标准大气状态环境下放置一定的时间,使被测试材料达到吸湿平衡状态。这样的处理过程称为调湿,是为了保证测试材料的性状统一而做。

3. 预调湿　为了能使纺织材料在调湿期间,一定是从外界吸湿达到平衡,就需要首先对被测试纺织材料进行预调湿。所谓预调湿,就是将试验材料放置在相对湿度为 10%～25%、温度不超过 50℃的大气中,让材料处于放湿干燥的状态,从而能够保证被测试的材料的调湿过程一定是从吸湿开始的平衡过程。

4. 浸润性或润湿性　纺织用的材料不仅能从空气中吸收水分,也完全可以从溶液中吸收液态水。纺织材料从空气中吸收气态水汽的现象称为回潮;从水溶液中吸收水分的能力称为浸润性或润湿性。其两者的根本的区别就在于吸收的是气态的水分子还是液态的水分子。

5. 纤维材料的浸润和芯吸　纤维材料的浸润或称润湿性是指纤维表面对液态水的黏着和吸附性能。芯吸是纤维集合体内部(纤维间)或纤维内部的空隙对水的作用。它是一种常见的物理现象,影响纤维及其制品的使用价值,如防雨、防油、防污等。

二、常用吸湿指标

1. 回潮率　纺织材料中水分的重量占材料干重的百分率,称之为回潮率。在纺织生产过程中回潮率应用最广泛。设试样的干重为 G_0,试样的湿重为 G_a,单位 g。则回潮率 W 为:

$$W=\frac{G_a-G_0}{G_0}\times 100(\%) \tag{1-7-1}$$

2. 平衡回潮率　将纺织材料从一种大气条件下放置到另一种新的大气条件下(两种条件的温湿度不同)时,纺织材料将立刻放湿(从潮湿条件到干燥条件时)或吸湿(从干燥条件到潮湿条件时),其中的水分含量会随之发生变化,经过一定时间后,纺织材料的回潮率逐渐趋向于一个稳定的值,这种现象称之为"平衡",此时的回潮率称之为"平衡回潮率"。这种平衡是一种动态平衡状态,随着时间和条件的变化而不断变化。如果是从吸湿达到的平衡,则称为吸湿平衡,其回潮率称之为吸湿平衡回潮率;从放湿达到的平衡就称为放湿平衡,其回潮率称之为放湿平衡回潮率。在通常情况下,吸湿平衡成了这种平衡现象的代名词。

3. 标准回潮率　纺织材料在标准大气条件下,达到吸湿平衡时,材料所具有的平衡回潮率,称为标准回潮率。

各种纤维及其制品的实际回潮率随外界温湿度的变化而变化,为了比较各种纺织材料的吸湿能力,将其放在统一的标准大气条件下,经过规定时间后进行充分调湿达到平衡后,测得回潮率(标准回潮率)来进行比较。表 1-7-2 为几种常见纤维在不同相对湿度条件下

的回潮率。

表 1-7-2 几种常见纤维不同相对湿度下的平衡回潮率

纤维种类	空气温度为 20℃,相对湿度为 ϕ		
	ϕ=65%	ϕ=95%	ϕ=100%
原 棉	7~8	12~14	23~27
苎麻(脱胶)	7~8		
亚 麻	8~11	16~19	
黄麻(生麻)	12~16	26~28	
黄麻(熟麻)	9~13		
洋 麻	12~15	22~26	
细羊毛	15~17	26~27	33~36
桑蚕丝	8~9	19~22	36~39
普通黏胶纤维	13~15	29~35	35~45
富强纤维	12~14	25~35	
醋酯纤维	4~7	10~14	
铜氨纤维	11~14	21~25	
锦纶 6	3.5~5	8~9	10~13
锦纶 66	4.2~4.5	6~8	8~12
涤 纶	0.4~0.5	0.6~0.7	1.0~1.1
腈 纶	1.2~2	1.5~3	5.0~6.5
维 纶	4.5~5	8~12	26~30
丙 纶	0	0~0.1	0.1~0.2
氨 纶	0.4~1.3		
氯 纶	0	0~0.3	
玻璃纤维	0	0~0.3(表面含量)	

4. **实际回潮率** 纺织材料在实际所处环境下所具有的回潮率称为纺织材料在当时条件下的实际回潮率,又称为实测回潮率。实际回潮率反映的是材料当时的回潮率大小情况。

5. **公定回潮率** 材料的重量是进行贸易计价和成本核算时的重要依据,回潮率不同,重量就不同。所以为了进行公平贸易,人为规定了大家都认可接受的交易用回潮率,称为公定回潮率。

应该注意的是:公定回潮率的值是纯属为了工作方便而人为选定的,它接近于标准状态下回潮率的平均值,但不是标准大气中的回潮率。各国对于纺织材料公定回潮率的规定往往根据各国的实际情况来制定,所以并不一致,但差异不大,而且还会对公定回潮率的值进行修订。我国常见纤维和纱线的公定回潮率如表 1-7-3 和表 1-7-4 所示。

表 1-7-3　几种常见纤维的公定回潮率

纤维种类	公定回潮率(%)	纤维种类	公定回潮率(%)
原　棉	8.5	黄　麻	14
羊毛洗净毛(同质毛)	16	罗布麻	12
羊毛洗净毛(异质毛)	15	剑　麻	12
干毛条	18.25	黏胶纤维	13
油毛条	19	涤　纶	0.4
精梳落毛	16	锦纶 6、锦纶 66	4.5
山羊绒	17	腈　纶	2.0
兔　毛	15	维　纶	5.0
牦牛绒	15	含氯纤维	0.5
桑蚕丝	11	丙　纶	0
柞蚕丝	11	醋酯纤维	7.0
亚　麻	12	铜氨纤维	13.0
苎　麻	12	氨　纶	1.3
洋　麻	12		

表 1-7-4　几种常见纱线的公定回潮率

纱线种类	公定回潮率(%)	纱线种类	公定回潮率(%)
棉纱、棉缝纫线①	8.5	绒线、针织绒线	15
精梳毛纱	16	山羊绒纱	15
粗梳毛纱	15	麻、化纤、蚕丝②	同纤维

注:① 棉纱及棉缝纫线均含本色、丝光、上蜡、染色等各种品种。
② 麻和化纤均含纤维及本色、染色的纱线,丝均含双宫丝、绢丝、油丝。

6. 混纺材料的公定回潮率　由几种纤维混合的原料、混梳毛条或混纺纱线的公定回潮率,可以通过各组分的混合比例加权平均计算获得。下面以混纺纱为例来说明。

设:P_1、P_2…P_n 分别为纱中第一种、第二种……第 n 种纤维成分的干燥重量百分率,W_1、W_2、…W_n 分别为第一种、第二种……第 n 种原料对应的纯纺纱线的公定回潮率(%),则混纺纱的公定回潮率为:

$$W_{混}=(P_1W_1+P_2W_2+\cdots+P_nW_n) \tag{1-7-2}$$

例如:80/20 涤/棉混纺纱的公定回潮率,按上式计算其公定回潮率为:

$$W_{混}=80\%\times0.4\%+20\%\times8.5\%=2.02\%$$

7. 公定重量　纺织材料在公定回潮率时所具有的重量称之为公定重量,简称公量。这是纺织材料贸易过程中的一个重要重量指标。

$$G_k=G_a(1+W_k)/(1+W_a) \tag{1-7-3}$$

$$G_k=G_0(1+W_k) \tag{1-7-4}$$

式中:G_k 为材料的公定重量,g;W_k 为材料的公定回潮率;W_a 为材料的实际回潮率;G_a 为材料的称见重量,g;G_0 为材料的干重,g。

三、影响纺织材料吸湿的因素

纤维材料的吸湿就是水分与纤维材料的作用及其附着与脱离的过程。纤维种类众多，吸湿理论也因此而不同，但是决定纤维吸湿的因素可以明确地分为内在因素和外部因素两个方面。

（一）影响纺织材料吸湿的内在因素

决定纤维吸湿的内在因素有以下四个方面：

1. *纤维内部的亲水基团* 纤维材料大分子上亲水基团是纤维具有吸湿性的决定性因素。亲水性基团存在与否、存在的数量、极性的强弱等直接决定着纤维材料吸湿能力的高低。如羟基（—OH）、酰胺键（—CONH—）、氨基（—NH_2）、羧基（—COOH）等都是较强的亲水性基团，与水分子具有较大的亲和力，能够与水形成氢键结合，形成直接吸着水，这类基团的存在和增多直接提高纤维材料的吸湿能力。如棉、麻、黏胶等是由纤维素大分子构成，纤维素大分子每一葡萄糖剩基上含有三个羟基（—OH），所以吸湿能力较强；而涤纶纤维中可以说没有亲水性基团或亲水性极弱，所以吸湿能力很差。丙纶中也没有亲水性基团，所以不吸湿。

2. *纤维的结晶度* 结晶度（指纤维内部结晶区的质量占纤维总质量的百分率）越高，纤维材料的吸湿性越差。实验表明进入纤维内部的水分子主要存在于无定形区，极少进入结晶区，也就是即使纤维的化学组成相同，若内部结构不同，其吸湿性将有很大差异。结晶度越高无定形区越少，吸湿能力就越差。如棉纤维和黏胶纤维比较，黏胶纤维的结晶度低，所以黏胶纤维的吸湿能力比棉纤维要高很多。

3. *纤维的比表面积和内部空隙* 单位体积的纤维材料具有的表面积称为比表面积，比表面积越大，吸湿性越高。纤维越细，其集合体的比表面积越大，表面吸附能力越强，纤维的吸湿能力就越大。另一方面纤维的空隙越多，水分子越容易进入，也增大了吸水的内部空间，同时，空隙的存在增大了纤维的比表面积，所以空隙越多越大，吸湿性越好。

4. *纤维表面伴生物含量及性质* 纤维中含有各种杂质和伴生物，这些物质的存在对纤维的吸湿性也有着较大的影响。这些表面物质和杂质如果是亲水性的，则纤维的吸湿能力会提高；如果是拒水性的，则纤维的吸湿能力会下降。如脱脂棉纤维除去了棉纤维表面的蜡质和脂类物质等拒水性物质，所以脱脂棉的吸湿能力就比未脱脂的棉纤维高。麻纤维中有果胶，蚕丝纤维中有丝胶，羊毛中有油脂，这些物质的含量变化都会使吸湿能力发生变化。化学纤维表面的油剂对纤维的吸湿能力有影响，当油剂的亲水性基团向着空气定向排列，纤维的吸湿性提高；反之，当疏水基团向外定向排列时纤维的吸湿性减弱。

（二）影响纺织材料吸湿的外在因素

外界条件的变化也会导致纤维回潮率大小的变化。

1. *放置时间* 影响材料吸湿和放湿速度的因素很多，达到平衡所需的时间也会受到这些因素的制约，主要因素有纤维吸湿能力的强弱、集合体的状态、原有回潮率大小、空气流动速度、环境条件等。

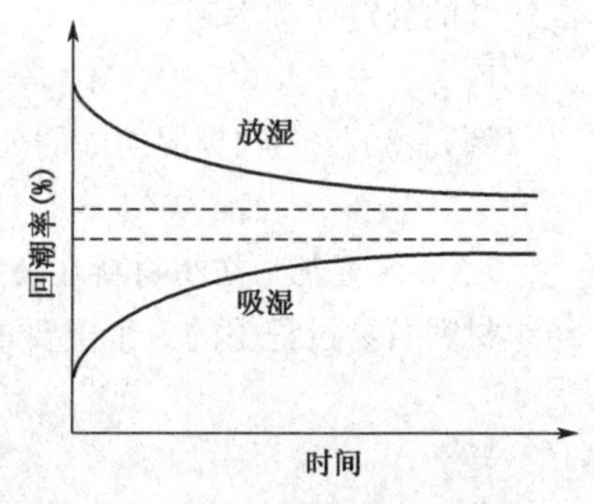

图 1-7-1 吸湿放湿与时间的关系曲线

吸湿平衡是动态的，一旦平衡的条件被破坏或改变，纤维就会通过吸湿或放湿重新建立平衡。这种吸湿或放湿过程随时间的变化如图 1-7-1 所示。可以看出，放湿和吸湿的速度开始时较快，以后逐渐减慢，趋于稳定。严格来说，要达到真正的平衡，需要很长的放置时间。

实验表明：吸湿性强的纤维比吸湿性弱的纤维达到平衡所需的时间长；纤维集合体的密度越大，平衡所需的时间越长；集合体的体积越大平衡所需的时间越长；纤维原来的回潮率与新的大气条件下的理论平衡回潮率相差越大，达到平衡所需的时间越长；空气流动的速度越慢，纤维达到平衡所需要的时间也越长；环境温度越低，吸湿达到平衡所需的时间就越长。

研究表明，一根纤维完成全部吸湿（或放湿）的90%所需的时间约为 3～5 s，15 s 左右即可达到平衡；一块织物可能需要 24 h；而管纱由于层层卷绕重叠在一起，可能需要 5～6 天时间；一只棉包则可能需要数月甚至几年的时间。

2. 相对湿度的影响　在一定的大气压力和温度条件下，纺织材料的吸湿平衡回潮率随空气相对湿度变化的增加而增加，这种关系曲线也称吸湿等温等压线，如图 1-7-2 所示。

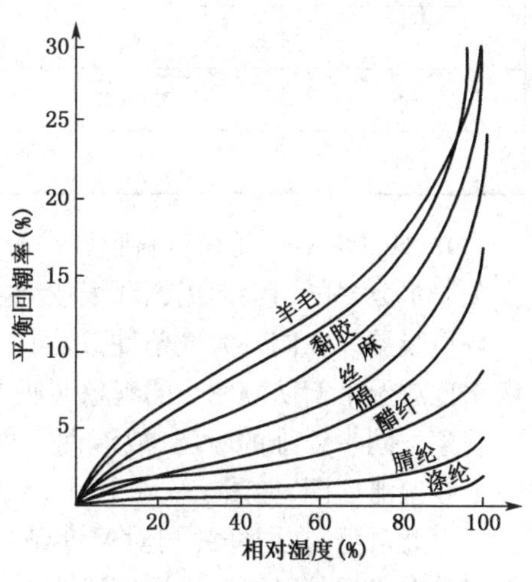

图 1-7-2　吸湿等温等压线

在相同的温、湿度条件下，不同纤维的平衡回潮率是不同的，但平衡回潮率随着相对湿度的提高而增加的趋势是一致的，且都呈反 S 形，这说明材料的吸湿机理从本质上来讲是基本一致的。

3. 环境温度　在一定的大气压力和相对湿度条件下，纺织材料的平衡回潮率随温度变化而发生变化。这种对应关系曲线，也称为吸湿等湿等压线。温度对平衡回潮率的影响比较小，随着温度的升高，平衡回潮率逐渐降低。如图 1-7-3 所示为羊毛和棉的变化情况。

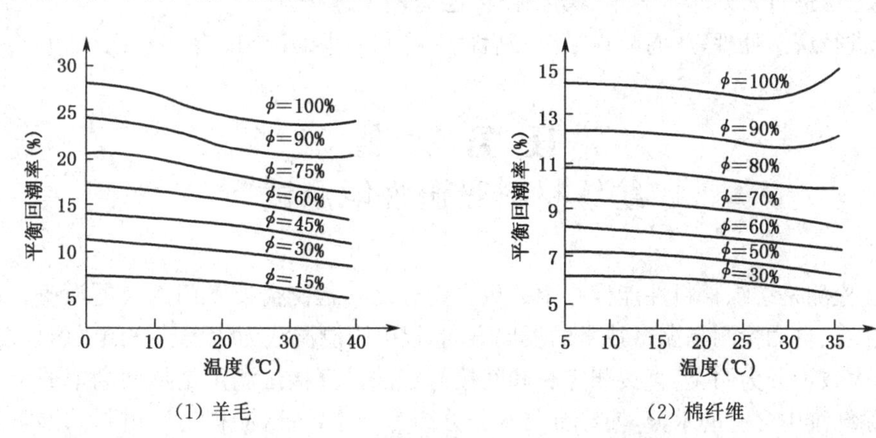

图 1-7-3　羊毛和棉纤维的吸湿等湿线

对于温度和湿度这两个影响纺织材料回潮率的因素，不可以隔离开来，温度和湿度是互有影响的两个因素，温度上升会使相对湿度下降，所以在分析时要同时考虑，在实际生产中要同时控制。对于亲水性纤维来说，相对湿度的影响是主要的，而对于疏水性的合成纤维来说，温度对回潮率的影响也很明显。表 1-7-5 是几种纤维回潮率受温度影响的变化值。

表 1-7-5 几种纤维回潮率受温度的影响

温度/℃	平衡回潮率(%),相对湿度 70%条件下			
	棉	羊毛	黏胶	醋纤
−29	8.5	17	16	7.9
−18	9.8	18	17	9.6
4	9.7	17.5	17	9.0
35	7.8	15	14	7.1
71	6.7	13	12	6.2

4. 吸湿滞后　纺织材料吸湿平衡回潮率的大小与材料平衡前原始状态含有水分的多少有关。水分多材料会向周围环境放湿,水分少材料会从周围空气环境吸湿。在同一大气条件下,同一纺织材料的吸湿平衡回潮率比放湿平衡回潮率小的现象叫吸湿滞后性,也称作吸湿保守现象。同一纤维的吸湿、放湿两条曲线并不重合,而是形成一个吸湿滞后圈,如图 1-7-4 所示。

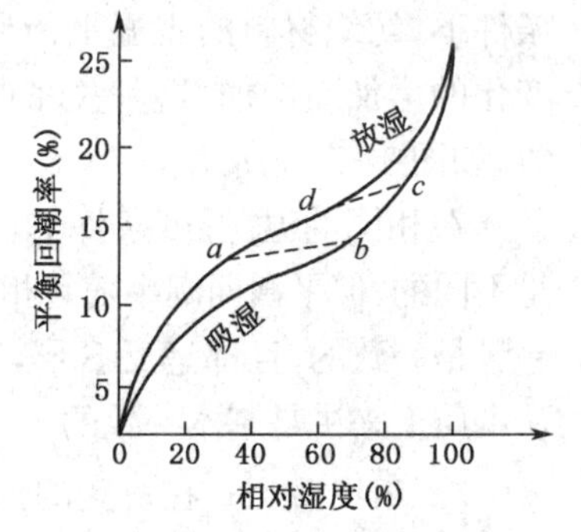

图 1-7-4　纤维的吸湿滞后现象

由此可见,在同样的相对温度条件下,纤维的实际平衡回潮率是在吸湿等温线和放湿等温线之间的某一数值,这一数值的大小与纤维在吸湿或放湿以前的历史情况有关。在实际工作中,必须对存在的这种差异给予足够的重视。在检测纺织材料的各项物理机械性能时,应在统一规定的吸湿平衡状态下进行(即调湿之后进行),对于含水较多的材料,还应该先进行预调湿,而后进行调湿处理,从而减小吸湿滞后性对检测结果的影响。

任 务 实 施

纺织材料吸湿性能测试

吸湿性检测是纺织材料性能检测中的重要内容之一检测需要专门的仪器设备。快速、准确、简便、在线、自动检测是测试技术的发展方向,以电阻测湿法为代表。按照吸湿性能测试仪器的特点,大致可分为两类:直接测定法和间接测定法。直接法测定是从回潮率的定义出发,以直接驱除纤维中含有的水分,使纤维与水分分离为基本特征,测得纺织材料的湿重和干重,从而得到回潮率的测试方法,如烘箱法、吸湿剂干燥法、真空干燥法、红外干燥法、微波加热干燥法。间接法测定则是利用纤维回潮对纤维物理性能的影响规律,以不将纤维内部水分与纤维分离为基本特征,只是通过检测纺织材料本身物理量的变化而确定回潮率大小的方法,如电阻测湿法、电容测湿法、微波吸收法、红外光谱法等。直接测定法是目前测定纺织材料回潮率的基础方法,其中利用烘箱烘燥纺织材料的方法作用和缓,控制点简单可靠,所以烘箱法是此类方法中的代表。

实训1　烘箱法测定纺织材料的回潮率

一、实训目的

训练快速准确称量纤维重量的技能，利用各种称量方法称量用时均不能超过1 min；正确地使用烘箱对材料进行烘燥，准确称量干燥纤维重量，计算出纤维的回潮率。

二、参考标准

采用标准：GB/T 6102.1—2006(原棉回潮率试验方法—烘箱法)；

GB/T 9995(纺织材料含水率和回潮率的测定　烘箱干燥法)；

GB/T 6503—2008(化学纤维　回潮率试验方法)。

三、试验仪器与用具

YG747型通风式烘箱，如图1-7-5所示。

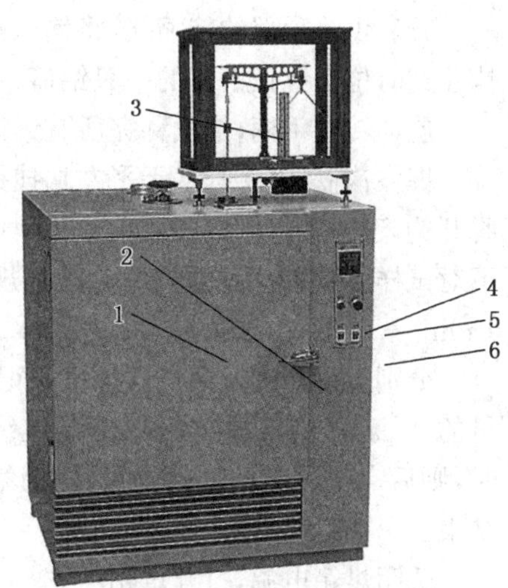

图1-7-5　YG747型通风式烘箱外观图

1—烘箱门；2—手柄；3—链条天平；4—恒温指示灯；5—升温指示灯；6—电源开关

四、试样准备

取样应按产品标准的规定或有关协议抽取样品；取样应具有代表性，并防止样品中水分发生任何变化。

成包皮棉抽样：每10包随机抽取1包(不足10包按10包计，随机抽取1包)进行取样检验，从每个随机确定的取样棉包包身上部开包后，去掉棉包表层棉花，在棉包内层距外层10～15 cm深处，抽取回潮率检验样品约100 g，迅速装入取样筒内密封，形成回潮率检验批样样品，严禁在包头或表面取样。皮棉回潮率批样取样后即验或密封后待验，待验需在24小时内完成。

五、测试原理

烘箱法，就是利用烘箱里的电热丝加热箱内空气，通过热空气使纤维的温度上升，达到使水分蒸发之目的，使纤维干燥。影响烘箱法测试结果的因素主要有：烘燥温度、烘燥方式、试样量、烘干时间、箱内湿度和称重等。

六、参数设置

烘干试样的温度一般超过水的沸点，使纤维中的水分子有足够的热运动能力，脱离纤维进入大气中。为了测试结果的稳定性、可比性，及减低能耗，不同的测试对象规定了不同的烘燥控制温度，国家标准规定的烘燥控制温度如表1-7-6所示。

表1-7-6　几种纤维所规定的烘箱内温度范围

纤维种类	桑蚕丝	腈纶	氯纶	其他所有纤维
烘箱温度范围(℃)	140±2	110±2	77±2	105±2

七、操作步骤

(1) 校正天平，使钩篮器与空铝篮质量与天平称盘平衡。

(2) 将试样在室温条件下称取质量(精确至 0.01 g),并记录。

(3) 根据测湿试样要求(见表 1-7-6),调整温控仪的设定温度,并打开烘箱顶部的排气孔。打开电源开关,按下"启动"按键,烘箱进入升温及恒温控制状态。**(注意:一定将钩篮器取下,以免拉坏天平)**

(4) 烘箱温度达到恒温时,打开烘箱门,将试样依次投入铝篮中,分别记录记号,关闭烘箱门。

(5) 恒温烘烤试样一定时间(约 25 min)后,按下"暂停"按钮,然后保持 1 min。

(6) 试样称重。开启烘箱工作室内的照明灯,通过烘箱顶部的观察窗观察铝篮位置,然后旋转铝篮手柄,使铝篮旋至适当位置。

开启烘箱顶部的伸缩孔,将钩篮器穿过天平底板左侧的称量孔及烘箱伸缩孔插入烘箱,并钩住此时位于孔正下方的一只铝篮,对试样进行称重并记录。

旋动转篮手柄,依次称完所有铝篮试样。

握住钩篮器,将其从天平左端挂钩内取下,并将钩住的铝篮放回至转篮架原挂钩上,然后脱开钩篮器,并将钩篮器取出。关闭伸缩盖,打开排气阀,按下"启动"按钮,使烘箱在设定温度下对试样继续进行恒温烘烤。达到规定称重间隔时间(5 min)后按下"暂停"按钮,然后保持 1 min。

分别对试样进行第二次称重并记录。如该试样该次称重与前次称重值差异大于后一次质量的 0.05%,则该试样尚未烘干,继续烘燥。直至两次称重值差异小于后一次质量的 0.05% 时,则后一次称量的质量即可作为该试样的烘干质量。直到得到所有试样的烘干质量,烘干结束。

关闭烘箱电源,打开烘箱门,取出铝篮及试样,然后换入新的待烘试样进行测试。

八、实训报告

试验用标准大气条件按 GB 6529 中规定标准执行。如不能实现,可把在非标准大气条件下测得的烘干质量修正到标准大气条件下的数值。计算出每份试样的回潮率,精确至小数点后两位;几份试样的平均值,精确至小数点后一位,并填写测试报告单。

实训 2 电阻测湿仪测试纺织材料的回潮率

一、实训目的

训练学生利用电阻式测湿仪进行快速便捷的纤维材料回潮率测试。电阻测湿的测试结果,不仅受到纤维品种、数量、试样的松紧程度、纤维和仪器探头的接触状态、纤维中的含杂和回潮率分布等因素的影响,还与所处的外部环境温度有关,测试结果要进行温度补偿修正。这种仪器的最大优点就是快速简便,最大缺点是它测得的回潮率是材料中电阻值最低处的值。为此,可以通过多次测量或多点测量修正这种偏差。

二、参考标准

参考标准 GB 6102.2—2012(原棉回潮率试验方法　电阻法)

三、试验仪器与用具

Y412B 型电阻测湿仪(如下图 1-7-6 所示),天平(分度值 0.1 g),盛样容器。

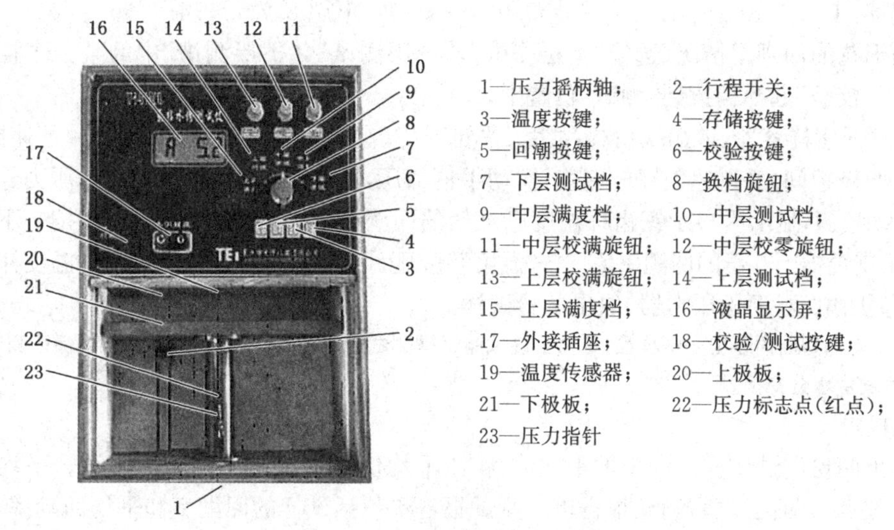

图 1-7-6　Y412B 型电阻测湿仪

四、试样准备

取样份数和方法按 GB1103—2007(棉花　细绒棉)的规定或有关各方商定的方法进行，每份样品约 100 g。从每个取样棉包包身上部开包后，去掉棉包表层棉花，在棉包内层距外层 10～15 cm 深处，抽取回潮率检验样品约 100 g，迅速装入取样筒内密封，形成回潮率检验批样样品，严禁在包头或表面取样。皮棉回潮率批样取样后应即验或密封后待验，待验需在 24 h 内完成。

五、测试原理

利用纤维在不同的回潮率下具有不同电阻值来进行测定确定回潮率的大小。

六、环境条件及要求

环境温度：0～41℃；湿度：上层和下层可在相对湿度不大于 85%时正常使用；中层可在相对湿度不大于 65%时正常使用。

将试样密闭在盛样容器内，置于测试环境下进行温度平衡，以使环境的温度差异在±2℃以内。自取得样品起，回潮率的测定应在 24 h 内一次试验完毕。

七、操作步骤

1. 仪器校验

仪器通电预热 2～3 min 后将“测试/校验”选择档拨到“校验”键。

(1) 下层校验　将“波段开关”拨到“下层测试”档，按“校验”键，显示屏应显示“000. 0”。下层满度在仪器出厂时已调好，使用时不需要调整。

(2) 中层校验　将“波段开关”拨到“中层测试”档，调节“中层校零”电位器，使“显示屏”显示“000. 0”。将“波段开关”拨到“中层满度”档，调节“中层校满”电位器，使“显示屏”显示“100. 0”。

(3) 上层校验　将“波段开关”拨到“上层测试”档，按“校验”键，显示屏应显示“000. 0”。将“波段开关”拨到“上层满度”档，调节“上层校满”电位器，使“显示屏”显示“100. 0”。

2. 测试

(1) 一般情况回潮率测量范围

锯齿棉：上层 7%～12%，中层 4%～7%，下层 9%～15%。

皮辊棉：上层 6.8%～11.5%，中层 3.9%～6.8%，下层 8.7%～14.4%。

根据棉花的回潮率情况，选择"上层测试"，"中层测试"，"下层测试"中的某一个档位。然后将"测试/校验"选择档拨到"测试"位置上。

(2) 打开盛样容器，取出一份样品用天平迅速称取两份(50±5) g 试验试样，迅速撕松，均匀地推入两极板间，并迅速盖好玻璃盖，摇动手柄加压，使压力器指针指到红点，压力器上的电源开关自动接通，显示屏显示锯齿棉温度已补偿的回潮率值。若棉样是皮辊棉，按一下"存储"键，则显示皮辊棉已补偿的回潮率值。按"温度"键，显示当时温度下棉样回潮率的温度补偿值。

(3) 关闭电源，退松压力器，取出试验试样。

注意：从盛样容器内取出一份样品，称重至该试验试样测试完毕，时间不得超过 1 min，以保证测试时不会与外界空气发生水分交换。

八、实训报告

计算出两份测试试样回潮率的平均值，将该平均值作为该批原棉的回潮率。平均回潮率修约至小数点后两位，填写测试报告单。测试报告单包括试样的回潮率和平均回潮率，并写明批样来源、品级长度、品种、样品编号、日期、温度和相对湿度等。试验报告单如下：

原棉回潮率测试报告单

样品编号________________ 检测人员________________

测试日期________________ 温、湿度________________

<table>
<tr><td>件 数</td><td></td><td>试样份数</td><td></td></tr>
<tr><td>取样时间</td><td></td><td>试验时间</td><td></td></tr>
<tr><td rowspan="5">回潮率(%)</td><td colspan="2"></td><td rowspan="5">平均回潮率(%)</td></tr>
<tr><td colspan="2"></td></tr>
<tr><td colspan="2"></td></tr>
<tr><td colspan="2"></td></tr>
<tr><td colspan="2"></td></tr>
</table>

课后练习

1. 名词解释

回潮率 实际回潮率 标准回潮率 公定回潮率 含水率 标准大气 吸湿平衡 放湿平衡 调湿 预调湿 浸润性 吸湿滞后性

2. 填空题

(1) 纤维材料大分子上________是纤维具有吸湿性的决定性因素，这类基团典型的有羟基(—OH)、酰胺键(—CONH—)、氨基($—NH_2$)、羧基(—COOH)等。

(2) 脱脂棉纤维除去了棉纤维表面的________和________等拒水性物质，所以脱脂棉的吸湿能力就比未脱脂的棉纤维高。

(3) 影响纺织材料吸湿的内在因素主要有________、________、________和________。

(4) 影响纺织材料吸湿的外在因素主要有________、________、________和________。

(5) 单位体积的纤维材料具有的表面积称为比表面积，比表面积越大，吸湿性越____。相对于粗纤维，细纤维集合体的比表面积____，吸湿能力也就____。(大、小)

(6) 称重法中，以试样连续两次称重值差异小于后一次质量的____%，作为判断是否烘干的标准。

3. 判断题

(1) 调湿过程一定是从吸湿开始的平衡过程。 (　)

(2) 浸润性就是吸湿性，二者没有区别。 (　)

(3) 由几种纤维混合的原料、混梳毛条或混纺纱线的公定回潮率，直接取平均计算获得。 (　)

(4) 涤纶、丙纶等化纤由于缺少亲水性基团，所以吸湿性很差。 (　)

(5) 纤维结晶度越低，吸湿性就越差，黏胶就是如此。 (　)

(6) 只要纤维材料是亲水的，不管其表面物质是什么，都有很好的吸水性。 (　)

(7) 吸湿性强的纤维比吸湿性弱的纤维达到平衡所需的时间长。 (　)

(8) 吸湿平衡是动态的，一旦平衡的条件被破坏或改变，纤维就会通过吸湿或放湿重新建立平衡。 (　)

模块二　纱线的性能检测

纱线是由纺织纤维组成的、具有一定物理机械性能的连续长条。制成纱线的方法有两类，一类是长丝纤维不经任何纺纱加工，经并合或并合加捻或变形加工形成，称为长丝纱；另一类是短纤维经纺纱加工形成，称为短纤纱。因此，纱线的结构性能主要包括：纱线的细度及细度不匀、纱线的捻度和纱线毛羽等。纱线在纺织加工和纺织品使用过程中都要受到各种外力的作用，纱线的力学性质是指纱线在受到各种机械外力作用时的性质，它衡量纱线抵抗各种机械外力破坏的能力，包括静态或动态的拉伸、压缩、弯曲、扭转和摩擦等力学性质。纱线的力学性质与纺织制品的坚牢度、服用性能关系密切，其中拉伸强力是表示纱线内在质量的重要指标。本模块将重点介绍纱线的这些结构性能和力学性能指标及其测试方法。

任务一 纱线线密度

◆ 任务目标

知识目标：

1. 掌握表征纱线细度及细度不匀的基本指标；2. 了解纱线细度对纱线性能的影响。

能力目标：

1. 能够完成不同细度指标之间的换算；2. 能够对纱线线密度及纱线条干不匀率指标进行规范测试。

◆ 任务引入

纱线线密度是确定纱线品种与规格的主要依据，也是影响纱线性能的重要因素。线密度不同，相应的纱线用途不同，选用原料有所不同，产品成本和纺织工艺也不同。因此，纱线线密度是纱线的重要特征之一。

◆ 课程思政

嵌入式复合纺纱技术的研究与突破

我国科研团队多年来围绕超高支纱、柔洁纱、特种纱、纱线差别化、纱线与制品检测等方面进行技术创新及产业化，取得了突出成果。2009 年，“高效短流程嵌入式复合纺纱技术”大大降低了纤维成纱对纤维根数、长度的要求，达到了毛纺 500 公支、棉纺 500 英支的超高支纺纱世界技术制高点；实现了对纺织下脚料、羽绒、木棉纤维等资源的优化利用。2010 年，由山东如意科技集团有限公司、武汉纺织大学、西安工程大学和山东济宁如意毛纺织股份有限公司共同完成的“高效短流程嵌入式复合纺纱技术及其产业化”项目一举摘得 2009 年度国家科学技术进步奖一等奖。

该技术成果通过了由中国纺织工业协会组织的专家们的鉴定，中国工程院梅自强院士、姚穆院士以及纺纱和纺织装备等行业专家组成的鉴定委员们一致认为其“是对传统纺纱技术及理论的突破，是一项重大的原创技术。该技术的推广应用，直接改变了我国在高档纺织品领域、现代纺织装备领域长期依赖西方的不利局面，将开辟我国纺纱工业一个新的时代”。

知识要点

一、纱线的细度指标

纱线的细度通过间接指标来表示，利用纱线的长度和重量之间的关系来表达，分为定长制和定重制两种。定长制指一定长度纱线的公定重量；定重制是一定公定重量的纱线所具有的长度。下面主要介绍纱线细度的间接指标及其换算关系。

1. 特克斯　简称特，是细度的国际标准单位，表示的纱线细度又称为线密度。它指1 000 m长的纱线所具有的公定重量克数，其计算公式为：

$$N_t = (G_k / L) \times 1\,000(\text{tex}) \tag{2-1-1}$$

式中：N_t 为纱线的线密度，tex；L 为纱线的长度，m；G_k 为纱线的公定重量，$G_k = G_0 \times (1 + W_k)$，g(其中 G_0 为干重，W_k 为公定回潮率)。

表 2-1-1　我国常用纱线的公定回潮率

纱 线 种 类	公定回潮率(%)	纱 线 种 类	公定回潮率(%)
棉纱线	8.5	黏胶纱及长丝	13.0
亚麻、苎麻纱	12.0	锦纶纱及长丝	4.5
黄麻	14.0	涤纶纱及长丝	0.4
精梳毛纱	16.0	腈纶纱及长丝	2.0
粗梳毛纱	15.0	维纶纱	5.0
毛绒线、针织绒	15.0	氨纶丝	1.3
绢纺蚕丝	11.0	涤棉混纺纱(65/35)	3.2

纺织纤维的线密度还常用分特数(dtex)表示，分特与特数的换算关系为：

$$1\ \text{tex} = 10\ \text{dtex}$$

特数是我国法定计量单位，它直接影响到纱线与织物的规格，例如，纱线按其特数大小可分为：特细特纱(10 tex及以下)、细特纱(10～20 tex)、中特纱(21～32 tex)和粗特纱(32 tex及以上)，由细特纱、中特纱和粗特纱织成的织物分别称为细织物、中织物和粗织物。因此，棉、麻、毛、绢等各种纤维纱线均应采用特数来表达其粗细，但由于习惯上的原因，通常还会采用其他的细度指标。

2. 旦尼尔　旦尼尔习惯用来表示绢丝纱和化纤长丝纱的细度，指9 000 m长的纱线所具有的公定重量克数，计算公式为：

$$N_d = (G_k / L) \times 9\,000 \tag{2-1-2}$$

特数和旦数均为定长制指标，其数值越大，表示纱线越粗。

3. 公制支数　公制支数习惯用来表示毛型纱线和麻类纱线的细度，指公定重量为1 g的纱线所具有的长度米数。计算公式为：

$$N_m = L / G_k \tag{2-1-3}$$

4. 英制支数　英制支数是专门用来表达棉型纱线的细度指标，指1磅(Pb)公定重量的纱线所具有的长度为840码(yd)的倍数。计算公式为：

$$N_e = L_e / (G_e \times 840) \quad (2-1-4)$$

式中：L_e 为纱线的长度，yd（1 yd＝0.914 4 m）；G_e 为纱线的公定重量，Pb（1 Pb＝453.6 g）。

公制支数和英制支数均为定重制指标，其数值越大，表示纱线越细。

生产中纱线细度间接指标的测试通常采用绞（缕）纱称重法测定。具体将在实训内容中介绍。

5. 细度指标间的换算

（1）特数和公制支数间的换算式为：

$$N_t = 1\,000 / N_m \quad (2-1-5)$$

（2）特数和旦数间的换算式为：

$$N_d = 9N_t \quad (2-1-6)$$

（3）特数和英制支数（棉型纱）间的换算式为：

$$N_t = 590.5 / N_e \quad (2-1-7)$$

（4）特数和纱线直径间的换算式

$$d = \sqrt{\frac{4}{\pi} \times N_t \times \frac{10^{-3}}{\delta}}\ (\text{mm}) \quad (2-1-8)$$

式中：δ 为纱线的密度，g/cm³；棉纱线的密度约 0.85 g/cm³，代入上式则纱线直径 $d = 0.037\sqrt{N_t}$（mm）。不同纱线的密度见表 2-1-2。

表 2-1-2　不同纤维纱线的密度

纱线种类	密度（g/cm³）	纱线种类	密度（g/cm³）
棉纱	0.8～0.9	50/50 棉维纱	0.74～0.76
精梳毛纱	0.75～0.81	黏胶短纤维纱	0.84
粗梳毛纱	0.65～0.72	黏胶长丝纱	0.95
亚麻纱	0.9～1.05	腈纶短纤纱	0.63
绢纺纱	0.73～0.78	腈纶膨体纱	0.25
65/35 涤棉纱	0.85～0.95	锦纶长丝纱	0.90

6. 股线细度的表达　股线的细度用单纱细度和单纱根数 n 的组合来表达。

（1）特数制　当单纱细度以特克斯为单位时，若组成股线的单纱特数相同时表示为：单纱特数×合股数，如 13 tex×2；

若组成股线的单纱特数不同则表示为：单纱特数 1＋单纱特数 2＋……＋单纱特数 n，如：13 tex＋18 tex。

（2）支数制　当单纱细度以公（英）制支数为单位时，若组成股线的单纱的支数相同则股线细度表示为：单纱支数/合股数；如 $45^S/2$；

若组成股线的单纱的英制支数不同时，表示为：单纱支数 1/单纱支数 2/……，如 $45^S/32^S/21^S$；

若组成股线的单纱公制支数不同则表示为：$(N_{m1}/\cdots/N_{mn})$，股线支数的计算公式为：

$$N_{m股} = \frac{1}{\frac{1}{N_{m1}} + \frac{1}{N_{m2}} + \cdots + \frac{1}{N_{mn}}} \quad (2-1-9)$$

二、纱线细度不匀率

(一) 纱线的细度偏差

纱线的细度偏差是指由于纺纱工艺、设备和纺纱操作等原因，使实际生产出的纱线的细度与设计的纱线细度会有一定的偏差，根据纱线采用的细度指标不同而异，分别为重量偏差(也称特数偏差)、旦数偏差和支数偏差。纱线的细度偏差一般用重量偏差 ΔN_t 来表示。其计算公式为：

$$\Delta N_t = \left(\frac{N_{ta} - N_t}{N_t}\right) \times 100(\%) \quad (2-1-10)$$

或：

$$\Delta N_t = \frac{\text{试样实际干燥重量} - \text{试样设计干燥重量}}{\text{试样设计干燥重量}} \times 100(\%)$$

式中：N_{ta} 为实际生产纺得的管纱特数，称为实际特数；N_t 是为使纱线成品特数符合公称特数而确定的管纱特数，称为设计特数；公称特数指纺纱工厂生产任务中规定生产的最后成品的纱线特数，也称名义特数，一般须符合国家标准中规定的公称特数系列。

一般纱线的重量偏差控制范围为±2.5%(粗特纱可放宽至±2.8%)。当重量偏差为正值时，说明纺出的纱线实际特数大于设计特数，即纱线偏粗，若售筒子纱(定重成包)则因长度偏短而不利于用户；若售绞纱(定长成包)则因重量偏重而不利于生产厂。当重量偏差为负值时，则与上述情况相反。

(二) 纱线的细度不匀

纱线的细度不匀指沿纱线长度方向粗细的变化，其程度以均匀度或不匀率来表达。纺织品的质量在很大程度上取决于纱线细度的均匀度，用细度不均匀的纱织成的布，织物表面会呈现各种疵点，从而影响织物的质量和外观。而且在织造加工过程中，还会导致断头增加，使生产效率下降。因此，纱线的细度均匀度是评定纱线品质的重要指标。纱线细度均匀度按纱线片段长度不同分为长片段均匀度(重量不匀率)和短片段均匀度(条干不匀率)。

1. *平均差系数 H*　指各测试数据与平均数之差的绝对值的平均值占测试数据平均值的百分率，计算公式为：

$$H = \frac{\sum |X_i - \overline{X}|}{n\overline{X}} \times 100 = \frac{2n_{下}(\overline{X} - X_{下})}{n\overline{X}} \times 100(\%) \quad (2-1-11)$$

式中：H 为平均差系数；X_i 为第 i 个测试数据；n 为测试总个数；$\overline{X}$ 为 n 个测试数据的平均值；$X_{下}$ 为平均数以下的平均值；$n_{下}$ 为平均数以下的个值。

2. *变异系数 CV*　变异系数(均方差系数)指均方差占平均值的百分率。均方差指各测试数据与平均值之差平方的平均值之方根。计算公式为：

$$\mathrm{CV} = \frac{\sqrt{\dfrac{\sum (X_i - X)^2}{n}}}{\overline{X}} \times 100(\%) \quad \text{(a)}$$

$$\mathrm{CV} = \frac{\sqrt{\dfrac{\sum (X_i - X)^2}{n-1}}}{\overline{X}} \times 100(\%) \quad \text{(b)} \quad (2-1-12)$$

式中：CV 为变异系数或称均方差系数(当 $n \leqslant 50$ 时，以 b 式计算)；X_i 为第 i 个测试数据；n 为测试总个数；$\overline{X}$ 为 n 个测试数据的平均值。

3. *极差系数 R*　测试数据中最大值与最小值之差占平均值的百分率叫极差系数。计算公式为：

$$R=\frac{\sum(X_{max}-X_{min})}{\overline{X}}\times 100(\%) \qquad (2-1-13)$$

式中：R 为极差系数；X_{max} 为各个片段内数据中的最大值；X_{min} 为各个片段内数据中的最小值。

根据国家标准的规定，目前各种纱线的重量不匀率和条干不匀率已全部采用变异系数表示，但某些半成品（纤维卷、粗纱、条子等）的不匀还用平均差不匀或极差不匀表达。

（三）纱线线密度不匀产生的主要原因

1. *纤维的性质差异*　天然纤维的长度、线密度、结构和形态等是不均等的，这种不均等不仅表现在根与根之间，也表现在同一根纤维的不同部位；化学纤维的这种不均匀性较天然纤维好，但还是存在一些性质上的差异。纤维这种性质的不均等或性能上的差异将引起纱线的线密度不匀。

2. *纤维的随机排列*　假如纤维是等长和等粗细的，且纱线中纤维都是伸直平行的，纺纱设备和纺纱工艺等都无缺陷，纱线的线密度还是会产生不均匀，这是由于纱条截面内纤维根数是随机分布的。

3. *纺纱工艺不良*　在纺纱过程中，由于无法对单根纤维进行控制，因此，存在着未充分松解、伸直平行和缠结的纤维或束状纤维；混和不均匀、牵伸工艺不良等原因引起纱线线密度不均匀，所产生的不匀称作牵伸波。图 2-1-1 所示是出现牵伸波（波长 8.5 cm）时的布面状况。

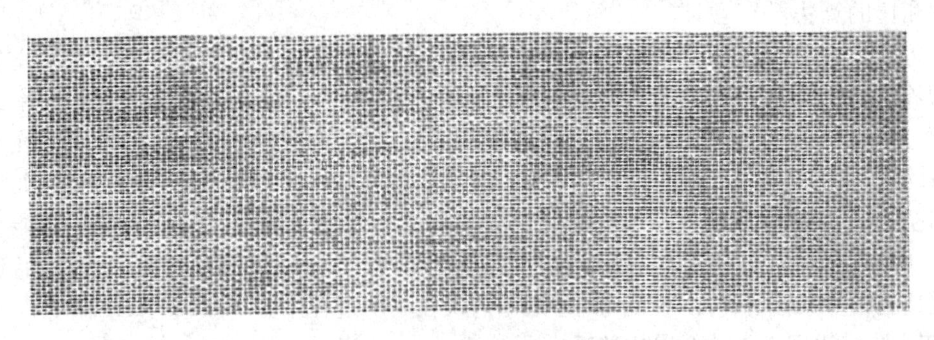

图 2-1-1　有牵伸波时的布面状况

4. *纺纱机械缺陷*　由于牵伸件、传动件的缺损而产生的周期性的不匀，称为机械波。图 2-1-2 所示是出现机械波（波长 8.5 cm）时的布面状况。

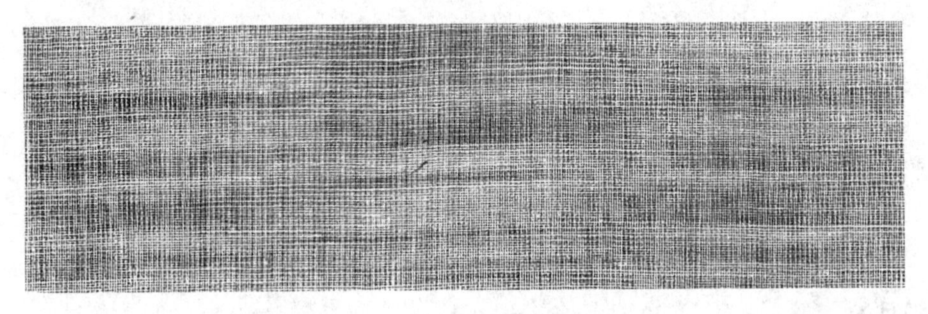

图 2-1-2　有机械波时的布面状况

对比图 2-1-1 和图 2-1-2 会发现机械波造成的布面疵点要明显得多。

5. 偶然事件引起的不匀　此类不匀往往原因特殊，如飞花黏附、齿轮嵌花、横动导杆出位、操作不良、空调故障、棉糖黏辊等，大多数时候表现为疵点的上升或特大疵点的出现，有时也表现为机械波。

(四) 电容式条干均匀度仪对纱线线密度不均的分析

1. 变异系数—长度曲线　纵坐标为变异系数，横坐标是片段长度的对数，是变异系数对片段长度的曲线。可反映纱条线密度不匀的片段结构特征，更适宜于分析非周期性线密度不匀。

2. 偏移率 DR 值　其含义就是纱样偏离其平均线密度 $M(l \pm a)$ 的不匀部分的长度之和 $\sum l$ 占纱样总长度 L 的百分率。

3. 线密度(细度)频率分布图(质量分布图)　也称为线密度分布图，用以分析纱条线密度的大小分布情况。横坐标为纱条线密度的相对大小，纵坐标为重复出现的频率百分数。其中一张为当前所选量程范围内的频率分布图，另一张为大于量程上限的频率分布图，并在图上显示出线密度平均值的位置。值得注意的是，两张图的纵坐标标尺不同，后一张相当于放大后的图形。

这种图形可直观地反映纱条线密度的分布情况，比如是单峰分布还是多峰分布、有没有强突起等，以及线密度变化偏离标准分布(高斯分布)的情况。超过量程上限的分布属于极小概率事件，反映了大粗节的分布情况。

4. 平均值系数 AF 值　以批次测试的总长度线密度为 100%，则每次测试的平均线密度相对于总平均的比值即为 AF 值，换算为百分数。也有以第一管纱的线密度为 100%，以后各管与之相比的算法。

在每次试验中，都有一个相应的条干粗细平均值 $\overline{X}$，它相当于受测试纱条的平均重量。当受测细纱试验长度为 100 m 时，各次 AF 值的不匀率即相当于传统的细纱重量不匀率或支数不匀率，这一指标常被用于测定管纱之间纱线的线密度(重量、支数)变异，以便研究在长周期内纺纱的全过程或前道工序的不匀情况。一般 AF 值在 95～105 范围内属于正常，如果测得的数据超过这一范围，说明纱线的绝对线密度平均值有差异。利用 AF 值的变异还能直观地分析出纱条重量不匀变化趋势，及时反映车间生产情况，以便调整工艺参数，为提高后道工序产品质量起指导和监督作用，使粗经、粗纬等消灭在生产过程中。

(五) 纱线粗细与成纱质量的关系

纱线的粗细与成纱质量密切相关。通常，纱线越细，成纱截面中纤维根数越少，纱线的断裂强力低，纱线的条干不匀也越大。因此，为了减少纱线的条干不匀、提高成纱质量，在配棉时一般所要生产的纱线越细，则其中纤维长度越长、特数越小，需要原棉等级越好；反之，配棉较差。

任务实施

纱线线密度(细度)测试

实训 1　纱线线密度及线密度不匀率测试

一、实训目的

通过测试，掌握纱线线密度的测试方法，培养熟练使用仪器的能力，了解影响纱线线密度测试结果的因素，并学会各项指标的计算方法。

二、参考标准

GB/T 4743—2009(纺织品 卷装纱 绞纱法 线密度的测定)

三、试验仪器与用具

(1) 缕纱测长仪见图 2-1-3。

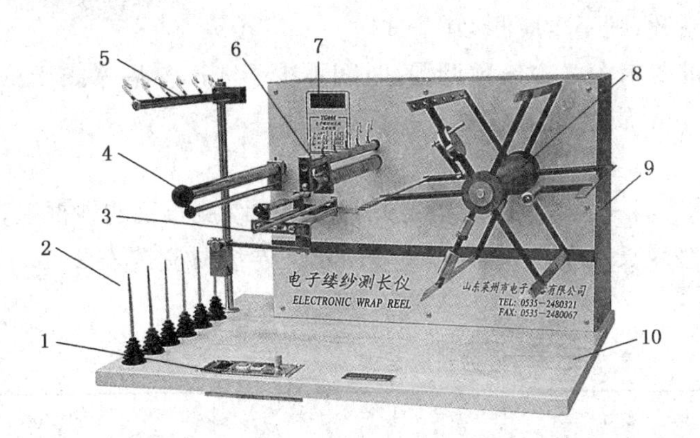

1—控制机构：电源开关、启停开关、调速旋钮；
2—纱锭插座；
3—张力机构；
4—张力调节器；
5—导纱器；
6—排纱器；
7—显示器；
8—摇纱框；
9—主机箱；
10—仪器基座

图 2-1-3　YG086 型缕纱测长仪

(2) 通风式快速烘箱、链条天平或电子天平(灵敏度为 1 mg 或 10 mg)见图 2-1-4。

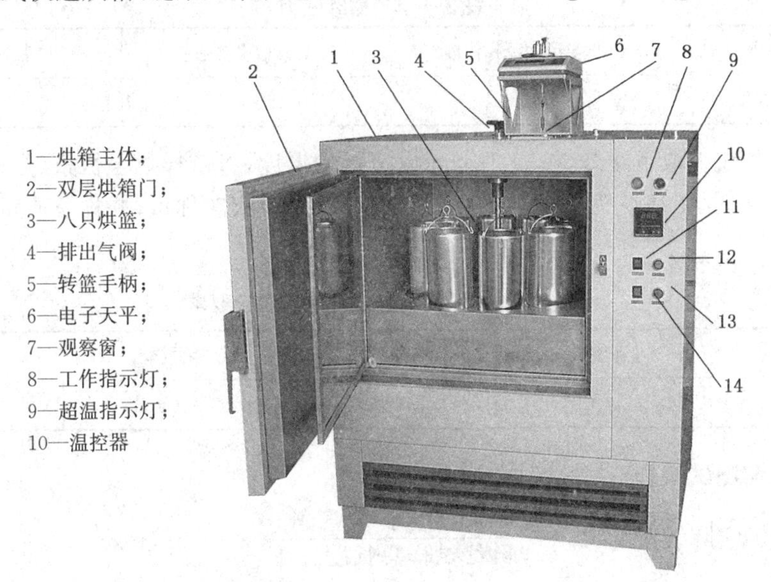

图 2-1-4　Y802K 型通风式快速烘箱

四、测试原理

纱线线密度、线密度偏差及线密度不匀率的测定采用缕纱测长称重法测试，即用缕纱测长器取得一定长度的绞纱若干绞，每一绞称为一个片段，分别称得每一绞纱线的重量，然后将绕取的缕纱置于通风式快速烘箱中烘干，在箱体内对试样干重进行逐缕称重，并记录。最后将其平均重量代入公式(2-1-1)和(2-1-10)，即可求得纱线线密度(特数)和线密度偏差。每一绞纱线的重量 x_i 代入公式(2-1-11)可求得纱线重量不匀率。

五、试样准备

(1) 不同纤维所纺纱线的片段长度(每绞长度)规定为:棉型纱线为 100 m,精梳毛纱为 50 m,粗梳毛纱为 20 m,苎麻纱 49 tex 及以上为 50 m、49 tex 以下为 100 m,生丝为 450 m。

(2) 长丝纱至少测试 4 个卷装,短纤纱至少测试 10 个卷装。每个卷装至少摇取 1 缕纱。

(3) 如要计算线密度变异系数,则至少应测 20 个试样。

(4) 测试前将试样放在标准要求大气中作预调湿,时间不少于 4 h,然后暴露于试验用标准大气中 24 h,或暴露至少 30 min,质量变化不大于 0.1%。

六、测试步骤

(1) 从纱线卷装中退绕,除去开头几米,并将纱线头引入到缕纱测长仪的纱框上,启动仪器,摇出缕纱,作为待测试样。纱线长度要求如表 2-1-3 所示。卷绕时应按表 2-1-4 要求设置一定的卷绕张力。

表 2-1-3　缕纱长度要求

纱线(tex)	低于 12.5	12.5～100	大于 100
缕纱长度(m)	200	100	10

表 2-1-4　摇纱张力

纱线品种	非变形纱及膨体纱	针织绒和粗纺毛纱	其他变形纱
张力要求(cN/tex)	0.5±0.1	0.25±0.05	1.0±0.2

(2) 从测长仪上取下缕纱,按表 2-1-5 设定烘燥温度,将试样烘至恒重(当两次称重的质量变化≤0.05%时,可以认为已经烘干至恒重),对每缕纱依次称重,并称总质量干重(精确至 0.01 g)。

表 2-1-5　不同材料试样烘燥温度要求

材　料	腈纶	氯纶	桑蚕丝	其他纤维
烘燥温度(℃)	110±2	77±2	140±2	105±2

七、结果计算与测试报告

(1) $\text{纱线的实际线密度}=\dfrac{\text{纱线试样总干重}\times(1+W_k)}{\text{纱线试样总长度}}\times 1\,000\ (\text{tex})$

式中:W_k 为纱线的公定回潮率,%;

纱线试样总长度=每缕纱长度×纱线试样缕数

(2) $\text{纱线的线密度偏差}\ \Delta N_t=\dfrac{\text{纱线实际线密度特数}-\text{纱线设计线密度特数}}{\text{纱线设计线密度特数}}\times 100(\%)$

(3) $\text{纱线线密度变异系数}\ CV=\dfrac{1}{\overline{X}}\sqrt{\dfrac{\sum_{i=1}^{n}(X_i-\overline{X})^2}{n-1}}\times 100(\%)$

式中:$\overline{X}$ 为每缕纱质量的平均值;n 为测试缕纱数($20\leqslant N\leqslant 50$);$X_i$ 为每缕纱的质量。

(4) 线密度及线密度偏差计算举例(要求保留一位小数)

【例 1】 测得某批 28 tex 棉纱 30 缕的烘干重量为 76.84 g,求其线密度及线密度偏差。

解: 实际线密度 $N_t = \frac{76.84}{30 \times 100} \times 1\,000 \times (1 + 8.5\%) = 27.8\ (\text{tex})$

线密度偏差 $\Delta N_t = (27.8 - 28)/28 \times 100 = -0.7\%$

【例 2】 测得某批 18 tex 涤棉(65/35)混纺纱 30 缕的烘干重量为 54.03 g,求其线密度及线密度偏差。

解: 实际线密度 $N_t = \frac{54.03}{30 \times 100} \times 1\,000 \times (1 + 3.2\%) = 18.6\ (\text{tex})$

线密度偏差 $\Delta N_t = (18.6 - 18)/18 \times 100 = 3.3\%$

将测试记录的 30 绞纱线实际重量及计算结果填入下表中。

纱线线密度及线密度不匀率测试报告单

检测品号＿＿＿＿＿＿＿＿＿＿＿＿　检验人员(小组)＿＿＿＿＿＿＿＿＿＿＿＿

检测日期＿＿＿＿＿＿＿＿＿＿＿＿　温　湿　度＿＿＿＿＿＿＿＿＿＿＿＿

序　　号	1	2	3	4	5	6	7	8	9	10
100 m 重量(g)										
序　　号	11	12	13	14	15	16	17	18	19	20
100 m 重量(g)										
序　　号	21	22	23	24	25	26	27	28	29	30
100 m 重量(g)										
总湿重(g)										
实际回潮率(%)										
总干重(g)										
线密度(细度)(tex)										
线密度偏差(%)										
纱线百米重量不匀率(%)										

实训 2　纱线条干均匀度的测定

纱线条干均匀度测试指在沿纱线长度方向对其短片段粗细不匀程度的检测,目前纱线条干均匀度检测通常采用两种方法:黑板条干法和电容式条干法。黑板条干法属于目测法,是以绕好试样的黑板与标准样照对比,作为评定条干均匀度的主要依据。标准样照分优等、一等两种,好于或等于优等样照的,按优等评定;好于或等于一等样照的按一等评定;差于一等样照的评为二等。而电容式条干法采用电容式条干均匀度测试仪测试,在测试过程中能对试样的条干不匀率、纱疵及波谱等进行定性、定量的分析,其测得结果对于鉴定纱样的质量、分析纱样结构和特征以及判断产生条干不匀的原因有着重要的作用。电容式条干法不仅可测试纱线的条干均匀度,还能测试由短纤维纺制的条子和粗纱等制品。

一、电容式条干均匀度仪原理与功能

电容式条干均匀度仪是目前世界上最常用的检测纱线线密度不匀的仪器，世界上最早生产电容式条干仪的是瑞士的 Zellweger Uster 公司，中国则以陕西长岭纺织机电科技有限公司为代表，其生产的系列条干均匀度仪将中国的条干测试技术向前推进了一大步。

1. 工作原理　电容式条干均匀度仪运用电容测试原理，当被测试样以规定的速度通过电容传感器时，由于线密度变化会引起传感器平行极板电容介电常数的变化，从而导致电容量变化，由检测电路转换成与线密度变化相对应的信号电压变化，再经放大、A/D 转换后进入计算机专用软件管理系统，经运算处理后将试样线密度不匀以曲线、数值、波谱等形式输出。电容式条干均匀度仪可以实现对细纱、粗纱、条子线密度不匀程度的测量，还可提供 CV 值、各档门限疵点数等有价值的参考数据，并在屏幕上显示纱条实时不匀率曲线图、波谱图及其他统计图形。这些图形能直观地反映纱条状况，有助于生产设备运行状况的监控与分析。电容式条干均匀度仪的主要检测机构是一个由两块平行金属板组成的电容器，图 2-1-5 所示为 YG135G 条干均匀度仪。其电容值 C 的计算公式为

$$C=\frac{\varepsilon S}{4\pi k d} \tag{2-1-14}$$

式中：C 为平行板电容器的电容量，F；ε 为介电常数，与两块金属板之间的填充的介质有关；S 为两块金属板正对的实际面积，mm^2；k 为常系数；d 为两块金属板之间的距离，mm。

图 2-1-5　YG135G 条干均匀度仪

按照这一公式，如果将 S、d 固定以后，电容量仅随两个极板之间填充的介质变化而变化。如果让纱条从两块极板之间通过，当纱条线密度发生变化，则会引起电容量的变化。

当然，在条干仪设计制造时，为了保证一定的介质填充系数，提高信噪比，降低温、湿度的影响等，在电容极板设计及检测电路的设计上进行了一系列仪器化的处理。比如，由七块或五块极板构成五个或四个检测槽，极板面积和间距不同，分别适应不同试样品种和支数；将检测电容接入电桥电路的一只桥臂；电桥采用高频振荡电路供电；电容极板采用陶瓷封装等等。

2. 主要功能

(1) 画出不匀率曲线　曲线横坐标方向表示纱线的长度方向，纵坐标方向表示纱线的粗细；纵坐标 0 处，表示纱线的平均线密度处，如图 2-1-6 所示。不匀率曲线能够直观地表示纱线的条干均匀情况。

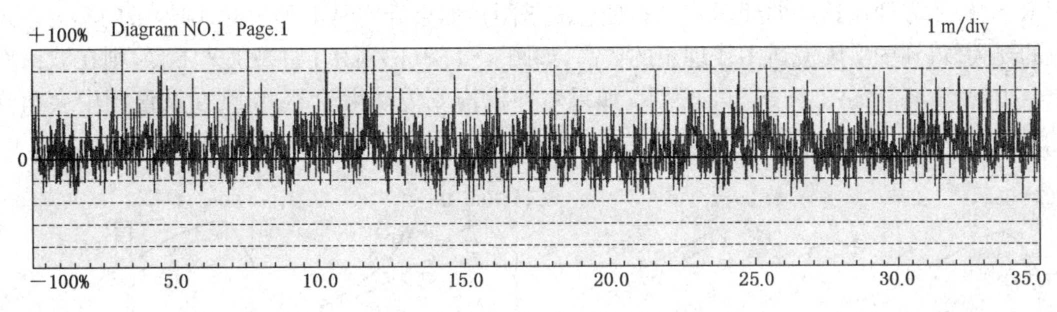

图 2-1-6　纱线实际不匀率曲线

(2) 显示纱线的不匀率值　显示出给定长度纱线上的变异系数(CV%)和平均差系数(U%)。

(3) 记录和显示粗节、细节、棉结疵点数　按各种不同水平要求,记录和显示粗节、细节、棉结疵点数,各种不同的水平如表 2-1-6 所示。

表 2-1-6　各种不同水平的粗节(Thick)、细节(Thin)、棉结(Neps)

类　型	粗节	细节	棉结
水　平	+100%	−60%	+400%
	+70%	−50%	+280%
	+50%	−40%	+200%
	+35%	−30%	+140%

(4) 绘制波谱图　如图 2-1-7 所示,波谱图的横坐标为波长的对数;纵坐标为振幅。波谱图的理论依据是傅立叶变换。根据傅立叶变换,任何波动曲线都可以分解成不同波长、不同振幅正弦(或余弦)波的叠加。将分解出来的波动成分按照波长、振幅制作出线状谱,即可得波谱图。

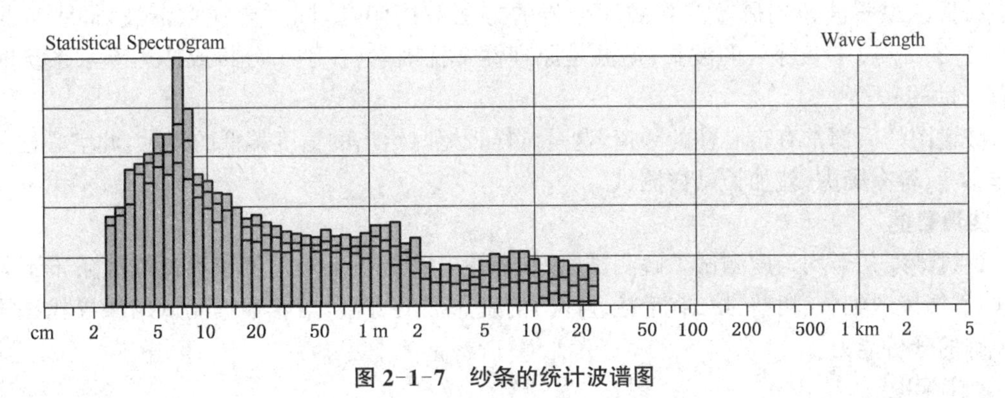

图 2-1-7　纱条的统计波谱图

波谱图在生产实际中有如下用途:①评价纱条均匀度;②分析不匀结构;③纱条疵病诊断,解决机械工艺故障;④预测布面质量;⑤与不匀率结合,对设备进行综合评定。

3. 纱线线密度不匀的波谱分析　如果纱线的不匀只是由于纤维在纱中的随机排列引起,而不存在由于纤维性能不均、工艺不良、机械不完善引起的不匀,则纱条的不匀如图 2-1-8(a)

所示(为画图方便用连续曲线示意),为理想波谱图。如果纤维是不等长的,则纱条的不匀较理想的要大,得到的实际波谱图较理想的要高,如图 2-1-8(b)所示;如果工艺不良,则在波谱图中会出现"山峰",如图 2-1-8(c)所示;如果牵伸机构或传动齿轮不良,则在波谱图中会出现"烟囱",如图 2-1-8(d)所示。

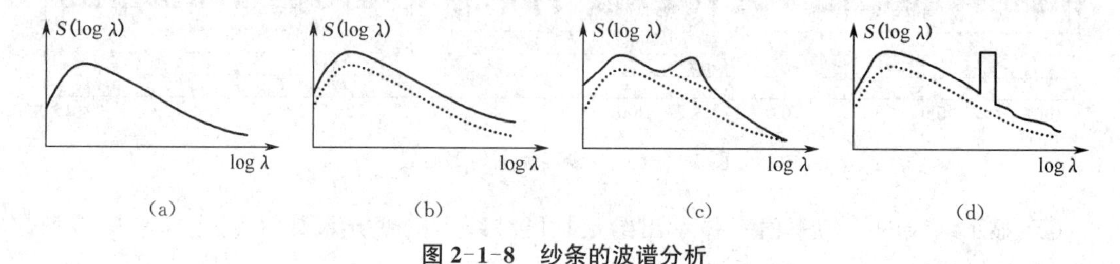

图 2-1-8 纱条的波谱分析

山峰形状的波谱图是由于短纤维纺纱时纤维随机分布造成纱条各断面不匀差异所致,这是不可避免的。其最高峰位于(2.5～3)×纤维平均长度的波长处。短纤维化纤纱在最高峰左侧有一峰谷,其波长位置等于纤维切断长度。气流纺纱结构与环锭纺不同,纤维在纱线中没有充分伸直,有缠结现象,相对纤维长度减少,故其最高峰值向左偏移。

各道加工机器上,具有周期性运动的部件的缺陷会给纱条条干造成周期性粗细变化(如罗拉偏心、齿轮缺齿、皮圈破损等),由此造成机械波。机械波在波谱图中表现为柱状突起,一般只在一个或两个频道上出现。而由于牵伸倍数选择不当,或牵伸机构调整不好(加压过轻过重、隔距过大过小等)致使纱条在牵伸时部分纤维得不到良好的控制,造成条干不匀,由此造成牵伸波。牵伸波在波谱图中表现为小山,一般连续在五个或更多的频道上出现。

估计柱状突起的机械波对最终产品是否有影响时,应首先看其高度(高于本频道正常波谱高度部分)是否大于本频道正常波谱高度的二分之一,若大于则应予以重视。当机械波连续出现在两个频道上时,应将两频道相叠加,与其正常波谱高度对比。在出现多个峰时应按照从最长波长到最短波长顺序分析的方法解决问题,同时要注意谐波,即主波长的1/2、1/3、1/4、1/5 等处的波长,谐波是原理性干扰因素(在手工分析或使用专家系统时则是有帮助的)。

波谱图的后部常有空心柱的频道,这是试样较短时给出的信度偏低的提示,此空心柱部分可作参考,若有疑虑,就加长试样测试。

二、实训目的

通过纱线条干均匀度测试了解测试原理,掌握电容式条干均匀度仪测试纱线条干不匀的方法,掌握读取细节、粗节、棉结(毛粒、麻粒)的疵点数的方法,培养根据测试结果寻找试样不匀原因的分析能力。

三、参考标准

GB/T 3292.1—2008(电容法)

四、试验仪器与用具

YG137 型条干均匀度测试仪见图 2-1-9。

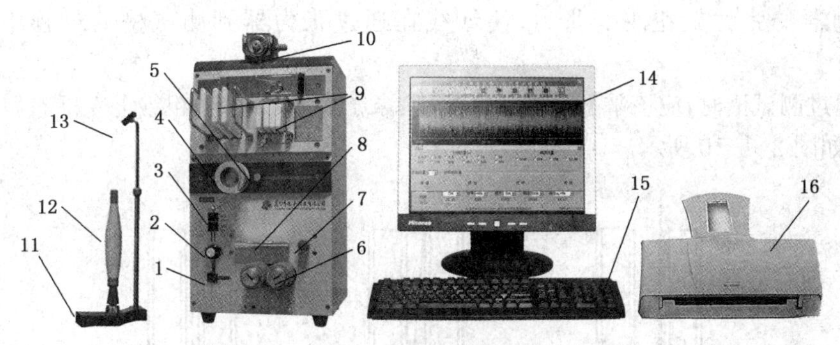

图 2-1-9　YG137 型电容式条干均匀度仪

1—罗拉分离开关；2—调速旋钮；3—启动开关；4—导纱轮；5—导纱轮调整；6—罗拉
7—横梁调节钮；8—移动横梁；9—电容传感器；10—张力调节器；11—纱管支架；
12—纱管；13—张力盒；14—显示屏；15—键盘；16—打印机

五、试样准备

(1) 根据各纺纱工序的纱条种类和测试需要，按以下标准随机抽取实验室样品。条子：四个条筒或每眼一个条筒。粗纱：四个卷装，在粗纱机前、后排锭子上各取两个卷装。细纱：十个管纱。

(2) 必要时对试样进行预调湿，试样应在吸湿状态下进行调湿达到平衡。试样的调湿在二级标准大气条件(即温度为 20℃±2℃，相对湿度为 65%±3%)下平衡 24 h。对大而紧的样品卷装或对一个卷装需进行一次以上测试时应平衡 48 h。在调湿和测试过程中应保持标准大气恒定，直到测试结束。

(3) 取样长度至少为条子 50 m，粗纱 100 m，短纤维纱线或长丝纱 400 m。

六、操作步骤

1. 仪器预热　打开电源开关，仪器首先进入操作系统，然后计算机自动进入测试系统，仪器预热 20 min。

2. 参数设置

不匀曲线量程的选择：条子为±25%；粗纱为±50%；玻璃纤维纱线或短纤纱线为±100%；长丝纱为±10%或±12.5%。

电容测量槽的选择：按照仪器生产厂商的推荐选择不同纱支纱条适用的测试槽，通常采用的测试槽如表 2-1-7 所示。

表 2-1-7　测试槽设定

纱样	细纱	粗纱	棉条
测试槽	5 槽、4 槽	3 槽	1 槽、2 槽

测试速度设置：推荐采用的退绕速度为条子 25 m/min、粗纱 50 m/min、细纱 400 m/min。

3. 测试前准备

(1) 无料调零　在系统测试前必须先经过无料调零操作。首先确保传感器的测试槽为空，然后单击“调零”按钮，系统进入调零状态。若调零出错，系统弹出提示框提示调零错误，应检查测试槽及信号电缆，再进行调零；若调零正确，可进行下一步操作。

(2) 张力调整　为防止试样在经过测试槽时抖动而影响测量结果，测试前需调整检测分机上张力器的张力旋钮改变张力，使纱线在通过张力器到测试槽的过程中无明显的抖动。

试样通过测试槽时，应该掌握这样一个原则：条子靠墙一边走，粗纱上左下右斜着走，细纱靠中间走，如图 2-1-10 所示。

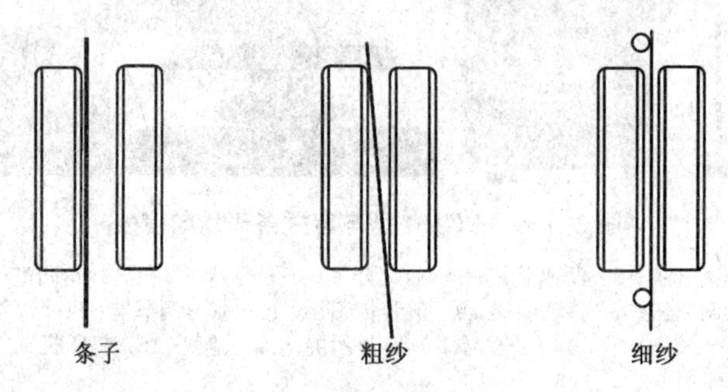

图 2-1-10 试样经过测试槽位置

4. 测试

(1) 引纱操作 按"启动"开关，罗拉开始转动。将纱线或条子从纱架上牵引入张力器中，然后通过选定的测试槽，再按下"罗拉分离"开关，罗拉脱开后将试样放入两个罗拉中间，放开开关，罗拉闭合。

(2) 待试样运行速度正常并确认纱线无明显抖动后，单击"开始"进入测试状态。当一组试样进行首次测试时，系统会自动调整信号均值点，以使曲线记录在合适的位置。单击"调零"进行均值调整，若调整有错，则显示"调均值出错"，自动停止测试。调整均值后，界面的主窗口上、下部分别显示测试的不匀曲线、波谱图。界面底端显示相应的测试指标：CV 值、细节、粗节、棉结等。

注：测试状态中，不能改变测试参数中测试条件的设置，如速度、时间、类型、幅度等。

(3) 单次测试完成后，若发现测试的数据中存在错误，可选择"删除"功能删除已经测试的数据。

(4) 当整个测试批次结束后，系统退出当前的测试状态，单击"完成"终止当前的测试批次，显示统计值。测试完成后，各项参数中的测试按钮回复到起始状态。

(5) 测试完成后，单击"打印"按钮进入打印输出界面。在打印输出界面下的打印选项中，提供了不匀曲线、波谱图、报表等选项。对于不匀曲线和波谱图，提供了全部打印或部分打印两项选择；报表分为统计报表和常规报表两种，统计报表包含测试的所有指标，而常规报表包含 CV 值和三档常用的疵点值。

注意：需经常用毛刷清扫测试槽周围的飞花，用薄纸片或皮老虎清洗测试槽内的杂物。

七、结果计算与测试报告

1. 标准差 S

标准差 S 表示试样线密度的离散性，其计算公式为：

$$S=\sqrt{\frac{1}{n-1}\sum_{i=1}^{n}(X_i-\overline{X})^2}$$

式中：n 为采样次数；X_i 为各采样点测得的与线密度相关的数据；$\overline{X}$ 为各采样点测得数据的

平均值。

2. 变异系数CV值

$$CV = S/\overline{X} \times 100(\%)$$

将电容式条干均匀度仪的试验结果填入报告单中：

电容式条干均匀度仪的试验报告单

检测品号＿＿＿＿＿＿＿＿　检验人员(小组)＿＿＿＿＿＿＿＿

检测日期＿＿＿＿＿＿＿＿　温　湿　度＿＿＿＿＿＿＿＿

纱线试样	Thin−30%	Thin−50%	Thick+50%	Thick+70%	Neps 200%	CV%
1						
2						
3						
平均值						

八、思考题

1. 电容式条干均匀度仪有哪几部分组成？

2. 试叙述电容式条干均匀度仪的测试原理。

课后练习

1. 何谓粗特纱、中特纱和细特纱？

2. 试推导特数、公制支数、英制支数间的相互关系。

3. 测得65/35涤/棉纱30绞(每绞长100 m)的总干重为53.4 g，求它的特数、英制支数、公制支数和直径(棉纱线的W_k=8.5%；涤纶纱线的W_k=0.4%；混纺纱的δ=0.88 g/cm^3)。

4. 测得某批55/45涤/毛精梳双股线20绞(每绞长50 m)的总干重为35.75 g，求它的公制支数和特数。

5. 试比较1.5旦涤纶和6 000公支棉纤维直径的大小。

6. 试分析使用电容式条干均匀度仪测试纱条条干不匀的优缺点？

7. 试判断你秋冬季和夏季穿的衣料用纱线密度有何不同。

8. 看一看，你床上用品一般用纱的线密度是多少？

任务二
纱线的捻度

◆ 任务目标

知识目标:

1. 掌握表征纱线捻度及捻向的各项指标及其换算关系;2. 掌握纱线捻度对纱线性能的影响;3. 理解加捻对纱线中纤维分布的影响。

能力目标:

1. 能够采用直接计数法和退捻加捻法准确规范地进行捻度测试;2. 能够对捻度和捻系数进行准确换算。

◆ 任务引入

纱线的一端被握持,另一端绕其轴线做相对回转的过程称为加捻。对短纤维纱来说,加捻是纱线获得强力的必要手段,对长丝纱和股线来说,加捻可形成一个不易被横向外力所破坏的紧密结构。加捻还可形成变形丝及花式线。加捻的多少及加捻方向不仅影响织物的手感和外观,还影响织物的内在质量。

◆ 课程思政

环锭纺加捻的发展历史

从手工纺纱向机器纺纱的发展始于18世纪英国产业革命。1769年出现了利用水力拖动的翼锭细纱机,1779年S.克朗普顿根据手工纺车原理发明了走锭细纱机,这是早期的细纱机。1825年R.罗伯茨又将走锭细纱机改进为自动作用的走锭细纱机,这种形式的机器在19世纪和20世纪初期获得了广泛的应用。1828年出现了帽锭细纱机。同年,J.索普创造了环锭细纱机,当时钢丝圈是由纺纱工用手工弯制而成的。1830年以后,才开始正式机器制造钢丝圈。环锭细纱机可连续生产且纺纱速度较高,因而逐渐被广泛采用,成为现代应用最多的一种纺纱形式。

"环锭纺"这个名词中,"环锭"的含义是环形的钢领套置于锭子外周,而"纺"字在广义上是指纺纱过程,在狭义上即为加捻。与"环锭纺"对应的英文名词是"ring spin",也同样描述为环形的纺纱或在环状物上的纺纱(加捻),钢领的"领"就来自"ring"的发音。因而以环形钢领(钢丝圈)加捻是环锭纺的核心。

加捻使须条成为纱线,没有捻度就不成其为纱线。因而所有的纺纱形式,基本上均以加捻形式来命名,如非自由端纺纱的环锭纺、自捻纺,自由端纺纱的转杯纺、喷气纺等等。一些在环锭纺加捻形式上发展的附加特征性纺纱形式,如赛络纺、紧密纺等,只是简化了名称,完整名称应该是环锭赛络纺、环锭紧密纺或赛络环锭纺、紧密环锭纺等。

环锭纺发展成为主流的纺纱形式，其重要因素在于钢领钢丝圈加捻卷绕形式结构的简单和巧妙。说钢领钢丝圈加捻卷绕结构为所有加捻卷绕形式中最简单和巧妙的结构并不为过。一个环形轨道的"钢领"加上一个不成圈的"钢丝圈"，构成了最简洁有效的加捻卷绕结构。在纺纱过程中，钢丝圈为完成输出纱线的卷绕而滞后于锭速，其自调速运动非常巧妙地适应于卷装上大小直径的卷绕，而不必机械地伺服于卷绕直径的变化。气圈也是环锭纺加捻另一个巧妙的"结构"构成，虽然其没有应用附加构件。说环锭纺为环锭回转加捻，其确切的描述应该是钢丝圈引导并和气圈纱条一起在环绕锭子的钢领上作回转加捻。钢丝圈是速度无刚性控制的周向运动自由体：既是加捻的引导者又是卷绕的引导者。这就是钢领钢丝圈加捻卷绕形式的简单和巧妙之所在。

环锭纺被长期和大范围应用的另外两个因素是：与其他纺纱形式相比，其适纺品种最广和纱线断裂强度最高。环锭纺几乎可以纺制所有品种的纤维和所有线密度的纱线；环锭纱线也是所有纱线中对纤维强度利用率最高的纺纱形式。这两大因素也与钢领钢丝圈和气圈加捻形式直接相关。

知识要点

一、纱线加捻指标

表示纱线加捻程度的指标有捻度、捻回角、捻幅和捻系数。表示加捻方向的指标是捻向。

1. 捻度　单位长度的纱线所具有的捻回数称为捻度，它只能表示相同粗细纱线的加捻程度。纱线的两个截面产生一个 360°的角位移，称为一个捻回。当单位长度取 10 cm，为特数制捻度，记为 T_t（捻回/10 cm）；当单位长度取 1 m，为公制支数制捻度，记为 T_m（捻回/m）；当单位长度取 1 英寸，为英制支数制捻度，记为 T_e（捻回/英寸）。通常，特数制捻度和英制支数制捻度用来表示棉纺纱线的加捻程度，公制支数制捻度用来表示精梳毛纱及化纤长丝的加捻程度，粗梳毛纱的加捻程度既可用特数制捻度，也可用公制支数制捻度来表示。它们的换算式为：

$$T_t = 3.937T_e = 0.1T_m (1\text{英寸} = 2.54\text{ cm}) \quad (2-2-1)$$

2. 捻回角　加捻前，纱线中纤维相互平行，加捻后，纤维发生了倾斜。纱线加捻程度越大，纤维倾斜程度就越大，因此，可以用纤维在纱线中倾斜角—捻回角 β 来表示纱线的加捻程度。捻回角 β 指表层纤维与纱轴线的夹角。捻回角 β 可用来表示不同粗细纱线的加捻程度。如图 2-2-1 所示，两根捻度相同的纱线，由于粗细不同，加捻程度是不同的，粗的纱线捻回角 β 较大，因而加捻程度亦较大。但捻回角须在显微镜下使用目镜和物镜测微尺来测量，既不方便又不易准确，所以实际生产中并不采用。

3. 捻幅　若把纱线截面看作是圆形，则处在不同半径处的纤维与纱线轴向的夹角是不同的，为了表示这种情况，引进捻幅这一指标。捻幅是指纱条截面上的一点在单位长度内转过的弧长，如图 2-2-2(a)所示，原来平行于纱轴的 AB 倾斜成 $A'B$，如用 P_A 表示 A 点的捻幅，$\beta = \angle ABA'$ 为 $A'B$ 与纱轴的夹角，则

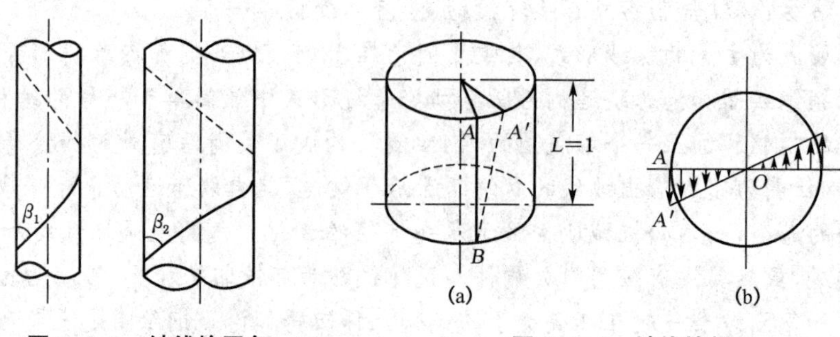

图 2-2-1　纱线捻回角　　　　图 2-2-2　纱线捻幅

$$\overline{P_{\mathrm{A}}}=\overline{AA'}=\frac{AA'}{L}=\tan\beta \tag{2-2-2}$$

所以捻幅实际上是这一点的捻回角的正切。纱中各点的捻幅与半径成正比关系。

捻幅与捻回角一样，在实际生产中并不采用。

4. 捻系数　捻回角与捻幅虽然能较好地表示不同粗细纱线的加捻程度，但测量不准确且麻烦；捻度测量较方便，但不能用来表达不同粗细纱线的加捻程度。为了比较不同细度纱线的加捻程度，人们定义了一个结合纱线细度表达加捻程度的相对指标——捻系数。生产实践中常用捻系数来表示纱线的加捻程度。捻系数根据纱线的捻度和细度计算而得，计算公式如下：

特数制捻系数：
$$\alpha_{\mathrm{t}}=T_{\mathrm{t}}\times\sqrt{N_{\mathrm{t}}} \tag{2-2-3}$$

公制支数制捻系数：
$$\alpha_{\mathrm{m}}=\frac{T_{\mathrm{m}}}{\sqrt{N_{\mathrm{m}}}} \tag{2-2-4}$$

英制支数制捻系数：
$$\alpha_{\mathrm{e}}=\frac{T_{\mathrm{e}}}{\sqrt{N_{\mathrm{e}}}} \tag{2-2-5}$$

式中：T_{t}、T_{m}、T_{e} 分别为特数、公制、英制捻度；N_{t}、N_{m}、N_{e} 分别为纱线特数、公制支数、英制支数。

它们的换算式为：

$$\alpha_{\mathrm{t}}=95.67\times\alpha_{\mathrm{e}}=3.16\times\alpha_{\mathrm{m}}$$

5. 捻向　捻向是指纱线的加捻方向，它根据加捻后纤维或单纱在纱线中的倾斜方向来描述。纤维或单纱在纱线中由左下往右上倾斜方向的，称为 Z 捻向（又称反手捻），因这种倾斜方向与字母 Z 字倾斜方向一致；同理，纤维或单纱在纱线中由右下往左上倾斜的，称为 S 捻向（又称顺手捻），如图 2-2-3。一般单纱为 Z 捻向，股线为 S 捻向。

图 2-2-3　纱线的捻向

如股线经过了多次加捻，其捻向表示按先后加捻顺序依次以 Z、S 来表示。例 ZSZ 表示单纱为 Z 捻向，单纱合并初捻为 S 捻，再合并复捻为 Z 捻。

对机织物而言，设计经纬纱捻向配制可形成不同外观、手感及强力的织物：

(1) 平纹织物中，经纬纱采用同种捻向的纱线，则织物强力较大，而光泽较差，手感较硬；

(2) 斜纹组织织物，纱线捻向与斜纹线方向相反，则斜纹线清晰饱满；

(3) Z 捻纱与 S 捻纱在织物中间隔排列，可得到隐格、隐条效应；

(4) Z 捻纱与 S 捻纱合并加捻，可形成起绉效果。

二、纱线的结构特征

1. 纱线中纤维的内外转移与径向分布

(1) 内外转移　当须条从细纱机前罗拉钳口输出，便受到纺纱张力及加捻作用，使原来与须条平行的纤维倾斜，纱条由宽变窄。把罗拉钳口到成纱的过渡区域称为加捻三角区，如图 2-2-4 所示。图中 T_y 为纺纱张力；β 为纤维与纱轴的夹角；T_f 为纤维由于纺纱张力而受到的力；T_r 为 T_f 沿着纱芯方向的分力，称为向心力。从图中可以得出：

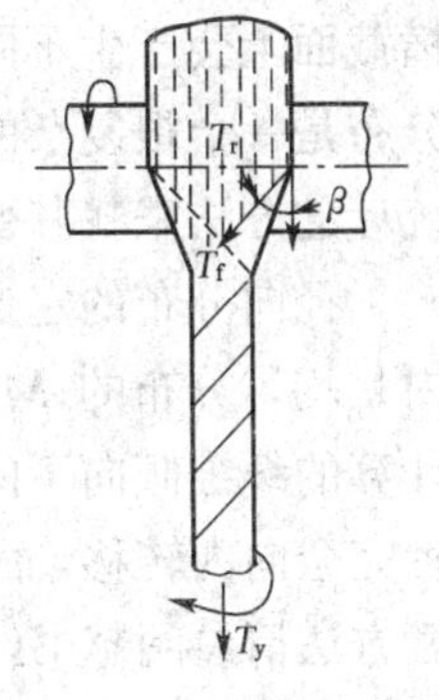

图 2-2-4　加捻三角区

$$T_y = \sum T_f \cos\beta$$

$$T_r = \sum T_f \sin\beta$$

从上述可分析出，随着纤维在纱中所处半径的增大，向心力 T_r 也增大，即处在外层的纤维的张力和向心力较大，容易向纱芯挤入(向内转移)；而处在内层的纤维张力和向心力较小，被外层纤维挤到外面(向外转移)，形成新的内外层关系，这种现象称之为内外转移。一根纤维在加捻三角区中可以发生多次这样的内外转移，从而形成了复杂的圆锥形螺旋线结构，如图 2-2-5 所示。

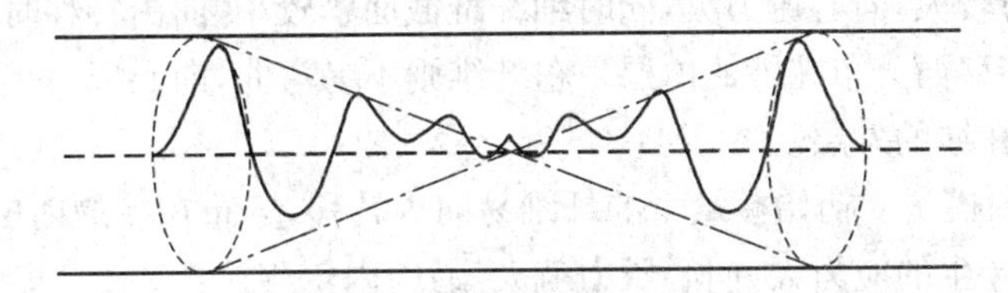
图 2-2-5　环锭纱中纤维的几何形状

纤维发生内外转移现象，必须克服纤维间的阻力。这种阻力的大小，与纤维粗细、刚性、弹性、表面性状以及加捻三角区中须条的紧密程度等因素有关。所以各根纤维内外转移的机会并不是均等的，不是所有的纤维都会发生内外转移。发生内外转移形成圆锥形螺旋线的纤维约占 60%，其他纤维在纱中没有发生内外转移而是形成圆柱形螺旋线、弯钩、折叠和纤维束等情况。

对于转杯纺纱、摩擦纺纱、喷气纺纱、涡流纺纱、集聚纺纱等新型纺纱，纤维在其中的几何特征是不一样的。集聚纺属环锭纺，集聚纱虽然在环锭纺纱机上实现，但纤维的内外转移很微弱，纤维的几何特征基本上呈圆柱形螺旋线；转杯纺纱、涡流纺纱及摩擦纺纱属自由端纺纱，在加捻过程中，加捻区的纤维缺乏积极的握持，呈松散状态，纤维所受的张力很小，伸直度差，纤维内外转移程度低。纱的结构通常分纱芯与外包纤维两部分。外包纤维结构松散，无规则地缠绕在纱芯外面。因此自由端纺纱与环锭纱相比，毛羽少，结构比较蓬松，外观较丰满，强度较低，有剥皮现象，条干均匀度较好，耐磨性较优；喷气纺纱是利用高速旋转气流使纱条加捻成纱的一种新型纺纱方法，纱线中纤维内外转移没有环锭纱明显，具有包缠结构。

观察纤维在纱中配置的几何形状，浸没投影法是比较简便的一种方法。其原理是将纱浸没在折射率与纤维相同的溶液中，这样光线通过纱条时不发生折射现象而呈透明状。如果在纺纱时混入少量有色示踪纤维，就可在透明的纱条中清晰地观察到有色纤维在纱中配置的几何形状。一般在显微镜下或投影仪中放大观察。

(2) 径向分布　由于纤维的内外转移,对于由两种不同性能的纤维纺成的混纺纱,在它的横截面上会产生不同的分布——径向分布。存在两种极限情况:均匀分布与皮芯分布。径向分布是一个很复杂的问题,即使在同一根纱线上不同截面间,分布状况也有差异,所以必须用统计的方法来找其变化规律。

径向分布的定量表达用汉密尔顿转移指数 M, $M=0$ 时说明两种混纺纤维在纱线横断面内是均匀分布的;$M>0$ 时说明被计算的纤维倾向于向外层转移、分布;反之,$M<0$ 时说明被计算的纤维倾向于向内层转移、分布;$|M|=100\%$ 时说明两种混纺纤维在纱线横断面内是一种完全向内转移,而另一种完全向外转移,呈皮芯分布。汉密尔顿转移指数的具体测试及计算方法请参阅赵书经主编的《纺织材料实训教程》。

2. 影响纱中纤维内外转移的主要因素

(1) 纤维长度　长纤维易向内转移。因为长纤维易同时被前罗拉和加捻三角区下端成纱处握持住,纤维在纱中受到的力 T_f 较大,向心压力也较大,所以易向内转移。而短的纤维则相反,它不易被加捻三角区的两端握持住,纤维在纱中受到的力 T_f 较小,向心压力也较小,所以易分布在纱的外层。

(2) 纤维细度　细纤维易向内转移。因为细纤维抗弯刚度小,容易弯曲而产生较大的变形,从而使纤维受力较大,向心压力大,同时细纤维截面积较小,向内转移时受周围纤维的阻力较小,所以易向内转移而分布在纱的内层。粗纤维则不易弯曲,向心压力小且受到周围纤维的摩擦力大而易分布在纱的外层。

(3) 纤维的初始模量　初始模量大的纤维易向内转移,分布在纱的内层。初始模量大,表明纤维在小变形时产生的应力大,向心压力就大,易向内转移。

(4) 截面形状　圆形截面纤维易分布在纱的内层。圆形截面纤维抗弯刚度小,易弯曲,运动阻力小。而异型截面纤维抗弯刚度大,不易弯曲,向心压力小,所以不易向内转移而分布在纱的外层。

(5) 摩擦系数　摩擦系数对纤维转移的影响较复杂。一般来说,摩擦系数大的纤维不易向内转移。

(6) 纤维的卷曲　卷曲少的纤维易分布在纱的内层。在同样伸长的情况下,卷曲少的纤维受到拉伸时产生的张力大,向心力大,易向内转移。

(7) 纤维的分离度　若纤维梳理不良,有纤维束存在时,不但影响条干,而且由于集团性转移径向分布也出现波动。甚至影响染色纱的颜色分布。

(8) 纺纱张力　随纺纱张力提高,纤维产生的变形亦随之增加,造成向心压力上升,内外转移加剧。

(9) 捻度　随捻度增加,纤维在加捻三角区停留期越长,内外转移程度上升。加捻三角区是产生内外转移的决定性因素,没有加捻三角区,就没有内外转移。

利用上述规律,通过控制混纺纱中的纤维的物理特性,可获得预期的内外分布效果。例如涤棉混纺纱中,若希望纱线手感滑挺,耐磨性好,则挑选较棉粗、短些的涤纶纤维,使涤纶分布在纱的外层;若希望纱线棉型感强,吸湿能力好,则挑选较棉细、长些的涤纶纤维,使棉分布在纱的外层。

三、加捻程度对纱线性能的影响

纱线的加捻程度不仅影响纱线的长度、直径和光泽等外观，也影响纱线的强度、弹性和伸长等内在质量和手感。

1. 对纱线长度的影响 加捻后，由于纤维倾斜，使纱线的长度缩短，这种现象称为捻缩。捻缩的大小通常用捻缩率表示，指加捻前后纱条长度的差值占加捻前长度的百分率。计算公式为：

$$\mu=\frac{L_0-L}{L_0}\times100(\%) \qquad (2-2-6)$$

式中：μ 为纱线的捻缩率；L_0 为加捻前的纱线长度；L 为加捻后的纱线长度。

单纱的捻缩率一般直接在细纱机上测定。以细纱机前罗拉吐出的须条长度（未加捻的纱长）为 L_0，对应的管纱上（加捻后的）的长度为 L，股线的捻缩率可在捻度仪上测试。试样长度即为加捻后的长度 L；而退捻后的单纱长度，则为加捻前的长度 L_0。

单纱的捻缩率随着捻系数的增大而增加。

股线的捻缩率与股线、单纱捻向有关。当股线捻向与单纱捻向相同时，加捻后股线长度较加捻前的单纱要短，因此捻缩率为正值，且随着捻系数的增大而增加。当股线的捻向与单纱捻向相反时，在股线捻度较小时，由于单纱的退捻作用反而使股线的长度有所伸长，捻缩率为负值；当捻系数增加到一定值后，股线又缩短，捻缩率再变为正值，且随捻系数的增大而增加，如图 2-2-6 所示。图中曲线 1 为单纱和双股同向加捻的股线；曲线 2 表示双股异向加捻的股线。

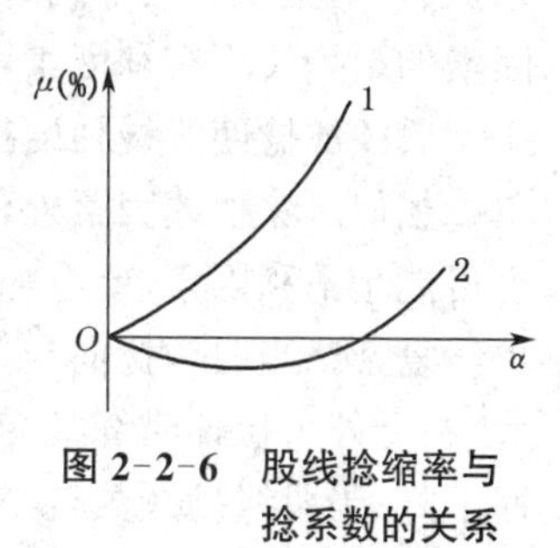

图 2-2-6 股线捻缩率与捻系数的关系

捻缩率的大小，直接影响纺成纱的线密度和捻度，在纺纱和捻线工艺设计中，必须加以考虑。棉纱的捻缩率一般为 2%～3%。捻缩率的大小除与捻系数有关外，还与纺纱张力、车间温湿度、纱的粗细等因素有关。

2. 对纱线直径和密度的影响 加捻使纱中纤维密集，纤维间的空隙减少，纱的密度增加，直径减少。当捻系数增加到一定值后，纱中纤维间的可压缩性变得很小，密度随着捻系数的增大变化不大，相反由于纤维过于倾斜有可能使纱的直径稍有增加。

股线的直径和密度与股线、单纱捻向也有关。当股线捻向与单纱捻向相同时，捻系数与密度和直径的关系同单纱相似。当股线与单纱捻向相反时，在股线捻系数较小时，由于单纱的退捻作用，会使股线的密度减小，直径增大；当捻系数达到一定值后，又使股线的密度随着捻系数的增大而增加，而直径随着捻系数的增大而减小；随着继续加捻，股线的密度变化不大，而直径逐渐增加。

3. 对纱线强度的影响 对短纤维纱而言，加捻最直接的作用是为了获得强力，但并不是加捻程度越大，纱线的强力就越大，原因是加捻既存在有利于纱线强力提高的因素，又存在不利于纱线强力的因素。

（1）有利因素：①捻系数增加，纤维对纱轴的向心压力加大，纤维间的摩擦阻力增加，纱线由于纤维间滑脱而断裂的可能性减少；②加捻使纱线在长度方向的强力不均匀性降低。纱线在拉伸外力作用下，断裂总是发生在纱线强力最小处，纱线的强力就是弱环处所能承受的外力。随着捻系数的增加，弱环处分配到的捻回较多，使弱环处强力提高较其他地方大，从而使纱线强力提高。

(2) 不利因素:①加捻使纱中纤维倾斜,使纤维承受的轴向分力减小,而使纱线的强力降低。②纱线加捻过程中纤维产生预应力,使纱线受力时纤维承担外力的能力降低。

加捻对纱线强度的影响,是以上有利因素与不利因素的对立统一。在捻系数较小时,有利因素起主导作用,表现为纱线强度随捻系数的增加而增加;当捻系数达到某一值时,表现为不利因素起主导作用,纱线的强度随捻系数的增加反而下降,如图 2-2-5 所示。纱的强度达到最大值时的捻系数叫临界捻系数(图中的 α_k),相应的捻度称临界捻度 T_k。实际生产中纱线捻系数一般采用略小于临界捻系数的工艺设计,以达到在保证细纱强度的前提下提高细纱机生产效率的目的。

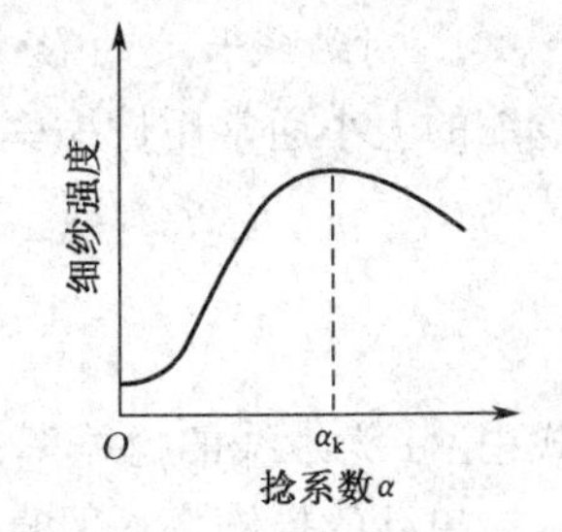

图 2-2-7 纱线强度与纱线捻系数的关系

长丝纱中加捻使纱线强力提高的有利因素是增加了单丝间的摩擦力,单丝断裂的不同时性得到改善。不利因素与短纤维纱相同,且在捻系数较小时,不利因素的影响大于有利因素,所以长丝纱的临界捻系数 α_k 要比短纤维纱小得多。

股线加捻使股线强度提高的因素有条干均匀度的改善、单纱间摩擦力的提高,不利因素与单纱相似。除上述因素外,还有捻幅分布情况的影响,它对股线强度的影响可能是有利因素,也可能是不利因素,要看加捻是否使股线捻幅分布均匀。所以股线的捻系数对股线的影响较单纱复杂。当股线捻向与单纱捻向相同时,加捻使纤维平均捻幅增加,但内、外层捻幅差异加大,在受外力拉伸时纤维受力不匀,当股线捻系数较大时,有可能使股线强度随捻系数的增加而下降;当股线捻系数较小时,则有可能随捻系数的增加,股线强度稍有增加。当股线捻向与单纱捻向相反时,开始时随股线捻系数的增加,平均捻幅下降的因素大于捻幅分布均匀的因素,有可能使股线强度下降;当捻系数达到一定值后,随捻系数的增加,平均捻幅开始上升,捻幅分布渐趋均匀,有利于纤维均匀承受拉伸外力,使股线强度逐渐上升;一般当股线捻系数与单纱捻系数的比值等于 1.414 时,股线各处捻幅分布均匀,股线强度最高,结构最均匀、最稳定;当捻系数超过这一值后,随股线捻系数的增加,捻幅分布又趋不匀,股线强度又逐渐下降。

4. 对纱线断裂伸长的影响　对单纱而言,加捻使纱线中纤维滑移的可能性减小、纤维伸长变形增加,表现为纱线断裂伸长率的下降。但随着捻系数的增加,纤维在纱中的倾斜程度增加,受拉伸时有使纤维倾斜程度减小、纱线变细的趋势,从而使纱线断裂伸长率增加。总的来说,在一般采用的捻系数范围内,有利因素大于不利因素,所以随着捻系数的增加,单纱的断裂伸长率增加。

对同向加捻的股线,捻系数对纱线断裂伸长的影响同单纱。对异向加捻的股线,当捻系数较小时,股线的加捻意味着对单纱的退捻,股线的平均捻幅随捻系数的增加而下降,所以股线的断裂伸长率稍有下降,当捻系数达到一定值后,平均捻幅又随着捻系数的增加而增加,股线的断裂伸长度也随之增加。

5. 对纱线弹性的影响　纱线的弹性取决于纤维的弹性与纱线结构两方面,而纱线结构主要由纱线加捻来形成,对单纱和同向加捻的股线来说,加捻使纱线结构紧密,纤维滑移减小,纤维的伸展性增加,在一般捻系数范围,随着捻系数的增加,纱线的弹性增加。

6. 对纱线光泽和手感的影响　单纱和同向加捻的股线,由于加捻使纱线表面纤维倾斜,并使纱线表面变得粗糙不平，纱线光泽变差，手感变硬。异向加捻股线，当股线捻系数与单纱捻系数之比等于 0.707 时，外层捻幅为零，表面纤维平行于纱线轴向，此时股线的光泽最好，手感柔软。

任务实施

纱线捻度的测定

纱线捻度试验的方法有两种，即直接解（退）捻法（直接计数法）和张力法，张力法又称解（退）捻—加捻法。捻度测试仪目前有三种形式：平面恒张力型、直立型和手动型（用于粗纱），如图 2-2-8 所示。

1. *直接解（退）捻法*　将试样以一定的张力夹在纱线捻度仪的左右纱夹中，让其中一个纱夹回转，回转方向与纱线原来的捻向相反。当纱线上的捻回数退完时，使纱夹停止回转，这时计数盘 4 上的读数 n 即为纱线试样上的捻回数。根据 n 及试样长度即可求得纱线的捻度。这种方法多用于测定长丝纱、股线或捻度很少的粗纱。

2. *张力法*　将试样在一定张力下夹持在左右纱夹中先退捻，此时纱线因退捻而伸长，待纱线捻度退完后继续回转，纱线将因反向加捻而缩短，直到纱线长度捻至与原试样长度相同时，纱夹停止回转，这时计数盘 4 上的读数 n 为原纱线试样上捻回数的 2 倍。同样，根据 n 及试样长度求得纱线的捻度。这种方法多用于测定短纤维单纱的捻度。

Y331N型纱线捻度仪

Y331A型纱线捻度仪

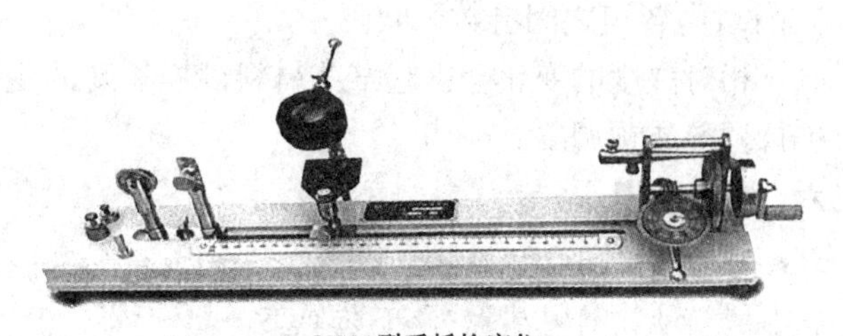

Y321型手摇捻度仪

图 2-2-8　不同类型的捻度仪

一、实训目的

通过对纱线捻度的测试，了解纱线捻度仪的基本结构和工作原理，掌握仪器的操作方法和取样要求，理解各项捻度指标的含义。

二、参考标准

GB/T 2543.1—2015（直接计数法）、GB/T 2543.2—2001（退捻加捻法）。

三、测试仪器与用具

Y331LN 型纱线捻度仪见图 2-2-9。

四、测试原理

（1）直接计数法是指在规定的张力下，夹住一定长度试样的两端，旋转试样一端，退去试

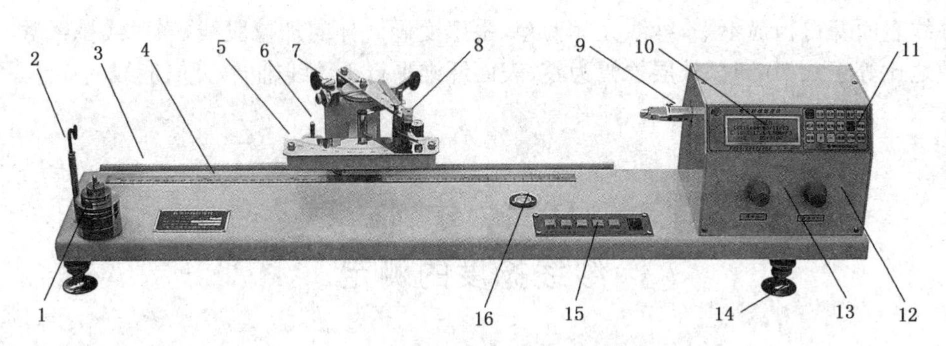

图 2-2-9 Y331LN 型纱线捻度仪

1—备用砝码；2—导纱钩；3—导轨；4—试验刻度尺；5—伸长标尺；6—张力砝码；
7—张力导向轮；8—张力机构及左夹持器；9—右夹持器及割纱刀；10—显示器；
11—键盘；12—调速钮Ⅰ；13—调速钮Ⅱ；14—可调地脚；
15—电源开关及常用按键；16—水平指示

样的捻度，直至试样构成单元平行时测得捻回数的方法。退去的捻回数即为该长度纱线试样的捻回数。

(2) 退捻加捻法是测定捻度的间接方法。一次退捻加捻法是在一定张力下，用夹持器夹住已知长度被测试样纱线的两端，经退捻和反向加捻后，试样回复到起始长度所需捻回数的50%即为该长度下的纱线捻回数；二次退捻加捻法是在第一个试样按 A 法测试的基础上，第二个试样按第一个试样测得的捻回数的 1/4 进行退捻，然后加捻至初始长度，以避免因预加张力及意外牵伸引起的测量误差。三次退捻加捻法一般适用于气流纺纱的产品。

五、试样准备

根据产品标准或协议的有关规定抽取样品，如果从同一个卷装中取样超过 1 个，各试样之间则要有 1 m 以上的间隔，如果从同一个卷装中取样超过 2 个，则应分组取样，每组不应超过 5 个试样，各组之间有数米间隔。

相对湿度的变化会引起某些材料试样长度的变化，从而对捻度有间接影响。因此试样需进行调湿或预调湿。

六、操作步骤

1. *直接计数法（以股线为例）*

(1) 打开电源开关，显示器显示信息参数。

(2) 速度调整，在复位状态下，按“测速”键，电机带动右夹持器转动，显示器显示每分钟转速，调整调速钮Ⅰ使之以(1 000±200)r/min 的速度旋转，按“复位”键返回复位状态。

(3) 参数设定

① 设定隔距(试样)长度：当名义捻度≥1 250 捻/m 时，隔距为(250±0.5)mm；当名义捻度<1 250 捻/m 时，隔距为(500±0.5)mm。

② 设定预置捻回数：可以设计捻度为依据来设置捻回数。

③ 根据测试需要输入测试次数、线密度、试验方法。

(4) 测试

① 按试验键进入测试，在仪器的张力机构上按(0.5±0.1)cN/tex 施加张力砝码。

② 引纱操作：弃去试样始端纱线数米，在不使试样受到意外伸长和退捻的情况下，开启左

夹持器上的钳口，将试样从左夹持器钳口穿过，引至右夹持器，夹紧左夹持器，按启右夹持器钳口，使纱线进入定位槽内，牵引纱线使左夹持器上的指针对准伸长标尺的零位，直至零位指示灯亮起，然后锁紧右夹持器钳口，将纱线夹紧，最后将纱线引导至割纱刀，轻拉纱线切断多余纱线。

③ 按下"启动"键，右夹持器旋转开始解捻，至预置捻数时自动停止，观察试样解捻情况，如未解完捻，再按"＋"或"－"键（如速度过快可用调速旋钮Ⅱ调速）点动，或用手旋转右夹持器（把分析针插入左夹持器处的试样中，使针平移到右夹持器处）直至完全解捻。此时显示器显示的捻度读数即是纱线试样上的捻回数，按"处理"键后，显示完成次数、捻度和捻系数，重复测试，直至结束，按打印键打印统计结果。

2. 一次退捻加捻法（以单纱举例）

(1) 打开电源开关，显示器显示信息参数。

(2) 进行预备程序，即确定允许伸长，设置隔距长度 500 mm，调整预加张力到(0.5±0.1) cN/tex，将式样夹持在夹钳中，并将指针置零位。以 800 r/min 或更慢的速度转动夹钳，直到纱线中纤维产生明显滑移。读取纱线在断裂瞬间的伸长值，精确到±1 mm，如果纱线没有断裂，读取反向再加捻前的最大伸长值。

按照上述方式进行 5 次试验，计算平均值。取上述伸长值的 25%作为允许伸长的极限位置。

(3) 试验参数设定为：除精纺毛纱以外的纱线，预加张力为(0.5±0.1)cN/tex；隔距长度为(500±1)mm；转速为(1 000±200)r/min。

(4) 测试（以方法 A——一次法为例）

① 按试验键进入测试，在仪器的张力机构上按规定施加张力砝码。

② 引纱操作：弃去试样始端纱线数米，在不使试样受到意外伸长和退捻的情况下，压启左夹持器上的钳口，将试样从左夹持器钳口穿过，引至右夹持器，夹紧左夹持器，按启右夹持器钳口，使纱线进入定位槽内，牵引纱线使左夹持器上的指针对准伸长标尺的零位，直至零位指示灯亮起，然后锁紧右夹持器钳口，将纱线夹紧，最后将纱线引导至割纱刀，轻拉纱线切断多余纱线。

③ 按"启动"键，右夹持器旋转开始解捻，解捻停止后再反向加捻，直到左夹持器指针返回零位，仪器自动停止，零位指示灯亮起。此时显示器显示的捻度读数即是纱线试样上捻回数的两倍，按"处理"键后，仪器显示完成次数、捻回数/m、捻回数/10 cm、捻系数。重复以上操作，直至达到设置次数。按"打印"键，打印统计值。

七、结果计算与测试报告

1. 试样平均特数制捻度 T_t 计算公式

直接计数法：
$$T_t=\frac{\text{平均读数}}{\text{试样初始长度}}\times 100\ (\text{捻}/10\ \text{cm})$$

一次退捻加捻法：
$$T_t=\frac{\text{平均读数}}{2\times\text{试样初始长度(mm)}}\times 100\ (\text{捻}/10\ \text{cm})$$

2. 捻系数计算公式

$$\alpha_t=T_t\times\sqrt{N_t}$$

式中：α_t 为特数制捻系数；N_t 为纱线细度，tex。

将试验数据填入报告单中。

纱线捻度测试报告单

检测品号________________ 检验人员(小组)________________

检测日期________________ 温　湿　度________________

序　　号	1	2	3	4	5	6	7	8	9	10
单纱捻度读数										
股线捻度读数										
序　　号	11	12	13	14	15	16	17	18	19	20
单纱捻度读数										
股线捻度读数										
序　　号	21	22	23	24	25	26	27	28	29	30
单纱捻度读数										
股线捻度读数										
单纱平均读数										
单纱平均特数制捻度										
单纱捻系数										
股线平均读数										
股线平均特数制捻度										
股线捻系数										

八、思考题

1. 分析影响纱线捻度测试结果的因素。
2. 将所测得的特数制捻度和捻系数换算成公制捻度和捻系数。

课后练习

1. 什么叫临界捻系数,短纤维纱与长丝纱的临界捻系数哪个大,为什么?大多数短纤维纱选用的捻系数比临界捻系数大还是小,为什么?

2. 加大捻系数,对纱的直径、密度、断裂伸长率、光泽和手感等性质会有什么影响?

3. 一般股线捻向与单纱捻向相同还是相反,为什么?欲使股线强度大须选用什么样的股线捻系数;欲使股线光泽好、手感柔软丰满须选用什么样的股线捻系数,为什么?

4. 在 Y331 型纱线捻度机上测得某批 27.8 tex 棉纱的平均读数为 740(试样长度为 500 cm),求它的特数制平均捻度和捻系数。

5. 在 Y331 型纱线捻度机上测得某批 57 Nm/2 精梳毛线的平均读数为 75(试样长度为 10 cm),求它的公制支数制平均捻度和捻系数。

6. 比较直接计数法和退捻加捻法的异同。

7. 找两个左右手习惯不同的人,判断他们拧毛巾的捻向。

任务三 纱线毛羽

◆ 任务目标

知识目标：

1. 掌握毛羽产生的原因；2. 了解毛羽对织物风格的影响。

能力目标：

1. 能够准确规范完成毛羽指标测试；2. 能够区分毛羽种类。

◆ 任务引入

在成纱过程中，纱条中纤维由于受力情况和几何条件的不同，会有部分纤维端伸出纱条表面，纱线毛羽即是这些纤维端部从纱线主体伸出或从纱线表面拱起成圈的部分。毛羽的情况错综复杂、千变万化，伸出纱线的毛羽有端、有圈及表面附着纤维，而且具有方向性和很强的可动性。

◆ 课程思政

柔洁纺纱技术领先国际

由武汉纺织大学与际华三五四二纺织有限公司历时六年合作完成的“普适性柔顺光洁纺纱技术及其应用”，在深入研究成纱原理的基础上，创新性地提出了降低纤维刚度的“柔洁纺纱原理”，对传统环锭细纱机进行了创新改造，并进行了纺纱工艺技术的创新及应用，大大降低了纱线毛羽，提高了纱线品质。该项技术具有结构简单、性价比高、易于推广的优势，经三年生产实践和推广使用，技术成熟，工艺与产品质量稳定，具有显著的经济效益和社会效益，推广应用前景广阔。该技术是一项重大的原创技术，技术达到国际领先水平。

柔洁纺纱技术从改善纤维成纱性能的角度进行分析，在环锭纺纱三角区设置柔化接触面，使得此纺纱关键区内纤维须条在湿热作用下达到纤维软化的转变温度，降低纤维扭转刚度和挠曲刚度，加强机械握持和协同自控能力，提高加工性能；同时对须条边缘纤维有握持控制作用；提高了纤维集合体协同成形能力，实现各种纺织纤维的“光洁成纱”。

柔洁纺装置安装在前罗拉的前方，对刚出前罗拉钳口的纤维须条通过热湿作用进行柔顺处理，极大地降低了纤维的抗弯应力，使外露的纤维端通过加捻、扭转并移入纱体，从而消除或大幅度地减少了成纱毛羽。

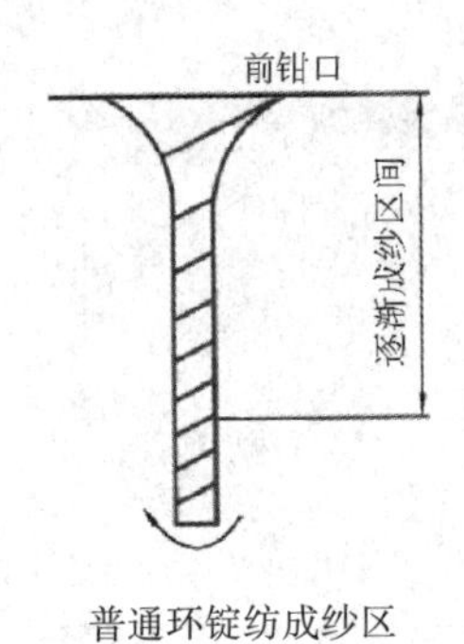

普通环锭纺成纱区

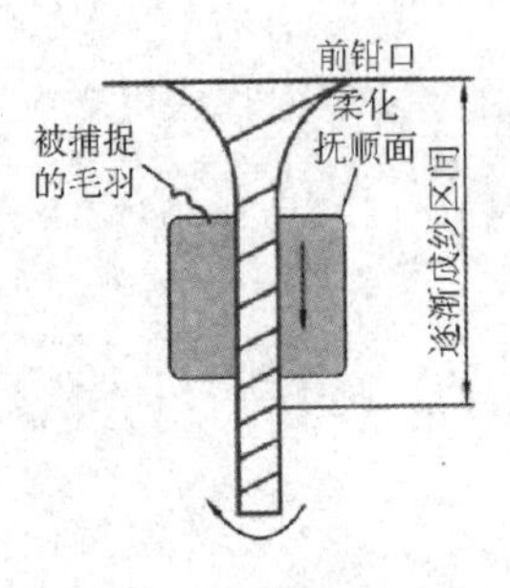

柔洁纺成纱区

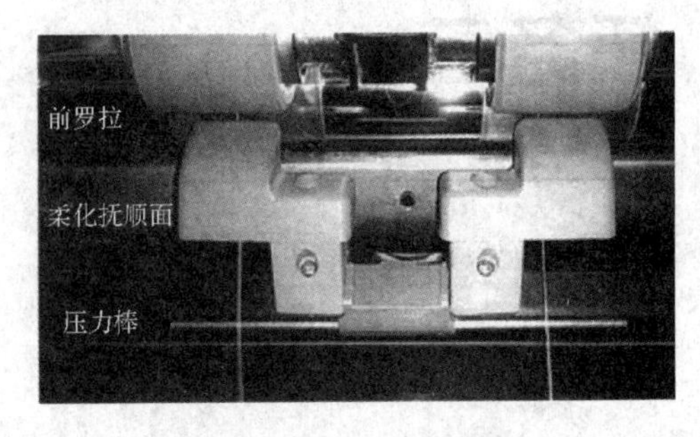

柔洁纺装置安装位置实物图

柔洁纺和普通环锭纺管纱毛羽数据对比

品种	毛羽数(根/10 m)								
	1 mm	2 mm	3 mm	4 mm	5 mm	6 mm	7 mm	8 mm	9 mm
普通环锭纱	907.89	146.00	37.00	18.78	9.33	4.28	2.39	1.11	0.61
柔洁纱	615.00	86.89	17.05	7.94	4.14	2.42	1.17	0.59	0.28

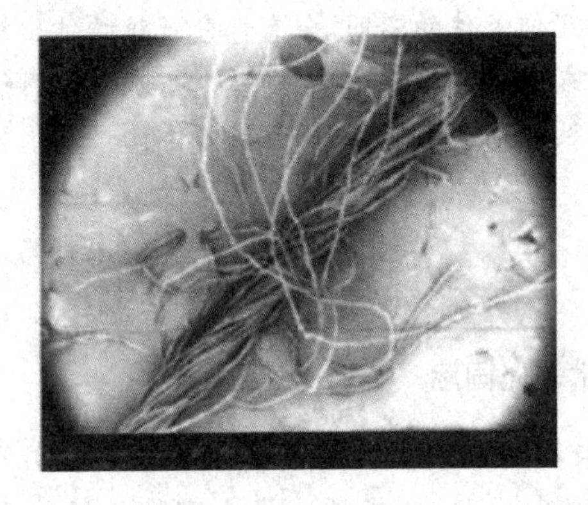

环锭纺纱线

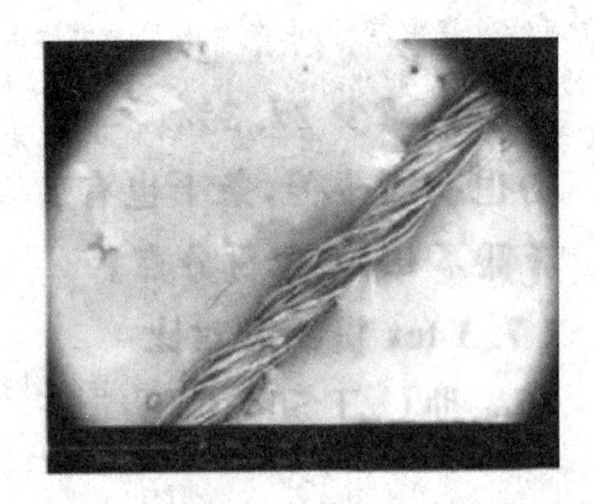

柔洁纺纱线

知识要点

一、毛羽指标

纱线毛羽的常用指标有三种：

(1) 单位长度的毛羽根数及形态；

(2) 重量损失的百分率；

(3) 毛羽指数指在单位纱线长度的单边上，超过某一定投影长度(垂直距离)的毛羽累计根数，单位为根/10 m，这一点和 USTER 毛羽率是不同的。我国与日本、英国、德国、美国等国都常用毛羽指数来表征毛羽的多少。

目前，相应的毛羽测试也有三种方法：

一种是运用一组相互独立的光敏二极管接收对面照射的光线，根据毛羽遮光的次数进行计数，即所谓“投影计数法”，陕西长岭、苏州长风、太仓纺仪、山东莱州等毛羽仪都是这种原理。也有试图运用 OCD 或其他数码感光器件“连续”测量各种长度毛羽的研究。江苏圣蓝运用 CMOS 光敏器件测量毛羽的产品，测量毛羽长度间隔可以缩小到 0.1 mm。

第二种是采用烧毛法，用高温对纱线烧毛后称其重量，计算重量损失的百分率。

第三种是运用光敏器件接收纱线上毛羽散射部分光线，从而综合性地给出反映毛羽丰富程度的指标——毛羽指数 H 值。目前一般都装在条干均匀度仪上，如瑞士 USTER、印度 PREMIER、陕西长岭、苏州长风、江苏圣蓝等条干均匀度仪上都装有毛羽单元。也可以运用折射原理将毛羽和纱线主体分开，然后运用光敏器件测量毛羽，既给出毛羽指数又给出各种长度的毛羽个数。日本 Keisokki LASERSPOT 就属于这种类型。

二、环锭纺毛羽的形成机理

按毛羽的形成机理，环锭纺纱线的毛羽分为加捻毛羽和过程毛羽。

1. 加捻毛羽的形成机理

加捻毛羽主要是须条在加捻过程中形成的，前罗拉输出的须条呈扁平的状态，纤维与纱轴平行排列。钢丝圈回转产生的捻回向前罗拉钳口传递，使钳口处的须条围绕轴线回转，须条宽度逐渐收缩，两侧也逐渐折叠而卷入纱条中心，形成加捻三角区。在加捻三角区中，须条的宽度和截面发生变化，从扁平带状逐渐形成近似圆柱形。

在纺纱张力的作用下，处于加捻三角区中心以外的纤维受到向心压力的作用，使边纤维挤向中心，把中心纤维挤向边缘。当边缘纤维被挤入中心后，其受到的向心压力趋于零，又被一些边缘纤维挤出来，一根纤维往往从内向外，又从外向内反复转移。当纤维的头端被挤出并脱离与其他纤维的抱合后，由于没有张力和向心压力的作用，所以不再被压向内部，从而留在纱体的表面形成毛羽。

因此，加捻三角区对纱线表面毛羽的形成起着决定性作用。控制细纱前罗拉输出须条的宽度是控制成纱加捻毛羽的关键因素（宽度小，纤维受到的向心压力波动范围小，有利于减少毛羽），这一点已经被紧密纺纱工艺所验证。同时，须条中纤维结构状态、短绒含量、纤维抱合力和纺纱张力也都对成纱毛羽有至关重要的影响。

2. 过程毛羽的形成机理

过程毛羽主要是纱线在纺纱过程中与纱线通道刮擦形成的毛羽。条子、粗纱中纤维的抱合力较差，如果通道不光洁或受外力碰撞，极易起毛形成毛羽；细纱通道不光洁，会使原来的短毛羽被刮伤拉长、两端已经埋入纱体的纤维中段被刮磨断裂、原来在纱体内的纤维头端被刮磨出，从而使得毛羽进一步恶化或者形成新的毛羽。

造成过程毛羽的主要因素是刮擦，它与纱线通道的光洁度、纱线张力、静电等密切相关。其中尤其是细纱钢领、钢丝圈、槽筒的状态对纱线毛羽影响较大，另外，纱线在槽筒上的包围弧长、络纱速度、纤维油剂含量、环境湿度等也严重影响毛羽。

三、纱线毛羽对织物加工和风格的影响

毛羽的存在及其分布规律对纱线的外观、织物的表面有较大的影响，毛羽造成了纱线外表毛绒，降低了纱线外观的光泽性。过多的成纱毛羽会影响准备工序的正常上浆，对浆纱工序提出了许多新的问题和要求；过多、过长毛羽在织造过程中会引起开口不清，断头增加，同时降低织机的生产效率。纱线毛羽的多少和分布是否均匀，对布的质量和织物的染色印花质量都有重大影响，而且还会产生织物服用过程中的起毛起球问题。因此，纱线毛羽指标已成为当前的

重要质量考核指标。

作为纺织品出口大国，我国在长期参与国际商贸竞争过程中，纱线毛羽问题一直是影响竞争力的弱项，因此，采用相应的测试方法和测试手段来研究纱线在纺制、织物在织造过程中毛羽产生的原因、分析造成毛羽增长的因素、寻找减少纱线毛羽的措施，已成为纺织行业主要的质量攻关内容之一。经研究发现，新型纺纱中的集聚纺能很好地控制纱线的毛羽，它与环锭纱相比，纱线表面 3 mm 以上的毛羽减少 80%，如图 2-3-1 所示，(a)为集聚纺纱，(b)为环锭纺纱。

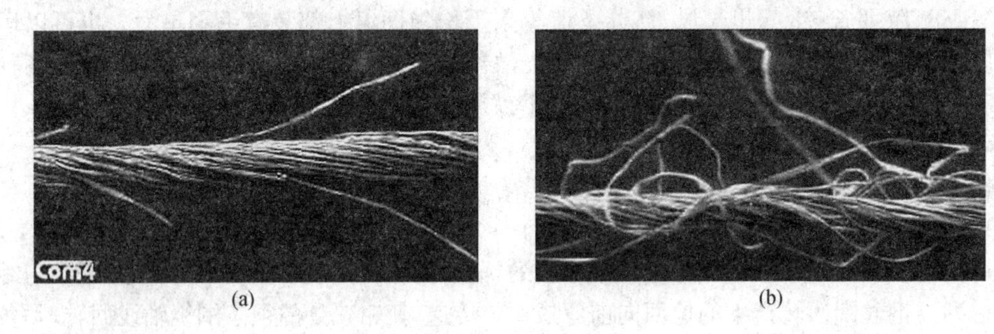

(a)　　(b)

图 2-3-1　不同纱线的毛羽

任务实施
纱线毛羽测试

一、实训目的

用纱线毛羽仪测试和评价纱线表面的毛羽量，通过实训，掌握测试纱线毛羽的方法以及试验结果计算与分析。

二、参考标准

FZ/T01086—2020(纱线毛羽测定方法 投影计数法)

三、测试仪器与用具

YG171B2 型纱线毛羽仪

四、测试原理

纱线的周围都有毛羽，测试一个侧面的毛羽数量，与纱线实际存在的毛羽成正比。国内设计生产的毛羽测试仪器大都采用投影计数法，运动的纱线通过检测区时，光源将毛羽投影成像，凡是大于设定长度的毛羽就会遮挡光束，仪器把毛羽挡光引起的变化转换成电信号，然后进行信号处理、计数统计、显示和打印(图 2-3-2)。

五、试样准备

(1) 按产品标准规定的方法取样，取得的试样应没有损伤、擦毛和污染。

(2) 试样为棉、毛、丝、麻短纤维纺制的管纱，每个品种纱线取 12 个卷装，每个测试 10 次，测试纱线片断长度为 10 m。

(3) 测试前将试样放在标准要求大气中作预调湿，时间不少于 4 h，然后暴露于试验用标准大气中 24 h，或暴露至少 30 min，质量变化不大于 0.1%。

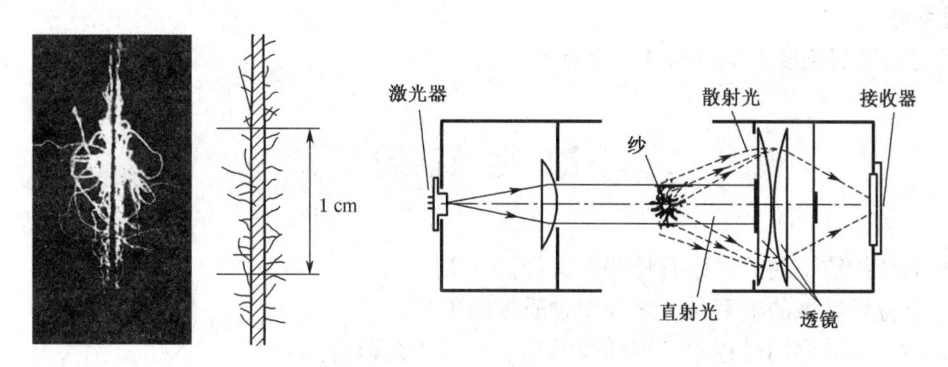

图 2-3-2　USTER 毛羽测试原理

六、测试步骤

(1) 仪器预热及校验：开启电源，使仪器预热 10 min。

(2) 按不同品种的纱线参照表 2-3-1 选定毛羽设定长度，各种纱线测试速度一般规定为 30 m/min，各种纱线的张力规定为毛纱线为(0.25±0.025)cN/tex，其他纱线为(0.5±0.1)cN/tex。

表 2-3-1　各种纱线毛羽设定长度

纱线种类	棉纱线及棉型混纺纱线	毛纱线及毛型混纺纱线	中长纤维纱线	绢纺纱线	苎麻纱线	亚麻纱线
毛羽设定长度(mm)	2	3	2	2	4	2

(3) 从纱线卷装中退绕，除去开头几米，并将纱线通过导纱轮、张力器并绕过上下两个定位轮定位，然后绕到输送纱线系统的绕纱器，准备试验。

(4) 顺时针转动仪器面板上的前张力器，按规定给纱线加上前张力。

(5) 启动仪器走纱功能，走完 10 m 左右纱线，要求每个纱管舍弃 10 m 左右纱线。

(6) 启动仪器测试功能，仪器会将测试数据信息显示，到设置参数仪器自停。

七、结果计算与测试报告

毛羽测试仪由计算机控制，计算机连接打印机，测试结果可存储可打印。

将毛羽测试仪的试验结果填入报告单中。

纱线毛羽测试报告单

检测品号________________　检验人员(小组)________________

检测日期________________　温　湿　度________________

序　号	1	2	3	4	5	6	7	8	9	10
毛羽数量										
序　号	11	12	13	14	15	16	17	18	19	20
毛羽数量										
总毛羽量				平均毛羽指数						

八、思考题

设定的毛羽长度大小对测试结果有何影响？

课后练习

1. 表征纱线毛羽的指标有哪些？解释其含义。
2. 试分析纱线的毛羽对纱线和织物质量的影响。
3. 你在服装穿用过程中发现纱线毛羽会带来什么影响？
4. 三种纱线毛羽的测试方法各有何特点？

任务四 纱线的力学性能

◆ 任务目标

知识目标：

1. 掌握纱线的力学性能指标；2. 了解纱线拉伸断裂过程。

能力目标：

1. 能够根据指定标准规范测试纱线的力学性能；2. 能够合理分析解释纱线力学性能的影响因素及其对织物加工和织物风格的影响。

◆ 任务引入

纱线的力学性能是指纱线在外力作用下所表现的强力与伸长的关系。纱线在纺织加工过程中会受到各种外力的作用，因此纱线的力学性质与其纺织工艺性能和服用性能有密切的关系。掌握纱线的力学性能可为制定合理的工艺及设计优良的产品做准备。

纱线的力学性能包括拉伸、压缩、弯曲、扭转疲劳等，拉伸是受力的主要方式，本任务重点关注纱线的拉伸、变形、蠕变和松弛、疲劳性能。

◆ 课程思政

从新时代强军战略需求出发，山东岱银纺织集团股份有限公司与军事科学院系统工程研究院军需工程技术研究所开展创新研究，开发出采用创新交缠纺技术生产高强阻燃军需品的关键技术。

围绕我军07式被装在实战中反映出的问题，山东岱银试图从军队需求这个方向在面料的高强、耐磨、吸湿透气、轻量化方面有所突破，旨在研究开发兼顾高强耐磨与舒适透气的轻量化新一代作训服面料，解决现有作训作战服面料撕破强力不足、耐磨性差、穿着闷热、透气性差的问题。

该技术构建了一种具有“包芯包缠”结构纱线模型，发明了实现该结构纱线的“交缠纺”新技术；开发出“交缠纺”工程化生产装置，突破了长丝短纤复合纱中长丝比例和纱线强力受限的技术瓶颈，研究出强力高、耐磨性强、结构稳定的新型结构纱线；创新开发出系列高强耐磨作训服、高强阻燃作战服等军需被装产品，相关产品在中印洞朗对峙、边防巡逻、国庆阅兵等场合得到应用，发挥出很好的军事和社会效应，同时开发了多种民用产品，填补国内空白。

知识要点

一、纱线的拉伸性能

纱线在外力作用下主要的破坏方式是被拉断，纱线在拉伸外力作用下产生的应力应变关系称为拉伸性能。表示纱线拉伸特征的指标有很多。可以分为一次拉伸断裂指标和与拉伸曲线相关指标两大类。

（一）一次拉伸断裂指标

1. 断裂强力　简称强力，又称绝对强力。它是指纱线能够承受的最大拉伸外力，或受外界拉伸到断裂时所需的力，基础单位为牛顿(N)，衍生单位有 cN(厘牛)、gf(克力)等，1 N＝100 cN。各种强力机上测得的读数都是断裂强力，例如单纤维强力、束纤维强力、单纱强力分别为拉伸一根纤维、一束纤维、一根纱线至断裂时所需的力。断裂强力与纱线的粗细有关，所以对不同粗细的纱线，断裂强力没有可比性。

2. 断裂强度　拉断单位线密度(未拉伸前)纱线所需要的强力称为断裂强度，是比较不同粗细的纱线拉伸断裂性质的指标。其计算公式为：

$$P_{tex}=P/N_t \quad 或 \quad P_d=P/N_d \tag{2-4-1}$$

式中：P_{tex} 为特数制断裂强度，N/tex；P_d 为旦数制断裂强度，N/旦；P 为纱线的强力，N；N_t 为纱线的特数，tex；N_d 为纱线的旦数，旦。

3. 断裂伸长率　纱线拉伸时产生的伸长占原来长度的百分率称为伸长率。纱线拉伸至断裂时的伸长率称为断裂伸长率，它表示纱线承受拉伸变形的能力。其计算公式为：

$$\varepsilon=\frac{L-L_0}{L_0}\times 100(\%)；\quad \varepsilon_p=\frac{L_a-L_0}{L_0}\times 100(\%) \tag{2-4-2}$$

式中：L_0 为纱线加预张力伸直后的长度，mm；L 为纱线拉伸伸长后的长度，mm；L_a 为纱线断裂时的长度，mm；ε 为纱线的伸长率；ε_p 为纱线的断裂伸长率。

4. 湿干强度比　纤维或纱线在完全润湿时的强力占在干态(标准大气下)时强力的百分率称为湿干强度比。了解材料润湿后强度的变化状况，可以帮助我们把握在湿态工艺加工时或洗涤时材料的耐水湿能力。绝大多数纤维的湿干强度比＜100%，而棉麻等天然纤维素纤维则＞100%。

（二）拉伸曲线相关指标

1. 纱线的拉伸曲线　纱线在拉伸外力作用下产生的应力应变关系称为拉伸性质。利用外力拉伸试样，以某种规律不停地增大外力，结果在比较短的时间内试样内应力迅速增大，直到断裂。表示纤维在拉伸过程中的负荷和伸长的关系曲线称为纤维的负荷—伸长曲线。各种纤维的负荷—伸长曲线形态不一，图 2-4-1 所示为典型的负荷—伸长曲线，可通过该曲线的基本形态来分析纤维拉伸断裂的特征。图中：$O'\to O$ 表示拉伸初期未能伸直的纤维由卷曲逐渐伸直；$O\to M$ 表示纤维变形需

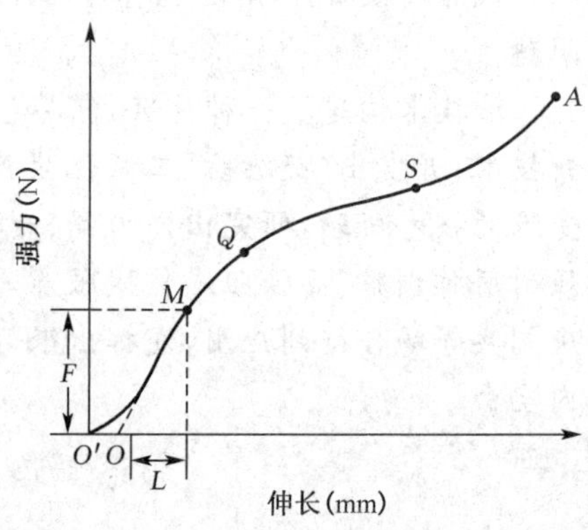

图 2-4-1　典型的纤维负荷—伸长曲线

要的外力较大,模量增高，主要是纤维中大分子间连接键的伸长变形,此阶段应力与应变的关系基本符合胡克定律给出的规律;Q 为屈服点,对应的应力为屈服应力;$Q \rightarrow S$ 表示自 Q 点开始,纤维中大分子的空间结构开始改变,卷曲的大分子逐渐伸展,同时原存在于大分子内或大分子间的氢键等次价力也开始断裂,并使结晶区中的大分子逐渐产生错位滑移,所以这一阶段的变形比较显著,模量相应也逐渐变小;$S \rightarrow A$ 表示这时错位滑移的大分子基本伸直平行,由于相邻大分子的相互靠拢,使大分子间的横向结合力反而有所增加,并可能形成新的结合键。这时如继续拉伸,产生的变形主要是由于这部分氢键、盐式键的变形。所以,这一阶段的模量又再次升高;A 为断裂点,当拉伸到上述结合键断裂时,纤维便断裂。

2. *初始模量*　初始模量是指纱线负荷—伸长曲线上起始一段(纤维基本伸直后拉伸的一段)较直部分伸直延长线上应力应变之比。

如图 2-4-2 所示,在曲线起始较直部分的直线上延至和断裂点水平线相交于 e 点,过 e 点做横坐标的垂线相交于 L_e 点,根据 P_a、L_e 和该纤维的特数 N_t 和试样长度 L(即强力机上下夹持器间的距离,mm),可求得初始模量 E,单位为 N/tex。计算公式为:

$$E=\frac{P_a \times L}{L_e \times N_t} \tag{2-4-3}$$

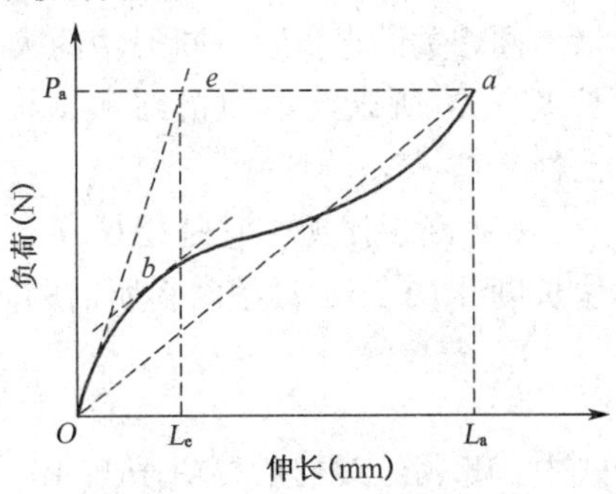

图 2-4-2　拉伸曲线相关指标

初始模量的大小表示纱线在小负荷作用下变形的难易程度,它反映了纱线的刚性。初始模量大,表示纱线在小负荷作用下不易变形,刚性较好,其制品也比较挺括;反之,初始模量小,表示纱线在小负荷作用下容易变形,刚性较差,其制品比较软。涤纶的初始模量高,湿态时几乎与干态相同,所以涤纶织物挺括,而且免烫性能好。富强纤维初始模量干态时也较高,但湿态时下降较多,所以免烫性能差。锦纶初始模量低,所以织物较软,没有身骨。羊毛的初始模量比较低,故具有柔软的手感;棉的初始模量较高,而麻纤维更高,所以具有手感硬的特征。

3. *屈服应力与屈服伸长率*　在拉伸曲线上,图线的坡度由较大转向较小时,表示材料对于变形的抵抗能力逐渐减弱,这一转折点称为屈服点,屈服点处所对应的应力和伸长率即其屈服应力和屈服伸长率。

屈服点是纱线开始明显产生塑性变形的转变点。一般而言,屈服点高即屈服应力和屈服伸长率大的纱线,不易产生塑性变形,拉伸弹性较好,其制品的抗皱性、抗起拱变形等也较好。

4. *断裂功、断裂比功和功系数*

(1) 断裂功　它是指拉断纱线所做的功,也就是纱线受拉伸到断裂时所吸收的能量。在负荷—伸长曲线上,断裂功就是曲线 $O-a-L_a-O$ 下所包含的面积,断裂功可以定义为式(2-4-4)所示的定积分公式:

$$W=\int_0^{L_a} P\,\mathrm{d}L \tag{2-4-4}$$

式中:P 为纤维上的拉伸负荷;在 P 力作用下伸长 $\mathrm{d}L$ 所需的微元功 $\mathrm{d}W=P\,\mathrm{d}L$;$L_a$ 为断裂点 A 的断裂伸长;W 为断裂功,一般以 mJ(毫焦耳)为单位,对于强力弱小的纤维也可以用 μJ(微焦耳)为单位。

在直接测定中所得的拉伸图如图 2-4-3 所示。它的横坐标是拉伸伸长量(mm),纵坐标是拉伸力(cN)。曲线下中阴影的面积就是拉断这根纤维过程中外力对它作的功,也就是材料抵抗外力破坏所具有的能量,叫作“断裂功”。

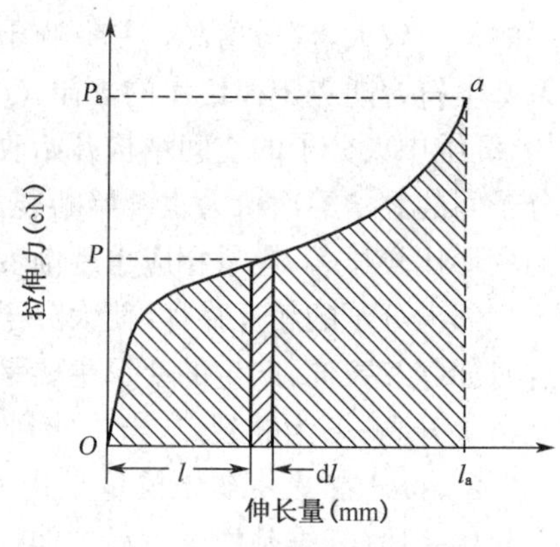

图 2-4-3 直接记录的负荷—伸长曲线(拉伸图)

目前的电子强力仪已经根据上述积分原理计算出了断裂功。用记录仪画出拉伸图然后求断裂功的手工方法(求积仪、称重法、方格计算法等)就不介绍了,感兴趣者请参阅相关的老资料。断裂功的大小与试样粗细和试样长度有关,所以对不同粗细和试样长度的纤维,没有可比性。

(2) 断裂比功 它是指拉断单位细度(即 1 tex)、单位长度(即 1 mm)纱线材料所需的能量(mJ),单位常用 N/tex 来表示,其计算公式如下:

$$W_r = \frac{W}{N_t \times L} \qquad (2-4-5)$$

式中:W 为纱线的断裂功,mJ;W_r 为断裂比功,N/tex;N_t 为试样线密度,tex;L 为试样长度,mm。

断裂功和断裂比功的大小说明纱线材料的韧性。当断裂功、断裂比功和功系数较大时,纱线受拉伸时能吸收较大的能量,也就是说破坏它需作较大的功,纱线就不易被破坏,韧性较好而且耐磨,其制品一般比较坚韧。

(三) 影响纱线拉伸测试结果的因素

1. 纱线的拉伸断裂机理 纱线拉伸断裂过程首先决定于纤维断裂过程。当纱线开始受到拉伸时,纤维本身的皱曲减少,伸直度提高,表现出初始阶段的伸长变形。这时,纱线截面开始收缩,增加了纱中外层纤维对内层纤维的压力。在传统纺纱方法纺成的细纱中,任一小段都是外层纤维的圆柱螺旋线长,内层纤维圆柱螺旋线短,中心纤维呈直线。因而外层纤维伸长多,张力大;内层纤维伸长少,张力小;中心纤维可能并未伸长,还被压缩着。所以,各层纤维受力是不均匀的。而且细纱外层纤维螺旋角大,内层纤维螺旋角小,因而纤维张力在纱线轴向的有效分力也是外层小于内层。所以,细纱在拉伸中,最容易断裂的是最外层的纤维。

短纤维纺成的细纱,任一截面所握持的纤维,伸出长度(向纱轴两端方向)都有一个分布(这种分布就是须条分布曲线,即计数频率的二次累积曲线)。这些纤维中,向两端伸出都较长的纤维被纱中两端其他纤维抱合和握持,拉伸中纤维在此截面上只会被拉断,不会滑脱。但沿此截面向一端伸出长度较短的纤维,当其伸出长度 L_c 上与周围纤维抱合摩擦的总切向阻力小于这根纤维的拉伸断裂强度时,这些纤维将被从纱中抽拔出来而不被拉断。因此,这些纤维承担的外力小于它的拉伸断裂强度。这种开始会被拔出的长度 L_c,叫“滑脱长度”,纱中长度小于 $2L_c$ 的纤维,在中央截面上两端都处在被抽拔滑脱的状态,它们抵抗外力拉伸的作用就更小了。这种短纤维越多,细纱强度就越低。

在细纱继续经受拉伸的过程中,纱中外层纤维短的部分滑脱被抽拔,长纤维受到最紧张的拉伸。到一定程度后,外层纤维受力达到拉断强度时,外层纤维逐步断裂。这时,整根细纱中承担外力的纤维根数减少了(在纱的截面各层同心圆环中,最外层纤维根数最多,按规则模型计算，如果截面中纤维总数为 100 根，最外层就不少于 30 根)，细纱上的总拉伸力将由较少的纤维根数分担，纱中由外向内的第二层纤维的张力将猛增。而且，纱中外层纤维断裂或滑脱后，最外层纤维对内层纤维的抱合力解除，内层纤维之间的抱合力和摩擦力迅速减小，造成了更多的纤维滑脱，未滑脱的纤维将更快地增大张力，因而被拉断。如此，终至细纱完全解体。这样被拉断的细纱，断口是很不整齐的；由于大量纤维滑脱而抽拔出来，断口呈现松散的毛笔头似的形状。

长纤维，特别是长丝捻成的细纱或捻度很高的短纤维细纱，纤维不容易滑脱和拔出。这种纱在外层纤维被拉断后，逐次使向内各层纤维分担的张力猛增，因而被拉断。这是在外层纤维断裂最多的截面上，迅速向内扩展断裂口，终至全部纤维断裂。在这种情况下，被拉断细纱的断口是比较整齐的。

用不同性能的短纤维混纺的细纱，拉断过程还受其他因素的支配。当混纺原料各组分拉伸断裂伸长能力不同时，必然是断裂伸长能力较小的纤维分担较多的拉伸力，而断裂伸长能力大的纤维分担较少的拉伸力。在前一种组分的纤维被拉断后，后一种组分的纤维才主要承担外力的作用。因而，混纺纱的强度总比其组分中性能好的那种纤维的纯纺纱的强度低。当两种纤维混纺时，若两种纤维的强度差异不大而伸长能力有较大差异时，由于分阶段被拉伸断裂，成纱强度随混纺比变化的曲线将出现有极低值的下凹形，如图 2-4-4(a)所示。如果两种纤维的伸长能力差异不大而强度差异较大，则曲线呈现渐升(或渐降)的形状，如图 2-4-4(b)所示。

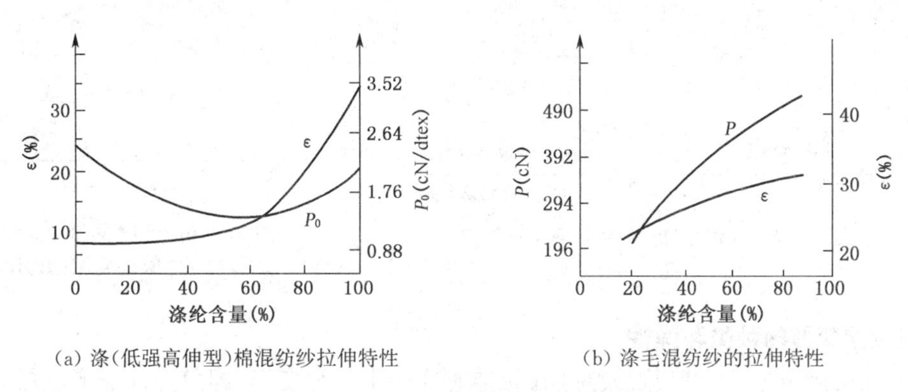

(a) 涤(低强高伸型)棉混纺纱拉伸特性　　(b) 涤毛混纺纱的拉伸特性

图 2-4-4　混纺纱拉伸特性

膨体纱利用两种热收缩性相差很大的纤维混纺后进行热收缩，使细纱中热收缩性大的纤维充分回缩，同时迫使热收缩性小的纤维沿轴向压缩皱曲而呈现膨体特性。因此，膨体纱中负担外力的是高收缩纤维，而且各根纤维的张力很不均匀。在膨体纱开始被拉伸时，只有一部分纤维承担外力，其他纤维皱曲松弛着。当前一种纤维被拉断后，后一种纤维才伸直并承担拉伸力，直至最后被拉断。因此，膨体纱的拉伸断裂强度比传统纱小，而断裂伸长率则较大。

2. 影响纱线拉伸断裂强度的主要因素

(1) 纤维的性能

① 纤维的强度：纤维的相对强度越高，纱线的强度也越高。同时，影响纤维强度的各项因素，同样会表现在纱线上。例如，各种纤维品种纱线的强度受温度和回潮率的影响。

② 纤维的长度：纤维长度，特别是长度短于 $2L_c$(滑脱长度)的纤维含量，将使纱线强度随着其含量的增加而下降。例如，棉纤维短绒率平均增加 1%，纱线强度下降 1%～1.2%。

③ 纤维的细度：纤维较细，较柔软，在纱中互相抱合就较紧贴，滑脱长度可能缩短，纱截面中纤维根数可以较多，使纤维在纱内外层转移的机会增加，各根纤维受外力比较均匀，因而成纱强力提高。

④ 其他：纤维的表面性能、卷曲性、均匀性、初始模量等都会对纱线强伸度构成影响。

（2）纱线的结构　传统纺纱纱线的结构对拉伸特性和其他特性的影响也是很大的。除了纱线中纤维排列的平行程度、伸直程度、内外层转移次数等之外，最重要的影响因素是纱线的捻度。传统纺纱的纱线，随着捻度增加，开始强度上升，后来又下降，极大值处是临界捻度（捻系数）。传统纺纱纱线加捻对断裂伸长的影响，如图 2-4-5 所示。

股线捻向与单纱捻向相同时，股线强度随加捻逐渐上升而后下降，其规律与单纱加捻时相似。股线捻向与单纱捻向相反时，开始合股反向加捻使单纱退捻而结构变松，强度下降。但继续加捻时，纱线结构又扭紧，而且由于纤维在股线中的方向与股线方向的夹角变小，提高了纤维张力在拉伸方向的有效分力，股线反向加捻后，单纱内外层张力差异减少，外层纤维的预应力下降，使承担外力的纤维根数增加。同时，单纱中的纤维，甚至是最外层的纤维，在股线中单纱之间被夹持，使纱线外层纤维也不易滑脱而解体。因而股线强度增加，比合股单纱强度之和还大，达到临界值时，甚至为单纱强度之和的 1.4 倍左右，如图 2-4-6 所示。

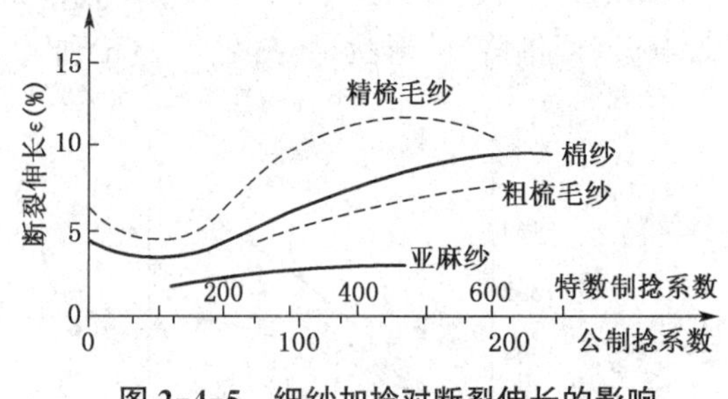

图 2-4-5　细纱加捻对断裂伸长的影响

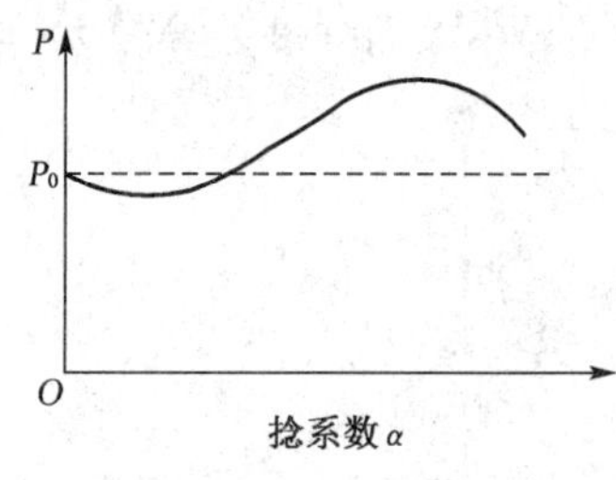

图 2-4-6　合股反向加捻对股线强度的影响

二、纱线拉伸变形的种类和弹性

1. 拉伸变形的种类　纤维或纱线在拉伸时会产生三种变形，即急弹性变形、缓弹性变形和塑性变形。纤维或纱线的变形能力和特征与纤维的内部结构及变化关系密切。

（1）急弹性变形　即在外力去除后能迅速恢复的变形。急弹性变形是在外力作用下纤维大分子的键角与键长发生变化所产生的。变形（键角张开、键长伸长）和恢复（键角收合、键长缩短）所需要的时间都很短。

（2）缓弹性变形　即外力去除后需经一定时间后才能逐渐恢复的变形。缓弹性变形是在外力的作用下纤维大分子的构象发生变化（即大分子的伸展、卷曲、相互滑移的运动），甚至大分子重新排列而形成的。在这一过程中，大分子的运动必须克服分子间和分子内的各种作用力，因此变形过程缓慢。外力去除后，大分子链又通过链节的热运动，重新取得卷曲构象，在这一过程中，分子链的链段也同样需要克服各种作用力，恢复过程也同样缓慢。如果在外力的作用下，有一部分伸展的分子链之间形成了新的分子间力，那么在外力去除后变形恢复的过程中，由于尚需切断这部分作用力，变形的恢复时间将会更长。

（3）塑性变形　指外力去除后不能恢复的变形。塑性变形是在外力作用下纤维大分子链节、链段发生了不可逆的移动，且可能在新位置上建立了新的分子间联结，如氢键。

纤维的三种变形，不是逐个依次出现而是同时发展的，只是各自的速度不同。急弹性变形的变形量不大，但发展速度很快；缓弹性变形以比较缓慢的速度逐渐发展，并因分子间相互作用条件的不同而变化甚大；塑性变形必须克服纤维中大分子间更多的联系作用才能发展，因此塑性变形更加缓慢。它们在拉伸曲线上表现为不同阶段的斜率变化，即三者的比例关系在变化。

纤维的完整绝对变形 l，完整相对变形 ε 分别为：

$$\left.\begin{aligned} l &= l_{急} + l_{缓} + l_{塑} \\ \varepsilon &= \varepsilon_{急} + \varepsilon_{缓} + \varepsilon_{塑} \end{aligned}\right\}$$

式中：$l_{急}$、$l_{缓}$、$l_{塑}$ 分别为急弹性变形、缓弹性变形和塑性变形，mm；$\varepsilon_{急}$、$\varepsilon_{缓}$、$\varepsilon_{塑}$ 分别为急弹性相对变形、缓弹性相对变形和塑性相对变形，%。

纤维三种变形的相对比例，随纤维的种类、所加负荷的大小以及负荷作用时间的不同而不同。测定时，必须选用一定的恢复时间作为区分三种变形的依据，所用时间限值不同，则三种变形的变形值也不相同。一般规定：去除负荷后 5～15 s（甚至 30 s）内能够恢复的变形作为急弹性变形；去除负荷后 2～5 min（或 0.5 h 或更长时间）内能够恢复的变形即为缓弹性变形，而不能恢复的变形即为塑性变形。

2. 弹性指标　弹性指纤维或纱线变形的恢复能力。表示弹性大小的常用指标是弹性回复率或称回弹率，它指弹性变形占总变形的百分率，其计算公式如下：

$$R_e = \frac{L_1 - L_2}{L_1 - L_0} \times 100(\%) \tag{2-4-6}$$

式中：R_e 为弹性回复率，%；L_0 为纤维加预加张力使之伸直但不伸长时的长度，mm；L_1 为纤维加负荷伸长的长度，mm；L_2 为纤维去负荷在加预加张力后的长度，mm。

弹性回复率的大小受到加负荷情况、负荷作用时间、去负荷后变形恢复时间、环境温湿度等因素的影响，在实际应用中都是在指定条件下测试的，条件不同，结果没有可比性。如我国对化纤常采用 5%定伸长弹性回复率，其指定条件是使纤维产生 5%伸长后保持一定时间（如 1 min）测得 L_1，再去除负荷休息一定时间（如 30 s）测得 L_2，代入上式求得弹性回复率。急弹性和缓弹性既可以一并考虑，也可以分开来考虑。

弹性回复能力还可以用弹性功率回复率来表示。定伸长弹性测试的拉伸图（滞后图）如图 2-4-7 所示，oa 段为加负荷使材料达一定伸长率时的拉伸曲线；ab 段是保持伸长一定时间，伸长不变而应力下降的直线；bc 段是去负荷后应力应变都立即下降的曲线；cd 段是去除负荷后保持一定时间，缓弹性变形逐渐恢复的直线。

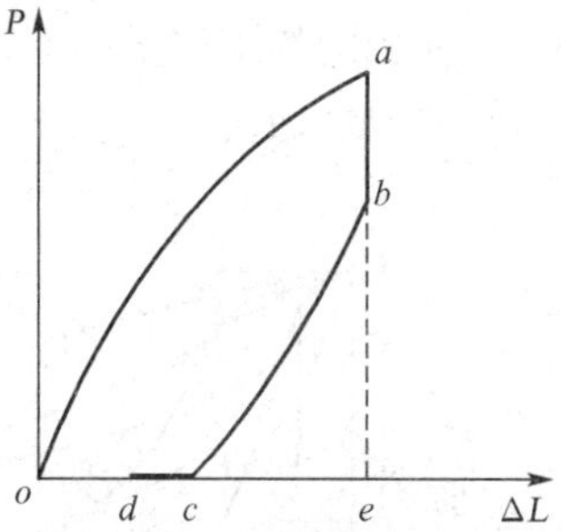

图 2-4-7　定伸长弹性测试的拉伸图

由恢复特征可知：$\overline{ec}$ 为急弹性变形；$\overline{cd}$ 为缓弹性变形；$\overline{do}$ 为塑性变形；面积 A_{cbe} 相当于弹性恢复功。

面积 A_{oae} 相当于拉伸所做的功。按此曲线可算得弹性回复率 R_e 和弹性功恢复率 W_r，计算公式为：

$$R_e = \frac{\overline{ed}}{\overline{eo}} \times 100(\%); \quad W_r = \frac{A_{cbe}}{A_{oae}} \times 100(\%) \tag{2-4-7}$$

当测试条件相同时，弹性功率越大，表示其弹性越好。

纤维变形恢复能力是构成纺织制品弹性的基本要素，与制品的耐磨性、抗折皱性、手感和尺寸稳定性都有很密切的关系，因此弹性回复率和弹性功率是一种确定纺织加工工艺参数极为有用的指标。弹性大的纤维能够很好地经受拉力而不改变其构造，能够稳定地保持本身的形状，且经久耐用，用这种纤维做成的制品，同样不失掉它本身的形状。

几种主要纤维拉伸变形的典型数据见表 2-4-1。测试条件：利用强力仪测定；定负荷值为断裂负荷的 25%；负荷维持时间 4 h，卸荷后 3 s 读急弹性变形量，休息 4 h 后读缓弹性变形量和塑性变形量；温度 20℃，相对湿度 65%。

表 2-4-1　几种主要纤维拉伸变形组分的典型数据

纤维种类	细度(tex)	各种组分变形占完整变形的比例			施加负荷终了时完整变形占试样长度的百分率(%)
		$l_{急}/l$	$l_{缓}/l$	$l_{塑}/l$	
中粗棉纤维	0.2	0.23	0.21	0.56	4
亚麻工艺纤维	5	0.51	0.04	0.45	1.1
细羊毛纤维	0.4	0.71	0.16	0.13	4.5
生丝	2.5	0.30	0.31	0.39	3.3
锦纶 66 短纤维	0.4	0.71	0.13	0.16	9.5
涤纶短纤维	0.3	0.49	0.24	0.27	16.2
腈纶短纤维	0.6	0.45	0.26	0.29	8.6

可以看出棉纤维、亚麻纤维和生丝的塑性变形含量较高，弹性较差，所以其制品抗皱性较差。

3. 影响纤维或纱线弹性的因素

(1) 纤维结构的影响　如果纤维大分子间具有适当的结合点，又有较大的局部流动性，则其弹性就好。局部流动性主要取决于大分子的柔曲性，大分子间的结合点则是使链段不致产生塑性流动的条件。适当的结合点取决于结晶度和极性基团的情况。结合点太少、太弱，易使大分子链段产生塑性变形；结合点太多、太强，则会影响局部流动性。

根据这一原理，可设法使纤维大分子由柔曲性大的软链段和刚性大的硬链段嵌段共聚而成，这样纤维的弹性就非常优良。聚氨基甲酸酯纤维(氨纶)就是根据此原理制得的弹性纤维。

在相同的测试条件下，不同纤维的拉伸弹性回复率的变化曲线，图 2-4-8(a)是不同定负荷时的弹性回复率，图 2-4-8(b)是不同定伸长时的弹性回复率。

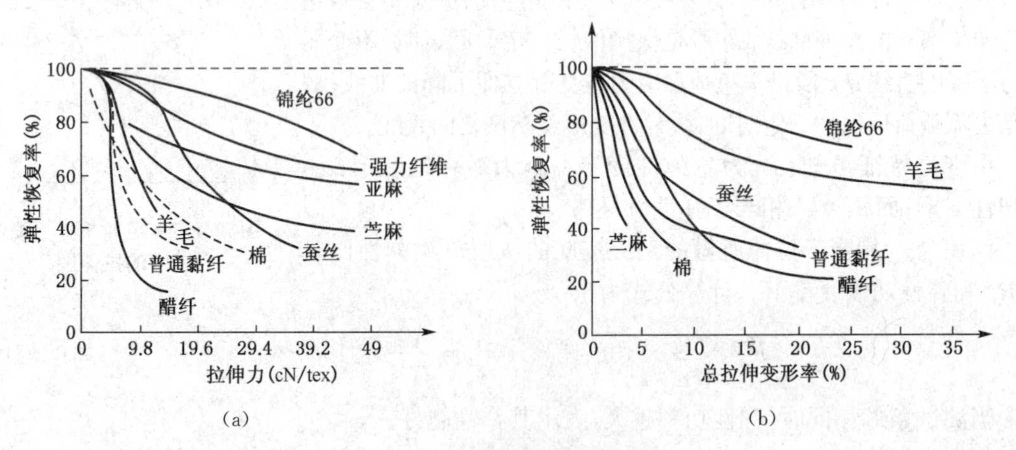

图 2-4-8　纤维的拉伸弹性回复率

(2) 温湿度的影响　几乎所有的纤维都会随着温度的升高弹性增加，但相对湿度对纤维的弹性回复率的影响因纤维而异。黏胶和醋酯纤维主体上是下降的，蚕丝、羊毛、锦纶主体上是上升的，棉纤维是交叉的。

(3) 其他测试条件的影响　在其他条件相同时，定负荷值或定伸长值较大时，测得的纤维弹性回复率较小。加负荷持续时间较长时，纤维的总变形量较大，塑性变形也有充分的发展，测得的弹性回复率就较小。去除负荷后休息时间较长时，缓弹性变形恢复得比较充分，因而测得的弹性回复率就较大。所以，要比较纤维材料的弹性，必须在相同的条件下比较，而且结果只能代表此条件下的优劣，即定负荷值或定伸长值较小时的结果不能代表定负荷值或定伸长值较大时的结果。

三、纱线的蠕变和应力松弛

(一) 纱线的蠕变现象

纱线在恒定的拉伸外力条件下，变形随着受力时间而逐渐变化的现象称为蠕变，蠕变曲线如图 2-4-9(a)所示。在时间 t_1 外力 P_0 作用于纱线而产生瞬时伸长 ε_1，继续保持外力 P_0 不变，则变形逐渐增加，其过程为 $\overline{bc}$ 段，变形增加量为 ε_2，此即拉伸变形的蠕变过程。在时间 t_1 时去除外力，则立即产生急弹性变形恢复 ε_3。在 t_2 之后，拉伸力为“零”且保持不变，随着时间变形还在逐渐恢复，其过程为 $\overline{de}$ 段，变形恢复量为 ε_4。最后留下一段不可恢复的塑性变形 ε_5。根据蠕变现象可知，对于黏性固体而言，几乎各种大小不同的拉力都可能将其拉断，这是由于蠕变使伸长率不断增加，最后导致断裂破坏，只是拉力较小时，拉断所需时间较长；拉力较大时，拉断所需时间较短。

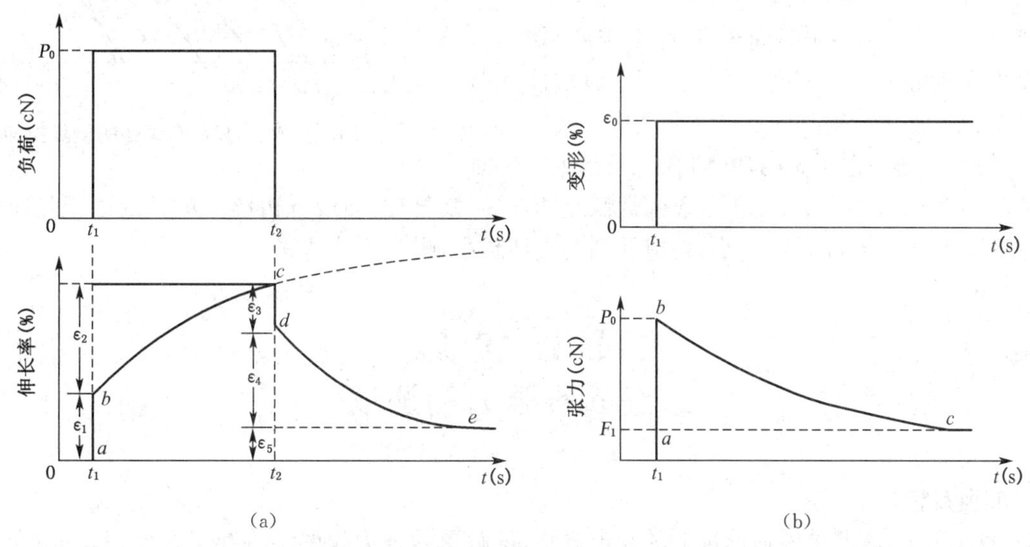

图 2-4-9　纤维的蠕变和应力松弛曲线

(二) 纱线的应力松弛

在拉伸变形恒定的条件下，纱线的内应力随着时间而逐渐减小的现象称为应力松弛(也称松弛)，松弛曲线如图 2-4-9(b)所示。在时间 t_1 时产生伸长 ε_0 并保持不变，内应力上升到 P_0，此后则随时间内应力在逐渐下降。

实践中的许多现象都是由于应力松弛所致，如各种卷装(纱管、筒子经轴)中的纱线都受到一定的伸长值的拉伸作用，如果贮藏太久，就会出现松烂；织机上的经纱和织物受到一定的伸长值的张紧力的作用，如果停台太久，经纱和织物就会松弛，经纱下垂，织口松弛，再开车时，由于开口不清，打纬不紧，就产生跳花、停车档等织疵。所以生产上常用高温高湿来消除纱线的内应力，达到定形之目的。例如织造前对纬纱进行蒸纱或给湿，促使加捻时引起的剪切内应力消除，以防止织造时由于剪切内应力引起的退捻导致纬缩、扭变而使织物产生疵点。

四、纱线的疲劳

纱线在小负荷长时间作用下产生的破坏称为“疲劳”。根据作用力的形式不同可以分为静态疲劳和动态疲劳。疲劳的破坏机理从能量学角度可以认为是外界作用所消耗的功达到了材料内部的结合能（断裂功）使材料发生疲劳破坏；也可以从形变学角度认为是外力作用产生的变形和塑性变形的积累达到了材料的断裂伸长使材料发生疲劳破坏。

1. *静态疲劳* 指对纤维施加一个不大的恒定拉伸力，开始时纤维变形迅速增长，接着呈现较缓慢的逐步增长，然后变形增长趋于不明显，达到一定时间后纤维在最薄弱的一点发生断裂的现象。这种疲劳也叫蠕变破坏。当施加的力较小时，产生静态疲劳所需的时间较长；温度高时容易产生静态疲劳。

2. *动态疲劳* 是指纤维经受反复循环加负荷、去负荷作用下产生的疲劳。如图 2-4-10 是一种重复外力作用下的变形曲线，作用方式是定负荷方式，拉伸至规定负荷处 a，产生变形 ε_1，保持一定时间至 b，产生变形 ε_2，去除负荷立即回复至 c，产生变形回缩 ε_3，保持一定时间至 d，产生变形回缩 ε_4，再次拉伸时将从 d 点开始，并遗留下一段塑性变形 ε_5。如此反复进行得到图 2-4-8。图中曲线四边形 $oabe$ 的面积是外力所做的功，曲线三角形 bec 的面积是急弹性恢复功，阴影面积是缓弹性恢复功，也叫修复功，曲线五边形 $oabfd$ 的面积是净耗功。每次拉伸循环净耗功越小，材料受到的破坏越小，耐疲劳性越好。

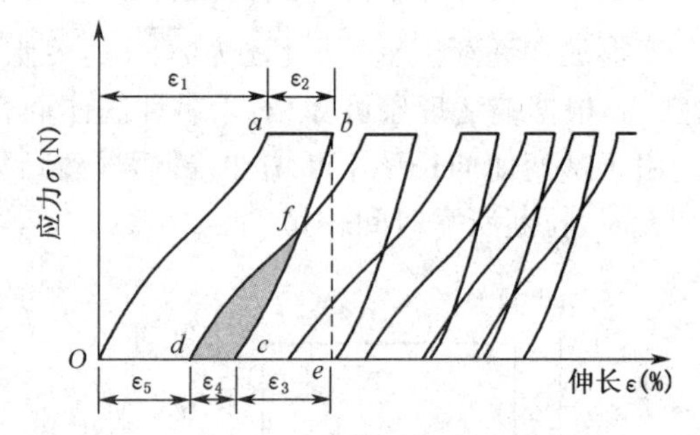

图 2-4-10 拉伸、回复都有停顿的重复拉伸图

任务实施

纱线断裂强力的测试

一、实训目标

通过测试，掌握单纱强伸性能的测定方法，了解单纱强力仪的结构和工作原理，并学会分析拉伸性能的各项指标。

二、采用标准

GB/T 3916—2013（卷绕沙 单根纱线断裂强力和伸长率的测定）

三、测试仪器与用具

YG061F 型电子单纱强力仪（如图 2-4-11 所示）

四、测试原理

被测试样的一端夹持在 CRE 型电子单纱强力仪的上夹持器上，另一端加上标准规定的预张力后用下夹持器夹紧，同时采用 100%隔距长度(相对于试样原长度)的速率定速拉伸试样，直至试样断裂。此时测力传感器把上夹持器上受到的力转换成相应的电压信号，经放大电路放大后，进行 A/D 转换，最后把转换成的数字信号送入计算机进行处理。仪器可记录每次测试的断裂强力、断裂伸长等技术指标，测试结束后，数据处理系统会给出所有技术指标的统计值(仪器工作原理流程见图 2-4-12)。仪器联接电脑后，还能增加多项测试功能，并且实时显示拉伸曲线记录试验全过程，长期存储数据更有利于网络化管理。

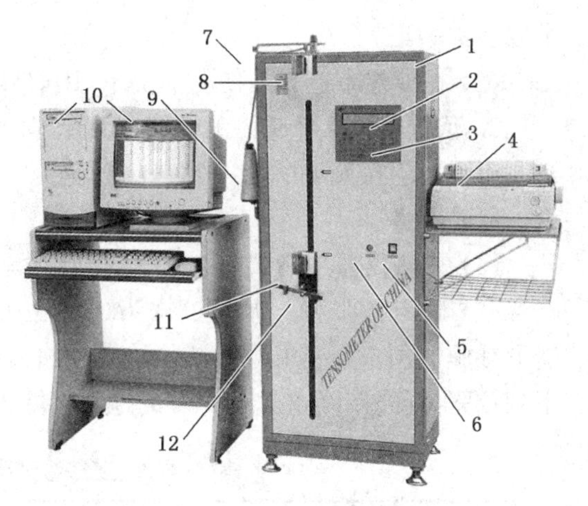

图 2-4-11 YG061F 型电子单纱强力

1—主机；2—显示屏；3—键盘；4—打印机；5—电源开关；6—拉伸开关；7—导纱器；8—上夹持器；9—纱管支架；10—电脑组件；11—下夹持器；12—预张力器

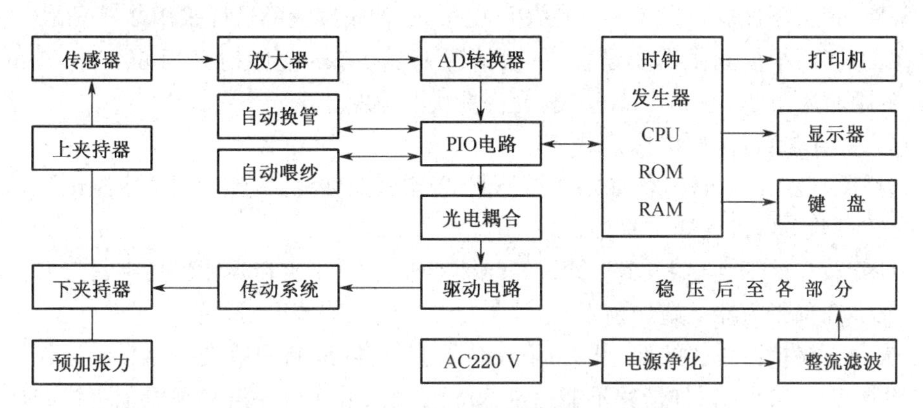

图 2-4-12 电子单纱强力仪工作原理流程图

五、试样准备

1. 取样

(1) 按表 2-4-2 抽取一箱或多箱组成大样，作为被测样品的代表。

表 2-4-2 抽取规定

随机抽取的最少箱数	1	2	3	4	5
在批内的箱数	≤3	4～10	11～30	31～75	≥76

(2) 如果只需要平均值，应从大样的各箱中尽量均匀地抽取 10 个卷装，作为实训室样品卷装。

(3) 生产按产品标准的要求，采用等距取样；贸易方面的检验取样，按照 FZ/T 10014 抽取。

2. 试样

(1) 测试的试样最少数量为：短纤维纱线 50 根，其他种类纱线 20 根。试样应均匀地从 10

个卷装中采集。

（2）在纱线不造成损伤的前提下，用取样盘来盛取试样。

3. 试验环境及修正　测试应在 GB 6529 标准要求的标准大气下进行，在非标准大气条件下测得强力应按照 FZ/T 10013.1 进行修正（见附录）。仲裁试验采用二级标准大气。

六、测试步骤

（1）预热仪器　测试前 10 min 开启电源预热仪器，同时显示屏会显示测试参数。

（2）确定预张力　调湿试样为（0.5±0.10）cN/tex，湿态试样为（0.25±0.05）cN/tex。变形纱施加预张力要求既能消除纱线卷曲又不使之伸长，如果没有其他协议，建议变形纱采用下列预张力（线密度超过 50 tex 的地毯纱除外）。

表 2-4-3　变形纱预张力计算（根据名义线密度）

聚酯和聚酰胺纱	醋酸、三醋酸和黏胶纱	双收缩和喷气膨体纱
（2.0±0.2）cN/tex	（1.0±0.1）cN/tex	（0.5±0.05）cN/tex

（3）设置参数

① 隔距：根据测试需要设置，一般采用 500 mm，伸长率大的试样采用 250 mm。

② 拉伸速度：根据测试需要设置，一般情况下 500 mm 隔距时采用 500 mm/min 速度，250 mm 隔距时采用 250 mm/min 速度，允许更快的速度。

③ 输入其他参数：例如次数、纱号等。

④ 选择测试需要的方法：例如定速拉伸测试、定时拉伸测试、弹性回复率测试等。

（4）按“试验”键，进入测试状态。

（5）纱管放在纱管支架上，牵引纱线经导纱器进入上、下夹持器钳口后夹紧上夹持器。

（6）按 2 在预张力器上施加预张力（预张力器在测试前调准、备用）。

（7）夹紧下夹持器，按“拉伸”开关，下夹持器下行，纱线断裂后夹持器自动返回。在试验过程中，检查钳口之间的试样滑移不能超过 2 mm，如果多次出现滑移现象须更换夹持器或者钳口衬垫。舍弃出现滑移时的试验数据，并且舍弃纱线断裂点在距钳口或夹持器 5 mm 以内的试验数据。

（8）重复 4～7，换纱、换管，继续拉伸，直至拉伸到设定次数，测试结束。

（9）打印出统计数据。测试完毕，关断电源。

注：当仪器需要校准时，可执行下列校准程序：预热 30 min 后，仪器在复位状态下按“清零”键，上夹持器放上 1 000 cN 砝码，数据显示稳定后，按“满度”键，然后按“校验”键，最后按“复位”键退出。

七、结果计算与测试报告

1. 断裂强力

$$\overline{F}=\frac{\sum_{i=1}^{n}F_i}{n} \tag{2-4-8}$$

式中：$\overline{F}$ 为断裂强力平均值，cN；F_i 为各次断裂强力值，cN；n 为拉伸次数。

注：① 如不在标准的温、湿度条件下，测得结果应按附录进行修正。其他材料参照 FZ/T 10013.1。

② 断裂强度指纱线断裂强力与其线密度的比值，通常以 cN/tex 表示。

2. 断裂伸长率

$$\bar{\varepsilon}=\frac{\sum_{i=1}^{n}\varepsilon_i}{n} \tag{2-4-9}$$

式中：$\bar{\varepsilon}$ 为断裂平均伸长率，%；ε_i 为各次断裂伸长率，%；n 为拉伸次数。

3. 断裂强力和断裂伸长的标准差和变异系数公式

$$S=\sqrt{\frac{\sum_{i=1}^{n}(X_i-\overline{X})^2}{n-1}} \tag{2-4-10}$$

$$CV=\frac{S}{\overline{X}}\times 100(\%) \tag{2-4-11}$$

式中：S 为标准差；X_i 为各次测得数据值；$\overline{X}$ 为测试数据的平均值；n 为测试根数，至少为50根；CV 为变异系数，%。

将试验结果30次单纱强力值记录在报告单中：

单纱强力测试报告单

检测品号________________　检验人员（小组）________________

检测日期________________　温　湿　度________________

序　　号	1	2	3	4	5	6	7	8	9	10
单纱强力(cN)										
序　　号	11	12	13	14	15	16	17	18	19	20
单纱强力(cN)										
序　　号	21	22	23	24	25	26	27	28	29	30
单纱强力(cN)										
结果计算	1. 平均断裂强力＝ 2. 断裂强度＝ 3. 断裂伸长率＝ 4. 断裂伸长率变异系数＝									

八、思考题

1. 试分析影响强力测试结果的因素有哪些？
2. 试叙述CRE型单纱强力仪的工作原理。

延伸阅读

影响纤维拉伸断裂强度的主要因素

决定纤维材料断裂强度的主要因素有两类：其一是材料的结构；其二是测试条件或使用条件。

1. 纤维的内部结构

(1) 大分子结构方面因素　纤维大分子的柔曲性（或称柔顺性）与纤维的结构和性能有密

切关系。影响分子链柔曲性的因素是多方面的，一般而言，当大分子较柔曲时，在拉伸外力作用下，大分子的拉伸、伸长较大，所以纤维的伸长较大。

纤维的断裂取决于大分子的相对滑移和分子链的断裂两个方面。当大分子的平均聚合度较小时，大分子间结合力较小，容易产生滑移，所以纤维强度较低而伸度较大；反之，当大分子的平均聚合度较大时，大分子间的结合力较大，不易产生滑移，所以纤维的强度就较高而伸度较小。例如富纤大分子的平均聚合度高于普通黏胶纤维，所以富纤的强度大于普通黏胶纤维。当聚合度分布集中时，纤维的强度也较高。

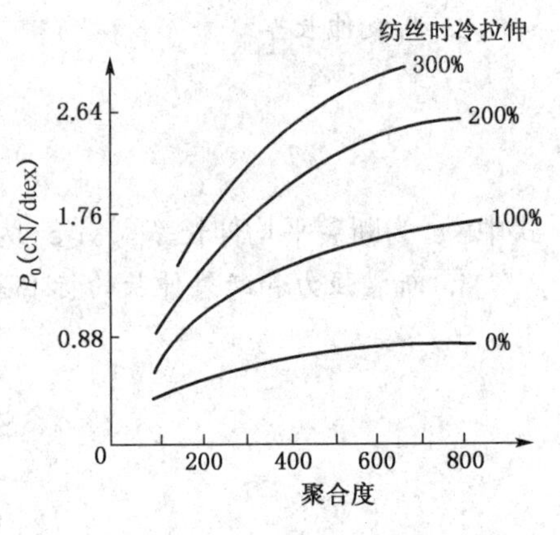

图 2-4-13　不同拉伸倍数下黏胶纤维聚合度对强度的影响

图 2-4-13 所示是在不同拉伸倍数下黏胶纤维聚合度对纤维强力的影响。开始时，纤维的强度随聚合度增大而增加，但当聚合度增加到一定值时，再继续增大纤维的强度就不再增加。此时断裂强度已达到了足以使分子链断裂的程度，再增加聚合度对纤维的强度就不再起作用。

(2) 超分子结构方面的因素　纤维的结晶度高，纤维中分子排列规整性好，缝隙孔洞较少较小，分子间结合力强，纤维的断裂强度、屈服应力和初始模量都较高，而伸度较小。但结晶度太大会使纤维变脆，此外，结晶区以颗粒较小、分布均匀为好。结晶区是纤维中的强区，无定形区是纤维中的弱区，纤维的断裂则发生在弱区，因此无定形区的结构情况对纤维强伸度的影响较大。

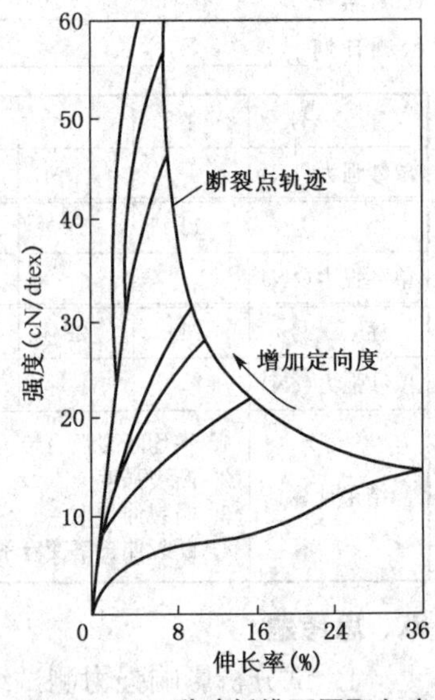

图 2-4-14　黏胶纤维不同取向度的应力—应变曲线

取向度好的纤维有较多的大分子平行排列在纤维轴方向上，且大分子较挺直，分子间结合力大，有较多的大分子来承担较大的断裂应力，所以纤维强度较大而伸度较小。一般麻纤维内部分子绝大部分都和纤维轴平行，所以在纤维素纤维中它的强度较大，而棉纤维的大分子因呈螺旋形排列，其强度就较麻低。化学纤维在制造过程中，拉伸倍数越高，大分子的取向度越高，所制得的纤维强度就较高而伸度较小。图 2-4-14 表示由拉伸倍数不同而得到取向度不同的黏胶纤维的应力—应变曲线。由图可见，随着取向度的增加，黏胶纤维的强度增加，断裂伸长率降低。

(3) 纤维形态结构方面的因素　纤维中存在许多裂缝、孔洞、气泡等缺陷和形态结构的不均一(纤维截面粗细不匀、皮芯结构不匀以及包括大分子结构和超分子结构不匀)等弱点，这必将引起应力分布不匀，产生应力集中，致使纤维强度下降。例如普通黏胶纤维内部缝隙孔洞较大，而且黏胶纤维形成皮芯结构，芯层中纤维素分子取向度低、晶粒较大，这些都会降低纤维的拉伸强度和耐弯曲疲劳强度。表 2-4-4 是三种主要不同结构黏胶长丝的强度和伸长率。

表 2-4-4　三种主要黏胶长丝的强伸度数据

黏胶长丝	干强度（cN/dtex）	湿强度（cN/dtex）	相对湿强度（%）	干伸长率（%）	湿伸长率（%）
普通黏胶丝	1.5～2.0	0.7～1.1	45～55	10～24	24～35
强力黏胶丝	3.0～4.6	2.2～3.6	70～80	7～15	20～30
富纤丝	1.9～2.6	1.1～1.7	50～70	8～12	9～15

2. 测试条件　空气的温湿度影响到纤维的温湿度和回潮率，影响到纤维内部结构的状态和纤维的拉伸性能。

（1）温度　纤维强度受其内部结构和局部缺陷两种因素的影响。在高温下，前者是主导因素；而在低温下，后者是决定因素。一般认为，对纤维高聚物而言，高温是指－100℃至室温以上的范围，而低温是指－200℃以下的温度范围。

在纤维回潮率一定的条件下，温度高，大分子热运动能高，大分子柔曲性提高，分子间结合力削弱。因此，一般情况下，温度升高，拉伸强度下降，断裂伸长率增大，拉伸初始模量下降，如图 2-4-15 所示。

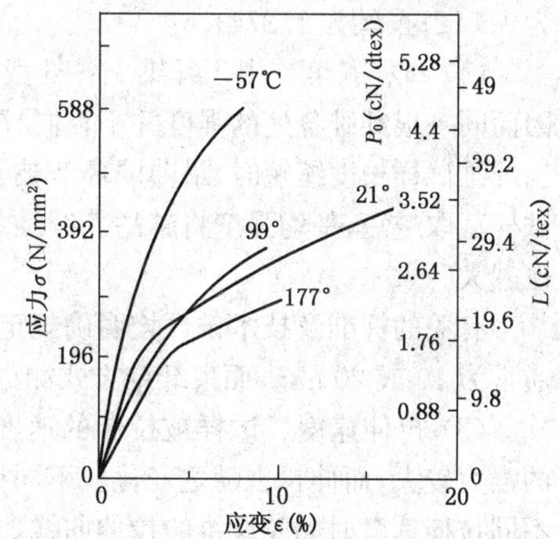

图 2-4-15　温度对蚕丝拉伸性能的影响

（2）空气相对湿度　相对湿度越大，纤维的回潮率越大，大分子之间结合力越弱，结晶区越松散。一般情况下，纤维的回潮率大，则纤维的强度降低、伸长率增大、初始模量下降，如图 2-4-16、图 2-4-17 所示。但是，棉纤维和麻纤维有一些特殊性。因为棉、麻纤维的聚合度非常高，大分子链极长，当回潮率提高后，大分子链之间的氢键有所减弱，增强了基原纤之间或大分子之间的滑动能力，反而调整了基原纤和大分子的张力均匀性，从而使受力大分子的根数增多，纤维强度有所提高。

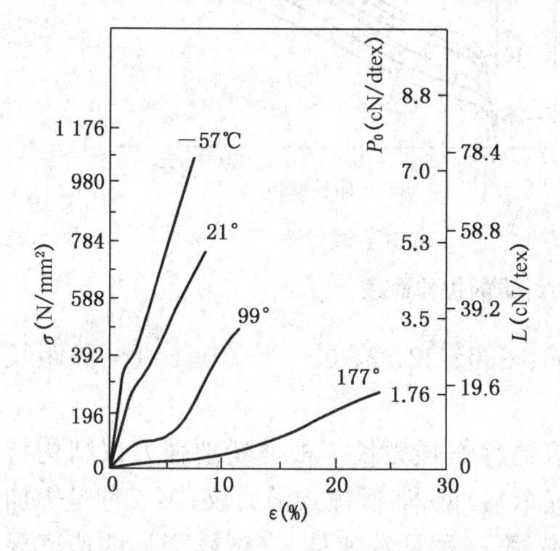

图 2-4-16　相对湿度对细羊毛拉伸性能的影响

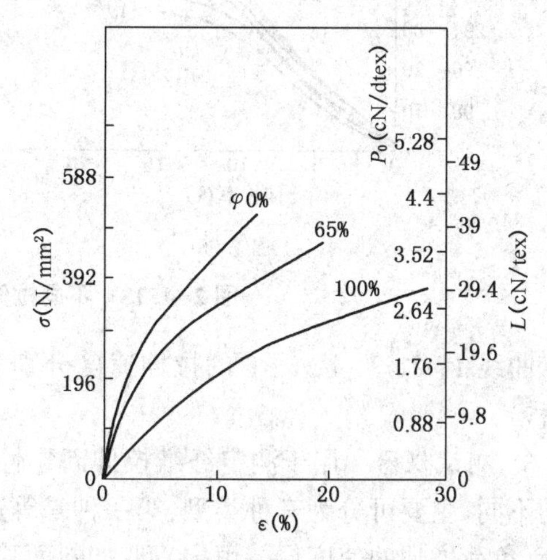

图 2-4-17　相对湿度对富强纤维、棉拉伸性能的影响

（3）纤维根数　当进行束纤维测试时，随着纤维根数的增加，测得的束纤维强度换算成单

纤维强度会下降。这是由于束纤维中各根纤维的强度，特别是伸长能力不一致，而且伸直状态也不一样，在外力作用下，伸长能力小的、较伸直的纤维首先断裂，此后外力转到其他纤维，以致后这一部分纤维也随之断裂。由于束纤维中这种单纤维断裂的不同时性，测得束纤维的强力必然小于单根纤维强力之和。当束纤维中纤维根数越多时，断裂不同时性越明显，测得的平均强力就越偏小。为此，单纤维的平均强力应按下式进行修正：

$$P_b = n \cdot P_s \cdot \frac{1}{K} \tag{2-4-12}$$

式中：P_b 为由 Y162 型束纤维强力仪测得的束纤维强力，cN；P_s 为单纤维强力仪测得的单根纤维的平均断裂强力，cN；n 为束纤维中纤维根数；K 为修正系数(棉为 1.412～1.481；苎麻为 1.582；蚕丝为 1.274)。

(4) 试样长度　由于纤维上各处截面积并不完全相同，而且各截面处纤维结构也不一样，因而同一根纤维各处的强度并不相同，测试时总是在最薄弱的截面处拉断并表现出断裂强度。当纤维试样长度缩短时，最薄弱环节被测到的机会减少，从而使测试强度的平均值提高。纤维试样截取越短，平均强度将越高。纤维各截面强度不均匀越厉害，试样长度对测得强度的影响也越大。

有关的标准及技术条件均明确规定了测试时的试样长度。例如，单纤维测试时试样长度通常为 10 或 20 mm，而束纤维方式测试时试样长度通常为 3 mm。

(5) 拉伸速度　试样被拉伸的速度对纤维强力与变形的影响也较大。拉伸速度大，测得的强力较大，而伸长也随之变化。不同拉伸速度时锦纶 66 的拉伸曲线如图 2-4-18(a)所示，不同拉伸速度时黏胶纤维的拉伸曲线如图 2-4-18(b)所示。

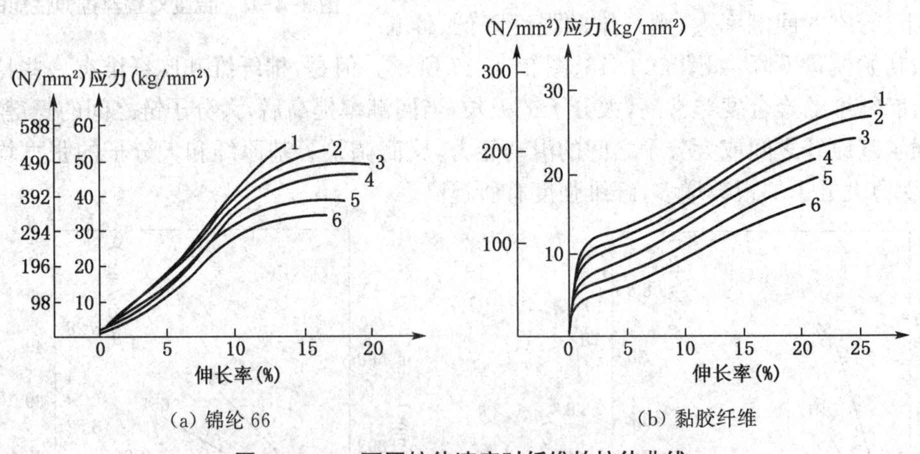

图 2-4-18　不同拉伸速度时纤维的拉伸曲线

曲线 1、2、3、4、5、6 的拉伸速度分别为 1 096、269、22、2、0.04、0.001 3(%隔距长度/秒)。

3. 测试仪器　用于测定纤维拉伸断裂性质的仪器称作强力仪。根据断裂强力仪结构特点的不同，主要可分为三种类型：第一种是等速拉伸(牵引)型，如摆锤式强力仪；第二种是等加负荷(负荷增加的速度保持恒定)型，如斜面式强力仪；第三种是等速伸长(试样变形的速度保持恒定)型，如电子式强力仪。不同仪器类型测得的结果没有可比性。

随着测试技术的发展，最符合拉伸机理的且精度、自动化程度高的电子强力仪得以普及，并成为标准推荐的测试仪器。图 2-4-19 所示是电子强力仪的原理框图。

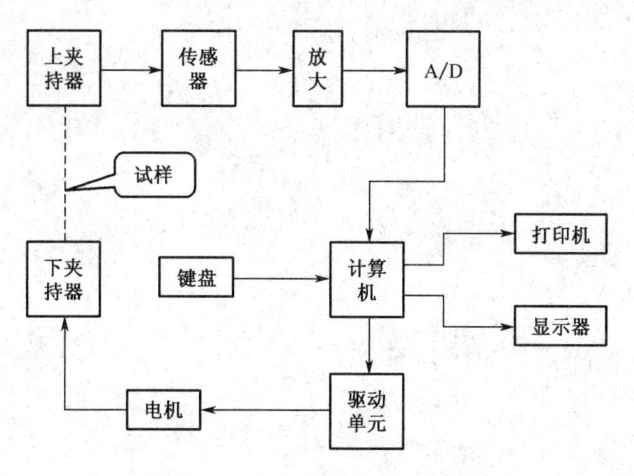

图 2-4-19　电子式强力仪原理图

课后练习

1. 纱线的拉伸指标有哪些？说明各指标的概念及相关的计算方法。
2. 影响纱线断裂的因素有哪些？
3. 黏弹体有哪几种变形？其形成的原因是什么？
4. 解释下列名词：蠕变现象、应力松弛、疲劳，并分析其产生的原因。
5. 测得某批 19 tex 棉纱的平均单纱强力为 2.7 N，求特数制和旦数制断裂强度。
6. 试比较相同线密度的单纱和股线的断裂强力哪一个更大。
7. 拉断一段纱线，观察其断裂面和剪断面有何区别，探究其原因。

模块三　织物性能综合评价

织物是人们日常生活的必需品，也是工农业生产、交通运输和国防工业的重要材料，在不同的场合，又被称为布、面料。广义的织物主要包括机织物、针织物和非织造布三类，狭义的织物业内多指前两类。织物在使用过程中，受力破坏的基本形式是拉伸断裂、撕裂、磨损和顶裂，织物与接触物之间发生摩擦常伴随着起毛起球现象，这些不仅关系到织物的耐用性，而且与织物的视觉美关系很密切。织物的生产加工和使用过程经常在不同温度条件下进行，会遇到热学和电学问题。织物在穿用、洗涤及储存过程中，其形态、颜色、光泽、强度等均会发生变化。本模块将重点介绍织物的力学性能、舒适性能以及穿用、洗涤、储存等过程中的外观保持性能；织物加工和使用过程中热学和电学性能的测试方法和评价指标。

任务一 认识织物规格

◆ 任务目标

知识目标：

1. 掌握机织物的规格参数及相关知识；2. 掌握针织物的规格参数及相关知识。

能力目标：

1. 能够测试机织物、针织物的规格参数；2. 能根据规格参数评价织物的性能、外观、质量等。

◆ 任务引入

织物是人们日常生活的必需品，也是工农业生产、交通运输和国防工业的重要材料，在不同的场合，又被称为布、面料。织物有不同的结构、紧度、厚度与重量，使织物的性能与外观不同，从而适应不同的使用要求。

◆ 课程思政

全球最细的纯棉纱线——700英支纯棉纱线，由广东溢达纺织有限公司生产。700英支到底有多细？一根700英支的纱线，比头发丝还细。支数越大，代表纱线越细，织成的面料越高档。

在纱线研发上的巨大突破，既源自精益求精、追求极致的工匠精神，也得益于广东溢达纺织有限公司从棉籽研究到成衣制造的垂直一体化供应链优势。

在新疆25年的深耕厚植，以及对长绒棉可持续发展不遗余力的推动，让溢达能够获取最优质的新疆长绒棉原材料，棉花纤维的长度可达行业领先的37毫米，这是其他棉纤维无法比拟的，也为溢达研制“全球最细纱线”奠定了重要基础。

除了好的棉花，还有研发中心、纺纱厂、织布厂、染纱厂等一线骨干和工程师组成的研发天团，连续200个日夜奔波于实验室与一线车间之间，攻克8个世界性技术难关，最终找到了如何将纱线做到“全球最细”的方法。

早在2003年之前，溢达就在业内首先研发出170英支纯棉纱线产品，此后又顺利进阶200英支、330英支，但研发团队并未满足，一直在探索纯棉纺纱技术的极限。如果说，330英支纱的大批量生产，已经使溢达站在“珠峰大本营”，那么700英支纱的成功研发，则让溢达成功登顶了纯棉纺纱技术的“珠穆朗玛峰”。不仅如此，溢达项目科研团队还与国家纺织品鉴定机构共同协作，研究出新的鉴定方法，向世界实锤了“全球最细”纱线的诞生。当极致遇上极致，就可以创造出另一个奇迹。

知识要点

一、机织物规格参数

（一）密度与紧度

1. 密度　织物密度指织物单位长度内的经、纬纱根数。织物密度有经密和纬密之分，经密又称经纱密度，是织物中沿纬向单位长度内的经纱根数；纬密又称纬纱密度，是织物中沿经向单位长度内的纬纱根数。公制密度指 10 cm 长度内的经纱或纬纱根数。习惯上将经密和纬密自左至右联写成“经密×纬密”来表示，如 547×283 表示织物经密是 547 根/10 cm，纬密是 283 根/10 cm。

织物的经纬密度是织物规格参数的一项重要内容，密度的大小及经纬密度的配置对织物的使用性能和外观风格影响很大，如织物的外观、手感、透气性、保暖性、耐磨性等物理机械性能，同时关系到生产效率的大小和产品成本的高低。

经纬密只能用来比较相同直径纱线所织成的不同密度织物的紧密程度。当纱线的直径不同时，它们没有可比性。

2. 紧度　织物紧度又称覆盖系数，织物总紧度是织物规定面积内经纬纱所覆盖的面积（除去经、纬交织点的重复量）对织物规定面积的百分率。它反映织物中纱线的紧密程度，有经向紧度和纬向紧度之分，计算公式为：

$$E_T=\frac{d_T \times n_T}{L}\times 100=d_T \times P_T(\%) \tag{3-1-1}$$

$$E_W=\frac{d_W \times n_W}{L}\times 100=d_W \times P_W(\%) \tag{3-1-2}$$

式中：E_T、E_W 为经向、纬向紧度；d_T、d_W 为经、纬纱直径，mm；n_T、n_W 为 L 长度上的经纱、纬纱根数；L 为单位长度，mm；P_T、P_W 为经密、纬密，根/10 cm。

织物的总紧度为：

$$E=E_T+E_W-\frac{E_T \times E_W}{100}(\%) \tag{3-1-3}$$

由上述公式可见，紧度中既包括了经纬密度，也考虑了纱线直径的因素，能较真实地反映经纬纱在织物中排列的紧密程度，因此可以比较不同粗细纱线织造的织物的紧密程度。

$E<100\%$，说明纱线间尚有空隙；$E=100\%$，说明纱线间没有空隙存在，织物平面正好被纱线覆盖；$E>100\%$，说明纱线已经挤压甚至重叠。

（二）织物的长度、宽度和厚度

1. 长度　织物的长度以“米”为量度单位，工厂常常还采用较大的量度单位——匹。各种织物的匹长主要根据织物的用途来制定，同时还要结合织物单位长度的重量、厚度及机械的卷装容量来确定。工厂中还常将几匹织物连成一段，称为“联匹”（一个卷装）。

织物长度的经常性检验在叠布机上量度，试验室作定期抽查，用尺测量。

2. 宽度　织物的宽度指织物最外边的两根经纱间的距离，称为幅宽，单位为厘米。织物的幅宽根据织物的用途、织造加工过程中的收缩程度及加工条件等来确定。

织物幅宽的经常性检验在验布或叠布时量度，试验室定期抽查，一般都在测定织物长度的同一匹布上测量。

3. 厚度　织物在一定压力下正反两面间的垂直距离，以“毫米”为量度单位。织物厚度取决于经纬纱线密度、经纬密度与织物组织，它对织物的坚牢度、保暖性、透气性、防风性、刚柔性、悬垂性等性能有影响。

织物按厚度的不同可分为薄型、中厚型和厚型三类，各类棉、毛和丝织物的厚度见表 3-1-1。

表 3-1-1　各类棉、毛和丝织物的厚度　　单位：mm

织物类别	棉织物	毛织物		丝织物
		精梳毛织物	粗梳毛织物	
薄型	0.25 以下	0.40 以下	1.10 以下	0.8 以下
中厚型	0.25～0.40	0.40～0.60	1.10～1.60	0.8～0.28
厚型	0.40 以上	0.60 以上	1.60 以上	0.28 以上

(三) 经纬纱细度(线密度)

织物中经、纬纱的细度采用特数来表示。表示方法为：将经、纬纱的特数自左至右联写成“经纱特数×纬纱特数”来表示，如 20×20 表示经纬纱都是 20 tex 的单纱；14×2×14×2 表示经纬纱都是采用由两根 14 tex 单纱并捻的股线；12×2×24 表示经纱采用由两根 12 tex 并捻成的股线，纬纱采用 24 tex 的单纱。

表示织物经纬纱细度和经纬密的方法为自左至右联写成“经纱特数×纬纱特数×经密×纬密”。例如：36.5×48.5×464.5×228 表示织物经纱是 36.5 tex 的单纱，纬纱是 48.5 tex 的单纱，经密为 464.5 根/10 cm，纬密为 228 根/10 cm。

(四) 平方米克重(面密度)

织物的重量通常以每平方米织物所具有的克数来表示，称为平方米克重(面密度)。它与纱线细度和织物密度等因素有关，是织物计算成本的重要依据。

棉织物的平方米克重常以每平方米无浆干重的克数来表示，以 g/m^2 为单位，其重量范围一般在 70～250 g/m^2 之间。

棉织物的平方米克重一般用称重法测量。测定时，先将试样退浆，然后在烘箱中烘至重量恒定，用扭力天平或分析天平称其干燥重量，则织物平方米克重可按下式计算：

$$G=\frac{g\times 10^4}{L\times b} \tag{3-1-4}$$

式中：G 为试样平方米克重，g/m^2；g 为试样的无浆干重，g；L 为试样长度，cm；b 为试样宽度，cm。

二、针织物规格参数

(一) 纱线细度

针织物用的纱线的细度采用特数来表示。

(二) 线圈长度

针织物的线圈长度是指每一个线圈的纱线长度，它由线圈的圈干和延展线组成，一般用 l 表示，如图 3-1-1 中的 1-2-3-4-5-6-7 所示。线圈长度一般以毫米(mm)为单位。

线圈长度与针织物的密度密切相关，线圈长度越长，单位面积内线圈套数越少，则针织物的紧密程度越小，针织物越稀薄。线圈长度对针织物的强力、脱散性、延伸性、耐磨性、弹性、勾丝性及抗起毛起球等有较大的影响。

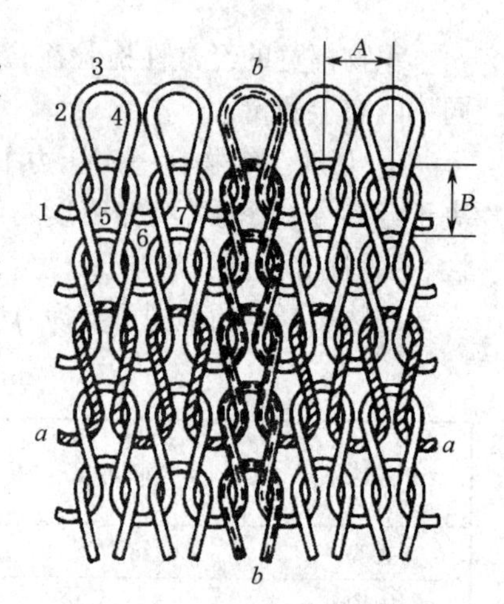

图 3-1-1 线圈长度示意图

(三) 密度

针织物的密度指针织物在单位长度内的线圈数，用以表示一定的纱线线密度条件下针织物的稀密程度，通常采用横向密度和纵向密度来表示。

1. 横向密度(简称横密) 指沿线圈横列方向在规定长度(50 mm)内的线圈数。以下式计算：

$$P_A = \frac{50}{A} \tag{3-1-5}$$

式中：P_A 为横向密度，线圈数/50 mm；A 为圈距(见图 3-1-1)，mm。

2. 纵向密度(简称纵密) 指沿线圈纵行方向在规定长度(50 mm)内的线圈数。以下式计算：

$$P_B = \frac{50}{B} \tag{3-1-6}$$

式中：P_B 为纵向密度，线圈数/50 mm；B 为圈高(见图 3-1-1)，mm。

由于针织物在加工过程中容易产生变形，所以测量密度前，应先使生产过程产生的变形得到充分的恢复，然后再测定。

(四) 未充满系数

未充满系数是线圈长度与纱线直径的比值，计算公式为：

$$\delta = \frac{l}{d} \tag{3-1-7}$$

式中：δ 为未充满系数；l 为线圈长度，mm；d 为纱线直径，mm。

针织物的稀密程度受两个因素的影响：密度和纱线细度。密度仅反映一定的纱线细度条件下针织物的稀密程度；未充满系数反映出在相同密度条件下纱线细度对织物稀密的影响。

δ 值越大，表明针织物中未被纱线充满的空间愈大，织物愈是稀松。

(五) 针织物的平方米克重(面密度)

用每平方米的干燥重量克数来表示(g/m^2)。当已知针织物线圈长度 l、纱线细度 N_t、横密 P_A、纵密 P_B 时，可用下式求得织物单位面积的重量：

$$Q' = 0.0004 P_A P_B l N_t (1-y)(g/m^2) \tag{3-1-8}$$

式中：y 为加工时的损耗率，%。

如已知所用纱线的公定回潮率为 W(%)时，则针织物单位面积的干燥重量 Q 为：

$$Q = \frac{Q'}{1+W} \tag{3-1-9}$$

单位面积干燥重量也可用称重法求得：在织物上剪取 10×10 cm 的样布，放入已预热到 105～110℃的烘箱中，烘至重量不变后，称出样布的干重 Q''，则坯布平方米克重 Q 为：

$$Q=\frac{样布干重}{样布面积}\times 10\,000=\frac{Q''}{10\times 10}\times 10\,000=100Q''\ (\mathrm{g/m^2}) \qquad (3\text{-}1\text{-}10)$$

针织厂常用这种方法进行估算。

(六) 厚度

当针织物组织相同时,其厚度主要与纱线细度及纱线相互挤压程度有关。测量针织物厚度一般用织物厚度仪来测定。

三、针织物的特性

针织物是由单独一组纱线编织而成的,它的基本结构是线圈。机织物是由相互垂直的两个系统的纱线交织而成的。两种织物的结构完全不同,相对于机织物,针织物的性质有明显差异。

1. *伸展性*　针织物受拉伸力作用时,其纵向和横向的伸长性能都较好,线圈形态变化很大;而机织物受拉伸力作用时,经纬向纱线的屈曲程度变化不是很大,缺乏伸展性,这就是针织物比机织物具有较大伸展性的主要原因。

针织物的伸展性因组织结构不同而异。纬编针织物的伸缩性大于经编针织物。罗纹组织的横向伸缩性最大,双反面组织的纵向伸缩性最大。针织物具有较大的伸缩性,适宜制作运动服装,利于人们运动时伸展,这就是运动服装常用针织面料的原因。

2. *脱散性*　针织物的纱线断裂或线圈失去串套联结后,线圈在外力作用下依次由串套中脱出的现象称为针织物的脱散性。在大多数情况下,针织物的脱散性会使针织物脱散越来越扩大,从服用性能来看,针织物的脱散性是有害的,它影响织物的外观及降低其耐用性,要求它越小越好。

3. *贴身性*　针织物的变形能力大,弹性好而且柔软,若织物加上弹性大的纤维(如氨纶),弹性更佳,特别适宜制作对贴身性要求高的紧身内衣裤、体操服等。

4. *多孔性*　由于针织物的基本结构是线圈,所以织物的空隙率比相同原料、相同面密度的机织物大,所以针织物的防风性能较机织物差。

5. *灵活的可成形性*　通过灵活改变针织物纵行和横列的线圈数以及变化线圈之间的连接方式,可直接编织出成形针织品,如无缝内衣、羊毛衫、袜子等,这是机织物无法实现的。

针织物除具有以上特性外,还有以下不足之处:尺寸稳定性和保形性较差,强度较低,缺乏身骨,有较严重的起毛起球现象和勾丝现象。此外,针织物还有机织物不会产生的缺点,即布边发生包卷和纵行线圈歪斜的现象。

》》》》任 务 实 施《《《《

实训 1　织物密度测试

一、实训目标

学生对机织物单位长度内的纱线根数进行测定,然后计算紧度,依此评定织物的紧密程度。通过实验,学会了机织物密度的测量方法和紧度的计算方法,并比较不同织物的紧密程度。

二、参考标准

GB/T 4668—1995(机织物密度的测定)、Y511 型织物密度分析器说明书

三、测试仪器和用具

Y511C 织物密度镜(如图 3-1-2 所示)或 Y511B 往复式织物密度分析镜(如图 3-1-3 所示)、挑针、织物数种。

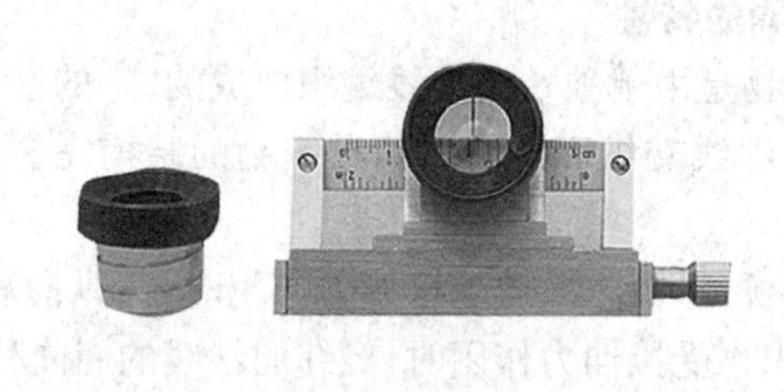

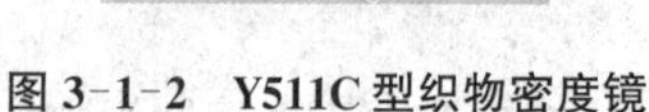

图 3-1-2 Y511C 型织物密度镜

图 3-1-3 Y511B 型往复式织物密度分析镜

四、测试原理

本测试介绍以机织物为例,介绍密度测定常用的 3 种方法。

1. *织物分解法* 分解规定尺寸的织物试样,记录纱线根数,折算至 10 cm 长度内的纱线根数。

2. *织物分析法* 适用于所有机织物,特别是复杂组织织物,测定在织物分析镜窗口内所看到的纱线根数,折算至 10 cm 长度内的纱线根数。

3. *移动式织物密度法* 使用移动式织物密度镜,测定织物经向或纬向一定长度内(5 cm)的纱线根数,折算至 10 cm 长度内的纱线根数,适用于所有机织物。

五、试样准备

任意取 5 个试样,不需要专门制备试样,但应在不少于 5 个尽可能代表织物的不同点计数纱线的根数,使其有代表性。测试前,织物或试样暴露在试验用标准大气下至少 16 h。

每个试样比织物最小测量距离长 0.4~0.6 cm,且要求足够宽便于握持。小心不要弄乱纱线的分布,尤其是对于疏松的机织物。由于织物稀密不同,测试密度的长度应有区别,以保证一定的测量精度,织物最小测量距离见下表 3-1-2。

表 3-1-2 织物最小测量距离

每厘米纱线根数	最小测量距离(cm)	被测量纱线根数	精确百分率 (计算到 0.5 根纱线之内)
10	10	100	＜0.5
10~25	5	50~125	1.0~0.4
25~40	3	75~120	0.7~0.4
＞40	2	＞80	＞0.5

注:① 用方法 1,截取试样时,至少要含有 100 根纱线;

② 当织物由纱线间隔稀密不同的大面积图案组成时,测量长度应为完全组织的整数倍,或分别测定各区域的密度。

六、测试方法

1. *织物分解法*

(1) 在样品的适当部位剪取略大于最小测定距离的试样;

(2) 在试样的边部拆出部分纱线，用钢尺测量，使试样达到规定的最小距离 2 cm，允差 0.5 根；

(3) 将上述准备好的试样从边缘起逐根拆开，即可得到织物在一定长度内经(纬)向的纱线根数。

2. *织物分析镜法*　织物分析镜的窗口宽度为 2 cm±0.005 cm(或 3 cm±0.005 cm)，测试时将织物分析镜放在摊平的织物上，选择一根纱线并使其平行于分析镜窗口的一边，由此逐一测记窗口内的纱线根数，也可测记窗口内的完全组织个数，通过织物组织分析或分解该织物，确定一个完全组织中的纱线根数。

测量距离内的纱线根数＝完全组织个数×一个完全组织中纱线根数＋剩余纱线根数

3. *移动式织物密度法*　往复式织物密度分析镜仪器内装有 5～20 倍的低倍放大镜，以满足最小测量距离的要求。放大镜中有标志线，可随同放大镜移动。测量时，先确定织物的经、纬向。测量经密时，密度镜的刻度尺垂直于经向，反之亦然。再将放大镜中的标志线与刻度尺上的 0 位对齐，并将其位于两根纱线中间作为测量的起点。一边转动螺杆，一边计数，直至数完规定测量距离内的纱线根数。若起始点位于两根纱线中间，终点位于最后一根纱线上，不足 0.25 根的不计，0.25～0.75 根作 0.5 根计，0.75 根以上计作 1 根。

七、测试报告

(1) 由测得的结果计算出 10 cm 长度内所含纱线的根数。

(2) 分别计算经、纬密的平均数，精确至 0.1 根/10 cm。

(3) 当织物是由纱线间隔疏密不同的大面积图案组成时，则应测定并记述各个区域中的密度值。

将测试记录及计算结果填入下表中。

织物密度测试报告单

检测品号＿＿＿＿＿＿＿＿＿＿　　检验人员(小组)＿＿＿＿＿＿＿＿＿＿

检测日期＿＿＿＿＿＿＿＿＿＿　　温　湿　度＿＿＿＿＿＿＿＿＿＿

织物名称					平均值
经密(根/10 cm)					
纬密(根/10 cm)					

实训 2　织物中纱线线密度测试

一、实训目标

通过实验，训练学生学会织物中纱线线密度测试及计算方法，准确称量纱线质量，对织物性质有进一步的认识。

二、参考标准

GB/T 29256.5—2012(织物中拆下纱线线密度的测定)

三、测试仪器和用具

直尺、天平。

四、测试原理

从长方形的织物试样中拆下纱线，测定其中部分的伸直长度和质量（质量应在标准大气中调湿后测定），根据质量与伸直长度总和计算纱线线密度。

五、试样准备

从调湿过的样品中裁剪含有不同部位的长方形试样至少 2 块，裁剪代表不同纬纱纱的长方形试样至少 5 块，试样长度约为 250 mm，宽度至少应包括 50 根纱线。

六、测试方法

1. 分离纱线和测量长度　根据纱线的种类和粗细，选择并调整好伸直张力（表 3-1-3），从每块试样中拆下并测定 10 根纱线的伸直长度（精确至 0.5 mm），然后再从每块试样中拆下至少 40 根纱线与同一试样中已测取长度的 10 根纱线形成 1 组。

表 3-1-3　从织物中拆下的纱线伸直张力

纱线类型	线密度(tex)	伸直用张力(cN)
棉纱、棉型纱	≤7 >7	$0.75\times N_t$ $(0.2\times N_t)+4$
粗梳毛纱、精梳毛纱 毛型纱、中长型纱	15～60 61～300	$(0.2\times N_t)+4$ $(0.07\times N_t)+12$
非变形长丝纱	各种线密度	$0.5\times N_t$

2. 测定纱线质量　将经纱一起称重，纬纱 50 根 1 组分别称重。称重前，试样需在标准大气条件下预调湿 4 h，调湿 24 h。

七、测试报告

$$N_t=\frac{\text{纱线质量}}{\text{纱线总长度}}\times 10^6 \tag{3-1-11}$$

式中：纱线质量以 g 为计量单位；纱线总长度为平均伸直长度与称重纱线根数的乘积(mm)。

当试样需去除非纤维性物质时，应按以下测试步骤进行：

分离纱线和测量长度→去除非纤维物质（参照“纤维混合物定量分析前非纤维物质的去除方法”）→称取纱线质量（烘干值加上商业允贴）→计算结果。

将测试记录及计算结果填入报告单中。

织物中纱线线密度测试报告单

检测品号＿＿＿＿＿＿　检验人员（小组）＿＿＿＿＿＿

检测日期＿＿＿＿＿＿　温　湿　度＿＿＿＿＿＿

织物名称												平均值
纱线伸直后的长度(mm)	经纱											
	纬纱											
经纱质量(g)												
纬纱质量(g)												
经纱线密度(tex)												
纬纱线密度(tex)												

课后练习

1. 名词解释

织物密度　经密　纬密　未充满系数　单位面积重量　幅宽

2. 填空题

(1) 织物规格 13×13×366×291 的意义是＿＿＿＿＿＿＿＿＿＿＿＿＿＿。

(2) 机织物公制密度是指＿＿＿＿ cm 内的经纱或纬纱根数。

3. 判断题

(1) 纱线粗细相同的机织物,密度越大,织物越紧密。　(　　)

(2) 针织物线圈长度越长,织物越稀薄。　(　　)

(3) 纱线粗细相同的针织物,未充满系数越大,织物越紧密。　(　　)

任务二 织物耐用性

◆ 任务目标

知识目标：

1. 掌握织物的拉伸、撕破、顶破、起毛起球及耐磨性能的定义、评价指标；2. 了解影响织物的拉伸、撕破、顶破、起毛起球及耐磨性能的因素。

能力目标：

能测试织物的拉伸、撕破、顶破、起毛起球及耐磨性能。

◆ 任务引入

织物在使用过程中，受力破坏的最基本形式是拉伸断裂、撕裂、磨损和顶裂。织物在使用过程中与接触物之间发生摩擦常伴随着起毛起球，这些不仅关系到织物的耐用性，而且与织物的视觉美关系也很密切。织物在不同方向上的机械性质是有差异的，因此要求至少机织物从经向、纬向，针织物从纵向、横向两个方向分别来研究它们的机械性能。

◆ 课程思政

嫦娥四号及玉兔月球车上的国旗，都是由喷涂而成的薄膜材料形成的，这是因为一般的纤维材料编织而成的国旗暴露在月球环境中会褪色。2020 年 12 月 3 日，嫦娥五号着陆器外侧的一个装置自动弹开，惊艳地向世人展示出了一面鲜艳的五星红旗，它看上去和 A4 纸大小差不多，重量不足 12 克，在高真空±150℃温差，强紫外线、强宇宙辐射，环境极端不稳定的太空环境中，依旧能够保持五星红旗的鲜艳色彩。

说起这面“月面国旗”实在是来之不易，武汉纺织大学科研团队历经八年持续攻关，才保证了这面国旗的航天品质。研制初期，市面上没有符合要求的材料和纺织品，科研团队查阅了大量的文献资料，历时一年多，从几十种纤维材料、纺织面料和颜料中进行挑选，又经过无数次的实验，才摸索出这套面料加工的工艺。

如今，这面科技含金量十足的“月面国旗”，跟随嫦娥五号着陆器，永远留在了月球上。月球“织物版”国旗彰显着中国纺织的力量，这离不开科研工作者的艰苦创新，更凝结了一代代纺织人的智慧。

知识要点

一、织物拉伸性

织物在拉伸外力的作用下产生伸长变形最终断裂的现象，称为拉伸断裂。织物的拉伸性是指织物在拉伸外力作用下表现出的性质。织物拉伸性质常用的指标有：

（一）拉伸强力

指织物受拉伸至断裂时所能承受的最大外力，单位为牛顿。它是评定织物内在质量的主要指标之一。拉伸强力常用来评定织物经磨损、日照、洗涤及各种整理后内在质量的变化。

（二）断裂伸长

织物拉伸到断裂时的伸长称为断裂伸长。织物的断裂伸长与其耐用性密切相关，织物的伸长性能也与服装的伸展性有关，当伸长性能差时，织物缺乏伸展性，人体活动受约束，感到不舒适。

（三）织物的拉伸曲线和有关指标

对织物进行拉伸可以直接得到织物的拉伸曲线，如图 3-2-1 所示。根据拉伸曲线，可以知道织物的断裂强力、断裂伸长、断裂功、初始模量，屈服负荷、屈服变形等指标（计算详见模块二任务四）；还可以了解在拉伸全过程中拉伸力与变形的关系。

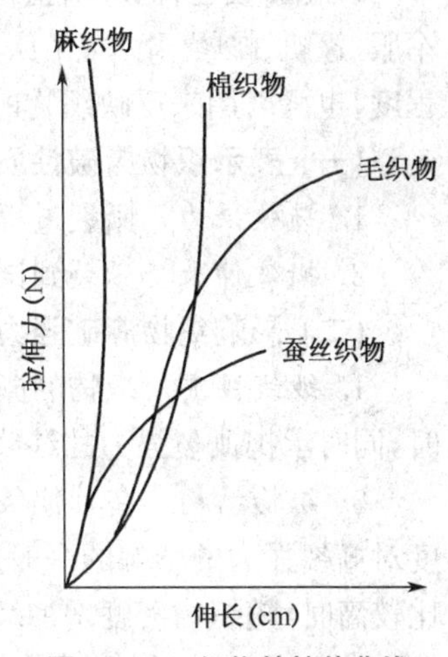

图 3-2-1　织物的拉伸曲线

断裂功是织物在外力作用下拉伸到断裂时外力所做的功，它相当于织物拉伸至断裂时所吸收的能量，反映了织物的坚韧程度。为了方便进行比较，常用重量比功来表示，其计算公式为：

$$W_g = \frac{W}{G} \qquad (3\text{-}2\text{-}1)$$

式中：W_g 为织物的重量断裂比功，J/kg；W 为织物的断裂功，J；G 为织物测试部分的重量，kg。

（四）影响织物拉伸强力的因素

1. *纤维及纱线的影响*　纤维的性质是织物性质的决定因素，当纤维强伸度大时，织物的强伸度一般也大。当织物的组织和密度相同时，线密度大的纱织造的织物强度高，股线织成的织物其强度大于相同线密度的单纱织物。纱线的捻度对织物强力的影响与捻度对纱线强力的影响相似，但纱线捻度接近临界捻系数时，织物的强力已开始下降。

2. *织物结构的影响*　当纬密不变，增加经密时，织物的经向拉伸断裂强力增大，纬向拉伸断裂强力也有增大的趋势。当经密不变，随着纬密增加，对中低密度织物而言，经纬向强力均增加，但对高密织物却表现为纬向强力增大而经向强力减小。在其他条件相同时，不同结构织物的强力和伸长比较为平纹＞斜纹＞缎纹。

3. *后整理*　棉织物、黏胶纤维织物经过树脂整理可以改善它们的机械性能，增加其弹性、折皱回复性，减少变形、降低缩水率。但树脂整理后织物伸长能力明显降低，降低程度决定于树脂的浓度。后整理的方式不同，对织物强伸度的影响也不同。

(五) 拉伸弹性

织物在生产和使用过程中经常受到远远小于拉伸断裂强力的拉伸力的多次反复拉伸,因疲劳而导致破坏。因此评定织物的拉伸性质时,织物在小负荷反复作用下的拉伸弹性对织物的耐用性、保形性更具有实际意义。

织物的拉伸弹性可分为定伸长弹性和定负荷弹性两种。常见的做法是将织物拉伸到规定的负荷或伸长后,停顿一定时间(如 1 min),去负荷,再停顿一定时间(如 3 min)后,记录试样的伸长变化量,计算出定负荷或定伸长弹性回复率。通过拉伸图还可计算织物的弹性回复功和弹性功回复率。

织物中纤维弹性大、纱线结构良好、捻度适中,织物的拉伸弹性好。织物的组织点和织物紧度适中,也有利于织物的弹性。

二、织物的撕破性

织物撕破也称撕裂,指织物局部受到集中负荷作用使织物撕开的现象。撕破通常发生在军服、篷帆、帐幔、雨伞、吊床等织物的使用过程中。撕裂强力常用来反映织物经整理后的脆化程度,也可以用来反映织物的坚韧性。针织物除特殊要求外,一般不进行撕破试验。

(一) 表示织物撕破性质的指标

1. *撕破强力* 撕裂过程中出现的最大负荷值,单位为牛顿。

2. *撕破伸长* 撕裂到试样撕裂终端线时产生的伸长值,单位为毫米。

(二) 影响织物撕破强力的因素

1. *纱线性质* 织物的撕裂强力与纱线的断裂强力大约成正比。当纱线的断裂伸长率大时,同时承担撕裂强力的纱线根数多,织物的撕裂强力大。

2. *织物结构* 在其他条件相同时,原组织中平纹组织的撕裂强力<斜纹<缎纹。织物密度对撕裂强力的影响的一般规律是:当织物密度较低时,随密度增加撕裂强力增加,但当密度比较高时,随织物密度增加织物撕裂强力下降。

3. *后整理* 棉、黏胶等经树脂整理后的织物由于纱线伸长率降低,所以织物脆性增加,织物撕裂强力下降,下降的程度与加工工艺有关。

三、织物顶破和胀破性

织物在四周固定的情况下,从织物的一面给予垂直作用力,使其破坏,称为织物顶破或胀破。织物在穿用过程中,膝部和肘部的受力情况与顶破情况类似,手套、袜子、鞋面用布在使用过程中会受到垂直作用力而顶破;对特殊用途的织物,降落伞、滤尘袋以及三向织物、非织造布等也要考虑顶破性质。

(一) 反映织物顶破性能的主要指标

1. *顶破强力* 弹子垂直作用于布面使织物顶起破裂的最大外力。

2. *顶破高度* 从顶起开始至顶破时织物突起的高度。

(二) 影响织物顶破强度的因素

1. *纱线性质* 顶破的实质是织物中纱线产生伸长而断裂,所以当织物中纱线的断裂强力大、伸长率大时,织物的顶破强力高。在针织物中,提高纱线线密度和线圈密度,顶破强力有所提高。纱线的钩接强度大时,织物的顶破强度高。

2. *织物厚度* 在其他条件相同的情况下,织物越厚顶破强力越大。

3. *织物密度* 当其他条件相同时,机织物顶裂时沿密度小的方向撕裂,织物顶破强力偏低。

四、织物起毛起球及耐磨性

织物在使用过程中，不断经受摩擦，使表面产生绒毛，称为起毛。如果这些绒毛不能及时脱落，在一定条件下就会互相纠缠在一起形成球状小粒，称为起球。织物在使用过程中与接触物之间发生摩擦常伴随着起毛起球。织物的耐磨性指织物抵抗摩擦而损坏的性能。织物在实际使用过程中大多数情况下是受摩擦而损坏，但其原因和过程十分复杂，在各种纤维织物中，天然纤维织物，除毛织物外，很少有起毛起球现象；再生纤维织物也较少有起毛起球现象；而合成纤维织物则存在起毛起球现象，其中以锦纶、涤纶织物最为严重。

（一）织物起毛起球过程

如图 3-2-2 所示，织物起毛起球过程可分为起毛(a)、纠缠成球(b)、毛球脱落(c)三个阶段。对于易起毛起球织物，如此反复，织物损坏。对于很少起毛起球的织物，在使用过程中受摩擦常使纤维磨损断裂、纱线解体，织物损坏。织物起毛起球、磨损会使织物外观恶化，影响织物的服用性能。织物起毛起球的测试采用与标准样照对比来评定，分一至五级。一级最差，严重起球；五级最好，不起球。因为只有同一类织物的起毛起球才可以相互比较，这种方法的缺点是对同类织物必须制成一种标准。

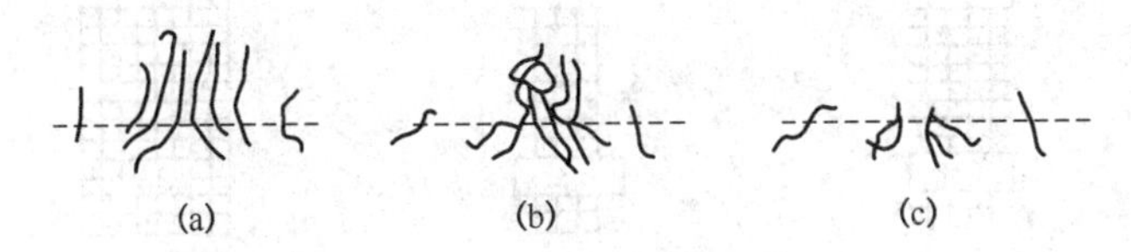

图 3-2-2　起毛起球的过程

（二）影响织物起毛起球的因素

1. 纤维性质及纱线结构　纤维强力高、伸长率大、耐磨性好，特别是耐疲劳的纤维起毛起球现象明显。棉、麻、黏胶等纤维素纤维织物几乎不产生起球现象，毛织物有起毛起球现象。纤维较长，且纤维间抱合力大时织物不易起毛起球。一般来说抱合力较小的圆形截面的纤维比异形截面的纤维易起毛起球。另外，卷曲多的纤维也易起球。

捻度大的纱线，纱中纤维被束缚得较紧密，纤维不易被抽出，织物不易起球。条干不匀的纱线，粗节处捻度小，纤维间抱合力小，纤维易被抽出，所以织物易起毛起球。普梳纱织物比精梳纱织物易起毛起球，花式线、膨体纱织物易起毛起球。

2. 织物结构　表面平滑的织物不易起毛起球。在织物组织中，平纹织物起毛起球性最低，缎纹最易起毛起球，针织物较机织物易起毛起球。

3. 后整理　织物的起毛起球可通过后整理来改善，如对织物进行热定型或树脂整理，可降低织物的起毛起球性，对织物进行适当的烧毛、剪毛、刷毛处理，也可降低其起毛起球性。

任务实施

实训 1　织物的拉伸断裂性能测试

一、实训目标

训练学生会利用织物拉伸断裂强力仪测试织物的断裂强力和断裂伸长率，通过测试，并对影响试验结果的各种因素有所了解。

二、参考标准

参见 GB/T3923.1—2013(纺织品 织物拉伸性能 第 1 部分:断裂强力和断裂伸长率的测定 条样法)、FZ/T 10013.2—2011(温度与回潮率对棉及化纤纯纺、混纺制品断裂强力的修正方法 本色布断裂强力的修正方法)、FZ/T 10013.3—2011(温度与回潮率对棉及化纤纯纺、混纺制品断裂强力的修正方法 印染布断裂强力的修正方法)。

三、测试仪器与用具

试验仪器为 HD026N 型多功能电子织物强力仪,并配备直尺、挑针、张力重锤等用具。

四、测试原理

将一定尺寸的试样,按等速伸长方式拉伸至断裂,测其承受的最大力——断裂强力及产生对应的长度增量——断裂伸长。

五、试样准备

根据织物的品种不同,试样的形状有以下 3 种形式如图 3-2-3 所示。

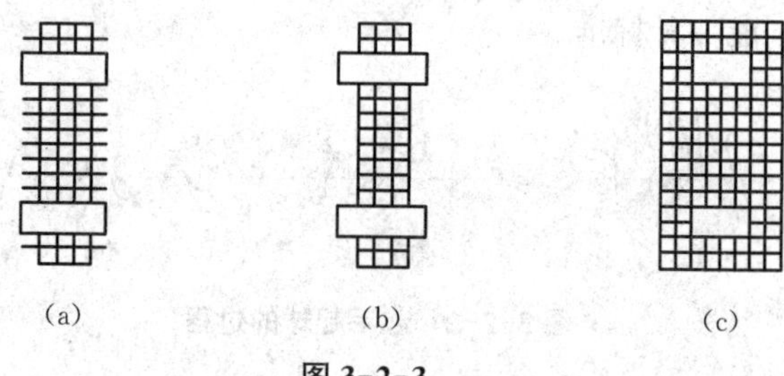

图 3-2-3

(1) 拆边纱法条样　用于一般机织物试样。裁剪的试样宽度应比规定的有效试验宽度宽 10 mm 或 20 mm(按织物紧密程度而定),然后通过拆边纱法从试样宽度两侧拆去数量大致相等的纱线,直至试样宽度符合规定要求,以确保试验过程中纱线不会从毛边中脱出。

(2) 剪切法条样　适用于针织物、涂层织物、非织造布和不易拆边纱的机织物试样。

(3) 抓样法条样　试样宽度大于夹持宽度。适用于机织物,特别是经过重浆整理的、不易抽边纱的和高密度的织物。

比较 3 种形态试样的试验结果,拆边法的强力不匀率较小,而强力值略低于抓样法。试样尺寸见表 3-2-1,要求准备机织物扯边纱条样经纬向各 5 块作拉伸实验。

六、测试方法

1. 试验参数　织物拉伸断裂的试验参数见表 3-2-1。

表 3-2-1　织物拉伸断裂的试验参数

试样类型	试样尺寸 宽(mm)×长(mm)	夹持长度 (mm)	织物断裂伸长率 (%)	拉伸速度 ($mm \cdot min^{-1}$)
条样试样	50×250① 50×250① 50×150①	200 200 100	<8 8~75 >75	20 100 100

注:拆边纱条样试样应先裁剪成 60 mm 宽或 70 mm 宽(疏松织物),然后两边抽去等量边纱,使试样的有效宽度为 50 mm。
① 为便于施加张力,试样长度宜放长 100 mm。

2. 预加张力　按以下原则确定预加张力:

(1) 按试样的平方米克重来决定(见表 3-2-2)。

(2) 当断裂强力低于 20 N 时,按断裂强力的(1±0.25)%确定预加张力。

(3) 抓样法的预张力,采用织物试样的自重即可。

(4) 当试样在预张力作用下产生的伸长大于 2%时,应采用无张力夹持法(即松式夹持)。这对伸长变形较大的针织物和弹力织物更合适。

表 3-2-2 预张力的确定

试样平方米克重(g/m²)		预加张力(N)
一般织物	非织造布	
<200 200~500 >500	<150 150~500 >500	2 5 10

3. 大气条件 试样的调湿、测试的标准大气条件为三级标准大气条件。试样在标准大气条件下调湿 4 h。

4. 测试步骤 织物强力机如图 3-2-4 所示。

(1) 在仪器设置菜单中设置“试验方式”为定速拉伸,“隔距”为 200 mm,“拉伸速度”为 100 mm/min,“试验次数”为 5,“试样方向”为经向或纬向。

(2) 退出参数设置,进入“自动校定长”菜单,完成隔距设置。

(3) 退出“自动校定长”菜单,进入“力值复 0”菜单,完成零点校正。

(4) 退出设置菜单,自动进入测试状态。

(5) 夹持试样。先将试样一端夹紧在上夹钳中心位置,然后将试样另一端放入下夹钳中心位置,并在预张力作用下伸直,再紧固下夹钳(或采用松式夹持法)。预加张力按表 3-2-2 中的要求选择,按“拉伸”键或“启动按钮”,完成一次测试。

图 3-2-4 HD026N 型多功能电子织物强力仪

(6) 重复上一步,完成全部测试。

七、测试报告

打印机打印出测试结果、指标和统计值,必要时可以打印拉伸曲线。

将测试记录及计算结果填入报告单中。

织物拉伸断裂性能测试报告单

检测品号__________ 检验人员(小组)__________

检测日期__________ 温　湿　度__________

织物名称		试样类型					平均值
实测断裂强力(N)	经　向						
	纬　向						

（续 表）

织物名称			试样类型				平均值
断裂伸长（mm）	经 向						
	纬 向						
断裂伸长率（%）	经 向						
	纬 向						
断裂强力变异系数（%）	经 向						
	纬 向						
断裂伸长率变异系数（%）	经 向						
	纬 向						
修正后断裂强力（N）	经 向						
	纬 向						

实训 2 织物撕破性能测试

一、实训目标

学会用电子织物强力仪测定织物撕破强力，通过测试，更好地理解织物的撕破特征和原理。

二、参考标准

参见 GB/T3917.5—2009（纺织品 织物撕破性能 第 2 部分：舌形试样撕破强力的测定）。

三、测试仪器

试验仪器为 HD026N 型多功能电子织物强力仪，见图 3-2-4。准备直尺、剪刀等用具。

四、测试原理

试样剪成舌形（见图 3-2-5），将舌形部分与它旁边的两瓣分别夹在织物拉伸强力机的上下夹头中，试样将沿切口方向撕裂，而断裂的纱线为非受力方向的纱线。例如：当试样的舌形是沿经向开剪时，则该试条是在受经向力作用下撕裂的，但断裂的是纬纱。而且在裂口附近形成的受力三角形的纬纱同时受力。显然，当其他条件相同时，受力三角形越大，同时受力的纱线根数就越多，则撕裂强力增加。根据单舌法撕裂的机理，撕裂强力的大小主要与纱线的断裂功以及纱线间的摩擦阻力有关。

五、试样准备

GB/T 3917—1997 规定了织物撕破性能的 3 种测试方法，即舌形试样法、梯形试样法和冲击摆锤法，以下主要介绍舌形试样法。

（1）试样尺寸取样及裁样　舌形试样包括单舌试样和双舌试样两种。单舌试样为矩形长条，长为（220±2）mm，宽为（50±1）mm，每个试样从宽度的 1/2 处切开一段长度为（100±1）mm 的平行于长度方向的裂口缝，并在条样中间距未切割端（25±1）mm 处标出撕裂终点。双舌试样长为（220±2）mm，宽为（150±2）mm，在试样的宽度中间部位，裁剪出一块平行于长度方

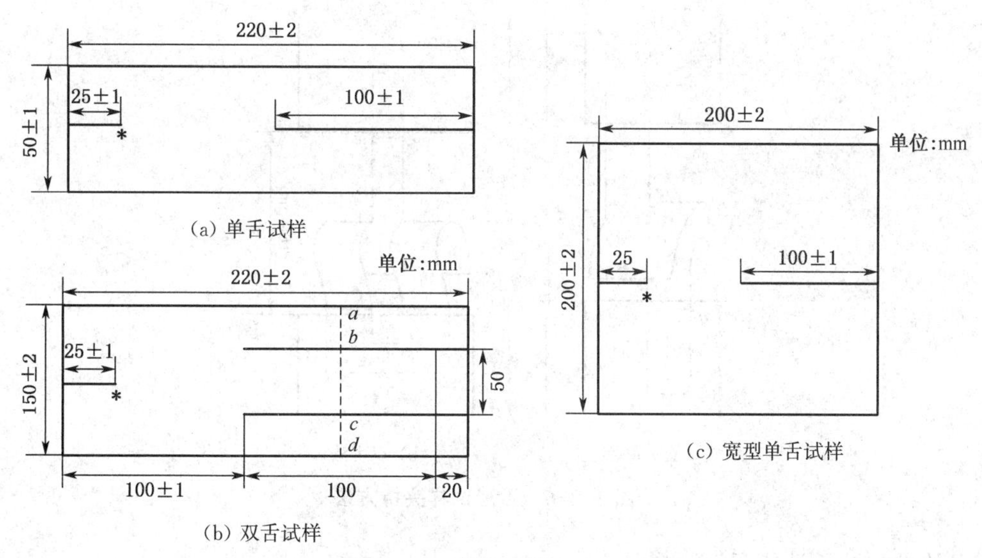

图 3-2-5　舌形试样尺寸(mm)

向的舌形,长为(100±2)mm,宽为(50±1)mm,在距舌端(50±1)mm 处的试样两边画一条直线 *abcd*。在条样中间距未切割端(25±1)mm 处标出撕裂终点。

(2) 试样的裁剪应注明试样的织物方向,当矩形长条试样的长边平行于经向时,称为"纬向撕破试样",当试样长边平行于纬向时,称为"经向撕裂试样"。经纬向试样各裁 5 块。

对于某些特殊的抗撕织物,如松散织物、裂缝织物和用于技术应用方面(如涂层或气袋)的再生纤维素纤维织物,当用上述两种试样测试有困难时,可采用宽型单舌试样,其试样尺寸如图 3-2-5(c)所示。宽形单舌试样为正方形,边长(200±2)mm,中部的开缝长度为(100±1)mm,撕裂长度终点距离未开缝端 25 mm。

(3) 按有关规定随机抽取适量的批量样品,再从批量样品的每匹中,至少离匹端 3 m 以上处,随机剪取长度至少为 1 m 的全幅织物,以此作为试验样品(应无折皱和可见疵点)。

六、测试方法

(1) 在仪器设置菜单中设置"试验方式"为撕裂试验,"夹持长度"为 100 mm,"拉伸速度"为 100 mm/min,"试验次数"为 5,"试样方向"为经向或纬向。

(2) 退出参数设置,进入"自动校定长"菜单,完成隔距设置。

(3) 退出"自动校定长"菜单,进入"力值复 0"菜单,完成零点校正。

(4) 退出设置菜单,自动进入测试状态。

(5) 安装试样,将单舌试样如图 3-2-6(a)所示夹入拉伸试验仪中,试样切割线与夹钳中心线对齐,未切割端呈自由状态。如果是双舌试样,则如图 3-2-6 (b)所示夹持试样,试样的舌头夹在夹钳的中心且对称,使 *bc* 线刚好可见。

再将试样的两长条对称地夹入另一只移动夹钳中,使直线 *ab* 和 *cd* 刚好可见,并使试样长条平行于撕裂方向。试样上不加预加张力,并要避免产生松弛现象。

(6) 按"拉伸"键或"启动按钮",测试开始施加撕破力直至撕裂至试样的终点标记处。如果撕破不是沿施加力的方向进行,或纱线从织物中滑移而不是被撕裂,则该次试验结果应剔除。如果要增加试样数量,最好加倍。如 5 个试样中,有 3 个或更多个试样的试验结果被剔

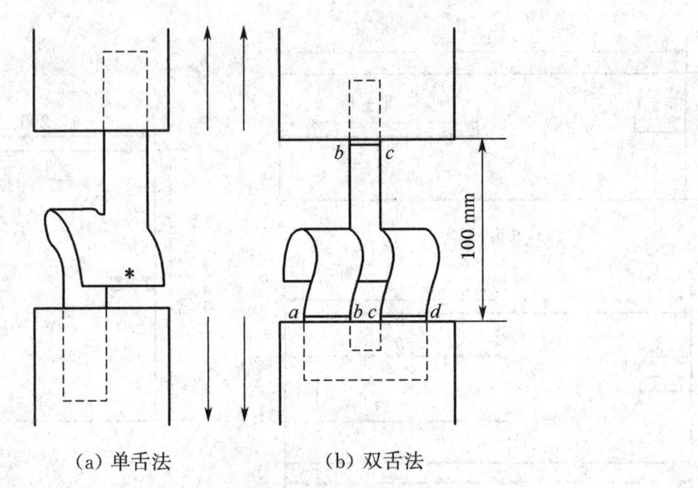

(a) 单舌法　　(b) 双舌法

图 3-2-6　舌形试样夹持方法

除，可认为此方法不适用于该种样品。

(7) 重复上一步，完成全部测试。

七、测试报告

打印机打印出测试结果、指标和统计值，必要时可以打印撕裂曲线。

将测试记录及计算结果填入报告单中。

织物撕破性能测试报告单

检测品号________________　检验人员(小组)________________

检测日期________________　温　湿　度________________

织物名称			测试方法				平均值
实测撕破强力(N)	经向						
	纬向						
撕破强力变异系数(%)	经向						
	纬向						
修正后撕破强力(N)	经向						
	纬向						

实训 3　织物顶破性能测试

一、实训目标

训练学生会利用电子织物破裂强力仪测定织物的顶破强力。通过训练，使学生懂得织物顶破强力试验机的顶破原理和破裂特征。

二、参考标准

参见 GB/T 19976—2005(纺织品 顶破强力的测定 钢球法)

三、测试仪器

试验仪器为 YG031 电子织物破裂强力仪(见图 3-2-7)。

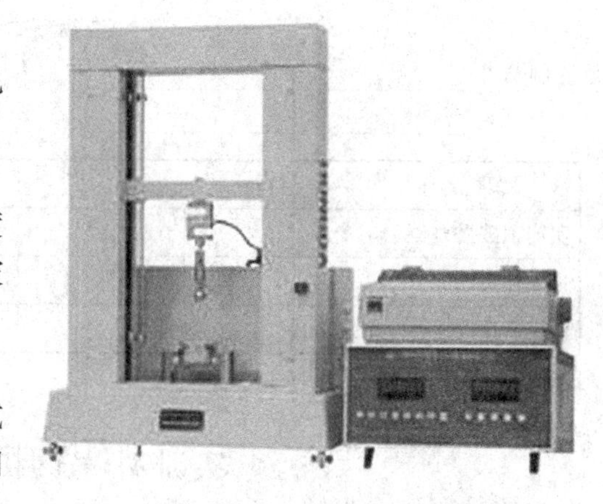

图 3-2-7　YG031 电子织物破裂强力仪

四、测试原理

将试样固定在夹布圆环内,弹子按一定速度垂直顶向试样,直至顶破,仪器自动显示顶破强度。

五、试样准备

剪取针织物顶破试验用直径 6 cm 的圆形试样 5 块。试样应在标准大气(温度 20℃±3℃、相对湿度 65%±3%)下调湿 24 h 以上。

六、测试方法

1. 仪器调试

(1) 仪器应放置在稳固的工作台上,四只垫脚分别放置于主机四只底脚螺钉下面,并校正水平。

(2) 连接好电源线及打印机线。

(3) 确认无误后,依次开启打印机电源开关,主机电源开关。此时力值显示窗口,次数、拉伸长度显示窗口分别进入自检状态,待显示窗口都显示"0"字符,说明仪器可以进入正常工作状态。如显示的字符与上述不符,请再按一次复位键,系统重新自检复位。

(4) 位置(定长)调整,按"工作/调速"键,切换到调速状态,这时右边显示器显示"P—"(绿色),红色显示器显示仪器的拉伸速度,按"拉伸/停止"键,移动梁向下移动,按"返回/停止"键,移动梁向上移动,碰到上限位挡块后停止,下限位调节根据试样要求手动调节,再按"工作/调速"键一次,即切换到工作状态。

2. 操作过程

(1) 仪器完成调试工作后,可以开始试验,请先按一次峰值保持"↑"键。注意:每次开机后,进行第一试验时,必须按一次峰值保持"↑"键,否则试样拉断后将不返回,以后试验不用再按峰值保持"↑"键。

(2) 将裁好的圆形试样夹在圆环夹持器内,放入仪器夹架上,按"拉伸/停止"键或主机上启动按钮,此时顶破头向下拉伸,当试样拉断后顶破头自动向上返回至起始位置。这时力值显示器显示顶破强力、次数、顶破伸长显示器显示试验次数和顶破伸长值;打印机可打印出测试报表。

(3) 按以上方法进行下次试验,直至完成试验。

七、测试报告

按"结算/打印"键,自动打印出统计报表,如需要重复打印,再按一次"结算/打印"键即可。当试验不在标准大气条件下进行时,需根据试样的实际回潮率计算其校正顶破强力。

校正顶破强力=修正系数 K×实测顶破强力

将测试记录及计算结果填入报告单中。

织物顶破性能测试报告单

检测品号＿＿＿＿＿＿＿＿＿＿ 检验人员(小组)＿＿＿＿＿＿＿＿＿＿

检测日期＿＿＿＿＿＿＿＿＿＿ 温　湿　度＿＿＿＿＿＿＿＿＿＿

织物名称			仪器型号			平均值
实测顶破强力(N)						
顶破伸长(mm)						
修正后顶破强力(N)						

实训 4 织物抗起毛起球性测试

一、测试目标

训练学生会测试织物的起毛起球性，并懂得织物起毛起球的原理，学会参照标准评定织物的起毛起球性。

二、参考标准

GB/T 4802.1—2008(纺织品 织物起球试验 圆轨迹法)，GB/T 4802.2—2008(纺织品 织物起球试验 马丁代尔法)、GB/T 4802.3—2008(纺织品 织物起球试验 圆轨迹法)。

三、测试仪器与用具

YG502 型圆轨迹织物起毛起球仪见图 3-2-8，YG401N 型织物平磨仪(马丁代尔仪)见图 3-2-9，YG511 型箱式织物起球仪见图 3-2-10，剪刀、取样器，标准样照，评级箱。

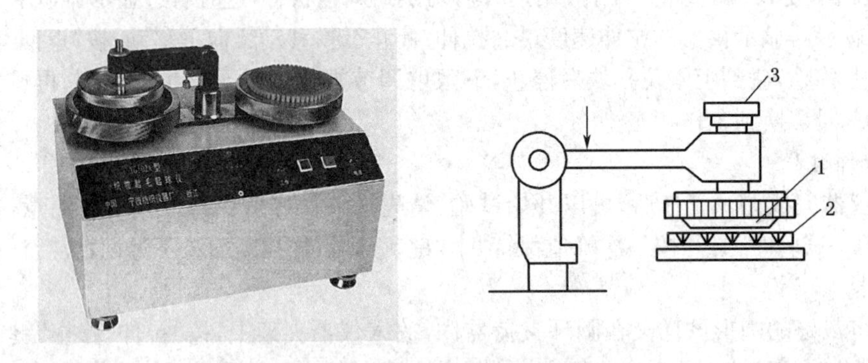

图 3-2-8　YG502 型织物起毛起球仪

四、圆轨迹法测试

1. 测试原理　在一定条件下，先用尼龙刷使织物试样起毛，而后用织物磨料使试样起球，再将起球后的试样与标准样照对比，评定其起球等级。

2. 试样准备　用剪刀或取样器裁取直径为(113±0.5)mm 的试样 5 块，取样应距布边 10 cm 以上，试样上不得有影响试验结果的疵点。试样应摊放在标准大气条件下调湿 48 h，并在该条件下试验。

3. 测试方法

(1) 选定压力和起毛起球的次数，压力和刷揉次数因织物不同而不同，一般按表 3-2-3 选定。

（2）夹入试样，在仪器上先刷毛后揉球（即先起毛后起球）。

表 3-2-3 起毛起球的次数

样品类型	压力(cN)	起毛次数	起球次数
化纤针织物	590	150	150
化纤梭织物	590	50	50
军需服(精梳混纺)	490	30	50
精梳毛织物	780	0	600
粗梳毛织物	490	0	50

（3）评级，将起球后的试样放入评级箱和标准样照对比，评出等级。

4. 测试报告　计算 5 个试样等级的算术平均数，修约至邻近的 0.5 级。需要时，可用文字加以说明。

五、马丁代尔法测试

1. 测试原理　试样夹头与磨面相对运动轨迹为李莎茹图形。装在磨头上的试样在规定压力下，与磨台上的自身织物磨料相互摩擦一定次数，然后将该试样在规定光照条件下，与标准样照对比，评定其起球等级(图 3-2-9)。

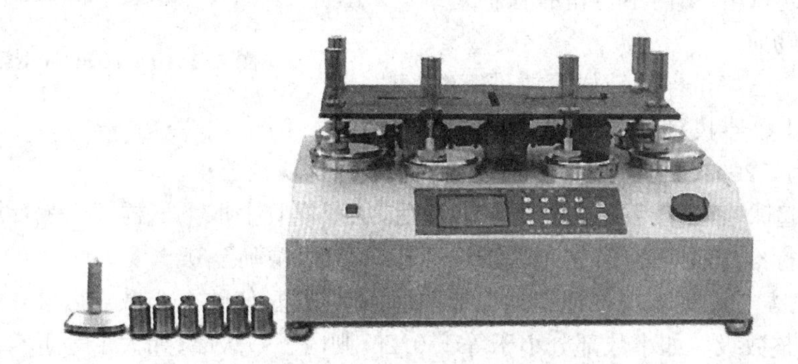

图 3-2-9　YG401N 型织物平磨仪

2. 试样准备　在同一块样品上剪取 2 组试样。一组为直径 40 mm 的试样 4 块，另一组为直径 140 mm 的自身磨料织物 4 块，如果 4 块试样未能包含不同的组织和色泽，应增加试样块数。

3. 测试方法

（1）分别将 4 块试样装在仪器夹头上，测试面朝外。当试样不大于 500 g/m^2 时，在试样与试样夹金属塞块之间垫一片聚氨酯泡沫塑料；测试织物大于 500 g/m^2 或是复合织物时，则不需垫泡沫塑料。各试样应受到同样的张力。

（2）分别将毛毡和磨料织物放在磨台上，把重锤放在磨料上，然后放上压环，旋紧螺母，把磨料固定在磨台上，4 个磨台上的磨料应受到同样的张力。

（3）把磨头放在磨料上，加上压力锤。

（4）预置计数器为 1 000，开动仪器，转动摩擦达 1 000 次，仪器自停。

(5) 取下试样,在评级箱内与标准试样对照,评定每块试样的起球等级,精确至 0.5 级。

4. 测试报告　计算 4 块试样等级的算术平均数,修约到小数点后 2 位。如小数部分小于或等于 0.25,则向下一级靠(如 3.25 级即为 3 级);如大于或等于 0.75,则向上一级靠(如 2.85 级即为 3 级),如大于 0.25 而小于 0.75,则取 0.5。

六、起球箱法测试

1. 测试原理　织物试样缝成试样套,然后将其套在聚氨酯塑料管上放进衬有橡胶软木的方形木箱内。木箱转动时,其内的试样与橡胶软木摩擦而起球,将起球的试样在规定光照条件下与标准样照对比,评定起球等级。

2. 试样准备　剪取 114 mm×114 mm 试样 4 块(纵向与横向各 2 块),测试面向里对折后,在距边 6 mm 处用缝纫机缝成试样套。将其反过来,使织物测试面朝外。

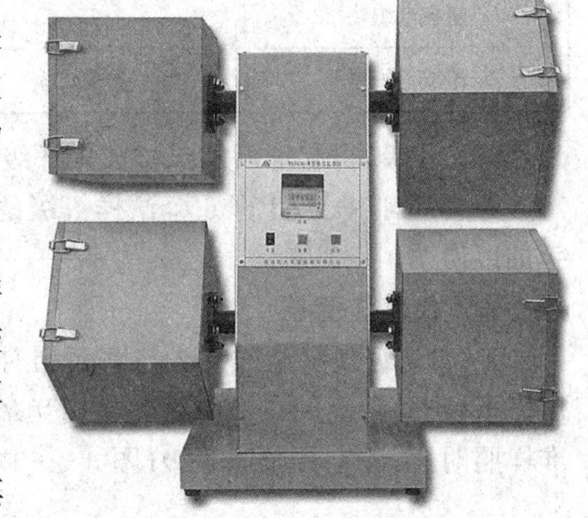

图 3-2-10　YG511N 型箱式起球仪

3. 测试方法

(1) 将试样在均匀张力下套在载样管上。试样套缝边应分开平贴在试样管上。在试样边上包以胶带(长度不超过载样管圆周的一圈半),以固定试样位置并防止试样边松散。

(2) 清洁起球箱,箱内不得留有任何短纤维或其他影响试验的物质。

(3) 把 4 个套好试样的载样管放进箱内,牢固地关上箱盖,把计数器拨到所需转动次数。羔羊毛织物、粗纺织物为 7 200,精纺织物及其他为 14 400 或根据协议要求。

(4) 启动起球箱,当计数器达到所需转数后,从载样管上取下试样,除去缝线,展开试样,在评级箱内与标准样照对比,评定每块试样的起球等级,精确至 0.5 级。

4. 测试报告　计算 4 块试样起球等级的算术平均值,修约至小数点后 2 位,然后根据小数值的大小取整数级。如小数部分小于等于 0.25,则向下一级靠;如大于等于 0.75,则向上一级靠;如大于 0.25 而小于 0.75,则取 0.5。

将测试记录及计算结果填入报告单中。

织物抗起毛起球性测试报告单

检测品号＿＿＿＿＿＿＿＿＿＿　检验人员(小组)＿＿＿＿＿＿＿＿＿＿

检测日期＿＿＿＿＿＿＿＿＿＿　温　湿　度＿＿＿＿＿＿＿＿＿＿

织物名称			仪器型号			
测试方法						平均值
等级(级)						

课后练习

1. 名词解释

拉伸断裂　撕破　顶破　起毛起球　耐磨

2. 填空题

(1) 袜子、手套使用过程中脚趾、手指位置破损的情况属于织物的________现象。

(2) 军服、篷帆、雨伞、吊床等织物在使用过程中，通常会发生________现象。

(3) 书包肩带在使用过程中断裂的现象属于织物的________现象。

3. 判断题

(1) 织物的起毛起球测试采用评级法评定，分一至五级，一级最好，五级最差。　(　　)

(2) 合成纤维织物存在较少的起毛起球现象，天然纤维起毛起球现象严重。　(　　)

任务三
织物外观保持性

◆ 任务目标

知识目标:

1. 掌握织物的抗皱性、收缩性、勾丝性的定义、现象及相关知识;2. 了解抗皱性、收缩性、免烫性、勾丝性对织物外观保持性的影响。

能力目标:

1. 能测试织物的缩水性、折皱回复性、勾丝性;2. 掌握织物的缩水性、折皱回复性、勾丝性的评价方法。

◆ 任务引入

织物在穿用、洗涤、储存等过程中的形态稳定性能称为织物外观保持性。服用织物要求服用初期和一段时间后,仍能保持外观与性质不变或变化甚微,不发生有碍美观的形态变化情况。

◆ 课程思政

2024年龙年春节晚会的《年锦》节目,给大家留下了深刻的印象。一群身穿汉服的青年人,在舞台上惊艳亮相。他们宛如从画卷中走出,带领观众跨越时间的长河,一览中华文化的传统服饰、纹样之美。汉服因其自然质朴和典雅端庄的风格,正受到越来越多年轻人的青睐。

中国自古以来就有"衣冠王国""礼仪之邦"的美誉,从先秦时代的深衣广袖到大唐盛世的霓裳羽衣,再到明清时期的旗袍马褂,无不演绎着中华文明的璀璨与辉煌。

现代青年更要努力汲取知识,成为有家国情怀、有创新能力的新时代青年,持续突破关键核心技术,让青春在为祖国、为民族、为人民、为人类进步的不懈奋斗中绽放绚丽之花。

知识要点

一、织物抗皱性

织物抵抗起皱的能力称为织物的抗皱性。织物起皱是由于织物在使用过程中受到反复揉搓而发生变形不能及时恢复而造成的,织物的抗皱性可理解为除去引起织物起皱的外力后,由于弹性使织物回复到原来状态的能力,因此也常称织物的抗皱性为折皱回复性或折皱弹性。抗皱性差的织物做成的服装,穿用过程中易起皱,即使服装色彩、款式和尺寸合体,也严重影响织物外观美,而且还会因在折皱处易磨损而影响了耐用性。

二、织物免烫性

织物免烫性指织物经洗涤后，不经熨烫或稍加整理即可保持平整形状的性能，又称"洗可穿"性。

织物免烫性与纤维吸湿性、织物在湿态下的折痕回复性及缩水性密切相关。一般来说，若纤维吸湿性小、织物在湿态下的弹性好、缩水性小，则织物的免烫性较好。合成纤维较能满足这些性能，其中以涤纶纤维的免烫性尤佳。棉、毛织物遇水后干燥很慢，织物形态稳定程度较差，布面不平挺，其免烫性较差，一般都需经熨烫才能穿用。

织物免烫性的测试是将试样先按一定的洗涤方法处理，干燥后根据试样表面皱痕状态，与标准样照对比、分级评定，称为平挺度，以1～5级表示。1级最差，5级最好。

三、织物收缩性

织物在使用过程中会发生收缩，织物的收缩包括自然回缩、受热收缩和遇水收缩。

自然回缩指织物从出厂到使用前产生的收缩现象。受热收缩指合成纤维及其混纺织物在受到较高温度作用时发生的尺寸收缩(在织物热学性质中介绍)。遇水收缩指织物在常温水中浸渍或洗涤干燥后发生尺寸收缩。收缩性中表现最为明显的是遇水收缩，常称为缩水。

织物的缩水是服用织物的一项重要质量性能。缩水不但影响织物外观，而且可能造成使用性能的下降。因此，在裁制服装前，必须考虑织物的缩水性，对缩水率大的面料，最好预先进行缩水处理，这样才有可能缝制出合体的服装。

(一) 织物的收缩性

一般用缩率来表示：

$$缩率=\frac{织物收缩前长-织物收缩后长}{织物收缩前长}\times 100(\%) \qquad (3\text{-}3\text{-}1)$$

(二) 影响织物缩水性的因素

1. *纤维性质*　在纤维性质中，吸湿性是影响天然纤维和再生纤维织物缩水性的主要因素。织物浸湿或洗涤时，纤维充分吸收水分，使纤维发生体积膨胀，纤维直径增加，纱线变粗，纱线在织物中的屈曲程度增大，迫使织物收缩。纤维的吸湿性好，吸湿膨胀率大，织物的缩水性就大。棉、麻、毛、丝及再生纤维素纤维，吸湿性很好。因此，这些纤维织物的缩水性较大。合成纤维吸湿性差，有的几乎不吸湿，因此，合成纤维织物的缩水性较小。

2. *纱线结构*　在其他条件相同的情况下，纱线捻度大的，织物的缩水性较大。机织物中，经纱所加的捻度通常较纬纱大，所以经向的缩水较纬向大。

3. *织物结构*　在其他条件相同的情况下，组织结构紧密的织物缩水率较小。机织物一般较针织物结构紧密，所以一般机织物比针织物的缩水率小。

4. *后整理*　后整理工艺对织物的缩水率也有影响。定形好的、经过树脂整理和防缩整理的织物缩水率较小。

四、织物勾丝性

织物在使用过程中，一根或数根纤维被勾出、勾断而露于织物表面的程度称为织物的勾丝性。织物勾丝主要发生在针织物和长丝织物中。勾丝不仅影响织物的外观美，而且降低织物的耐用性。

(一) 织物勾丝性测试

先采用勾丝仪使织物在一定条件下勾丝，然后再与标准样照对比评级，分一至五级，一级最差,五级最好。

(二)影响织物勾丝性的因素

影响织物勾丝性的因素以织物结构最为显著,其他的有纤维与纱线性质、后整理等。

1. 纤维与纱线　圆形截面的纤维比非圆形截面的纤维容易勾丝。长丝比短纤维容易勾丝。纤维的伸长能力和弹性较大时,能缓和织物的勾丝现象。一般规律是结构紧密、条干均匀的纱线织制的织物不易勾丝。

2. 织物结构　织物结构紧密不易勾丝,这是由于纤维被束缚得较为紧密,不易被勾出。表面平整的织物不易勾丝,这是因为粗糙、尖硬的物体不易勾住这种织物的纱线或长丝纤维。针织物勾丝现象比机织物明显。

3. 后整理　热定形和树脂整理能使织物表面变得更光滑平整,勾丝现象有所改善。

任务实施

实训1　织物抗皱性测试

一、实训目标

通过训练,学生会测试织物的抗皱性,并进一步理解影响试验结果的各种因素。学会抗皱性的表示方法。

二、参考标准

GB/T 3819—1997(纺织品 织物折痕回复性的测定 回复角法)

三、测试仪器

YG541型织物折皱弹性仪

四、测试原理

抗皱性通常是测定反映织物折皱回复能力的折皱回复角,有垂直法与水平法两种。垂直法的测试原理是将凸形试样在规定压力下折叠一定时间,释压后让折痕回复一定时间,测量折痕回复角(垂直法的折痕线与水平面垂直,水平法的折痕线与水平面平行)。这里主要介绍垂直法。

五、试样准备

1. 样品与试样　按有关规定(标准或协议)随机抽取样品。对于新近加工的织物或刚经后整理的织物,在室内至少存放6天后才可取样。样品上不得存在明显折痕和影响试验结果的疵点。

每个样品至少裁剪20个试样(经、纬向各10个),测试时,每个方向的正面对折和反面对折各5个。日常试验可测试样正面,即经、纬向正面对折各5个。

垂直法的试样形状见图3-3-1所示。

试样固定翼的尺寸:长20 mm,宽40 mm。

试样回复翼的尺寸:长20 mm,宽15 mm。

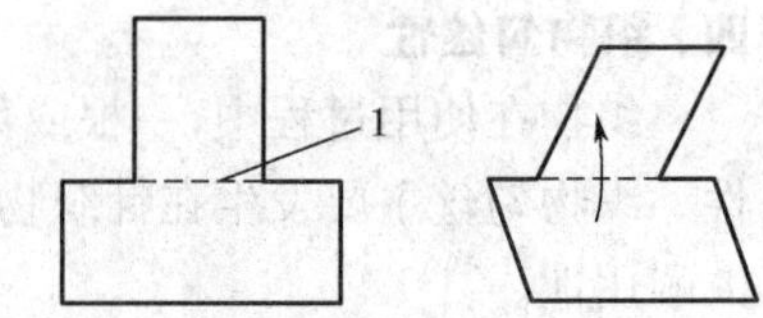

图3-3-1　折皱回复性—垂直法

2. 调湿及试验用大气　试样的预调湿按标准规定进行,若测试是在高温高湿大气下进行(35℃±2℃,90%±2%),试样可不进行预调湿。调湿和试验在二级标准大气下进行，调湿时间为 24 h（经调湿后的试样在操作中不可用手触摸）。

六、测试方法

垂直法织物折皱弹性仪如图 3-3-2 所示，操作步骤如下：

（1）打开总电源开关，仪器指示灯亮。按琴键开关，光源灯亮。将试验翻板推倒，贴在小电磁铁上，此时翻板处在水平位置。

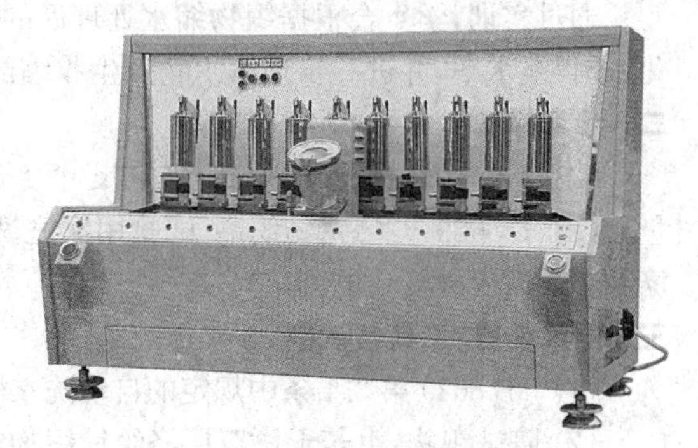

图 3-3-2　YG541 型织物折皱弹性仪

（2）将剪好的试样，按五经、五纬的顺序，夹在试样翻板刻度线的位置上，并用手柄将试样沿折叠线对折，盖上有机玻璃压板。

（3）揿工作按钮，电动机启动。此时 10 只重锤每隔 15 s 按程序压在每只试样翻板的透明压板上，加压重量为 10 N。

（4）当试样承压时间即将达到规定的时间 5 min±5 s 时，仪器发出报警声，鸣示做好测量试样回复角的准备工作。

（5）加压时间一到，投影仪灯亮，试样翻板依次释重后抬起。此时应迅速将投影仪移至第一只翻板位置上。用测角装置依次测量 10 只试样的急弹性回复角，读数一定要等相应的指示灯亮时才能记录，读至临近 1 度。如果回复翼有轻微的卷曲或扭转，以其根部挺直部位的中心线为基准。

（6）再过 5 min，按同样方法测量试样的缓弹性回复角。当仪器左侧的指示灯亮时，说明第一次试验完成。

七、测试报告

分别计算以下各向折痕回复角的算术平均值，计算至小数点后一位，修约至整数位。

（1）经向（纵向）折痕回复角，包括正面对折和反面对折。

（2）纬向（横向）折痕回复角，包括正面对折和反面对折。

（3）总折痕回复角，用经、纬向折痕回复角算术平均值之和表示。

（4）必要时，可测量和计算各自的缓弹性折痕回复角。

将测试记录及计算结果填入报告单中。

织物抗皱性测试报告单

检测品号＿＿＿＿＿＿＿＿＿＿＿＿　检验人员（小组）＿＿＿＿＿＿＿＿＿＿＿＿

检测日期＿＿＿＿＿＿＿＿＿＿＿＿　温　湿　度＿＿＿＿＿＿＿＿＿＿＿＿

织物名称						测试方法						平均值
折痕回复角	经　向											
	纬　向											
总折痕回复角												

实训 2 织物缩水率测试

一、实训目标

通过实训，学生会根据织物缩水处理后的尺寸变化特征，测定织物缩水处理前后的尺寸变化，求得缩水率，并进一步理解织物产生收缩的原因。

二、参考标准

GB/T 8629—2013(纺织品 测定尺寸变化的试验中织物试样和服装的准备、标记及测量)，GB/T 8629—2017(纺织品 试验用家庭洗涤和干燥程序)，GB/T 8630—2013(纺织品 洗涤和干燥后尺寸变化的测定)。

三、测试仪器、工具与试剂

(1) GB 8629 第 3.1 条中规定的自动洗衣机、烘干机，YG089N 全自动织物缩水率试验机；

(2) 陪试织物：由若干块双层涤纶针织物组成，每块 2 片质量各为(35±2)g 和每边(300±30)mm 大小的针织布缝合而成；

(3) GB 8629 第 3.7 条中规定的洗涤剂；

(4) 专用持久性记号笔，也可用缝线来做标记；

(5) 晾布架、打空架子或可拉筛子，滴干和挂干装置；

(6) 缩水尺、测量工具(mm)、台秤。

四、测试原理

缩水率的测试方法很多，按其处理条件和操作方法的不同可分成浸渍法和机械处理法两类。浸渍法常用的有温水浸渍法、沸水浸渍法、碱液浸渍法及浸透浸渍法等。机械处理法一般采用家用洗衣机，选择一定条件进行试验。家用洗衣机法是将规定尺寸的试样经规定的温和家庭方式洗涤后，按洗涤前后的尺寸计算经、纬向的尺寸变化率等。下面主要介绍家用洗衣机法。

五、试样准备

裁取 500 mm×500 mm 试样 1 块，平行于织物长度和宽度方向分别做 3 对 25 cm 宽的标记点，每一标记点距布边至少 5 cm，同一方向的标记线距离至少 12 cm，其他标记应在报告中注明。也可用缝线做标记。

六、测试方法

(1) 将试样在标准大气中(温度 20℃±2℃、相对湿度 65%±3%；非仲裁性试验，温度 20℃±2℃、相对湿度 65%±5%)平铺于工作台调湿至少 24 h。

(2) 将调湿后的试样无张力地平放在工作台上，依次测量各对标记间的距离，精确到 1 mm。

(3) 把试样按 GB 8629 规定的 7A 程序处理 2 次，试样和陪衬物质量共为 1 kg，其中试样不能超过总质量的一半，实验时加入 1 g/L 的洗涤剂(洗涤剂应在 50℃以下的水中充分溶解后再在循环开始前加入洗液中)，泡沫高度不应超过 3 cm，水的硬度(以碳酸钙计)不超过 5 mg/kg。

(4) 处理后的试样干燥，干燥法对织物收缩率的影响不能忽视，相同的织物，采用不同的干燥方法，收缩率差异较大，常用的干燥方法有 6 种：

① 悬挂晾干：将脱水后的试样，按使用方向悬挂在 1 根绳子或光滑晾竿上(试样长度方向应与晾具垂直，试样上的标记点不得碰到晾具)，在室温下的空气中晾干。

② 滴干：试样不经脱水，直接悬挂晾干。

③ 摊开晾干：将脱水后的试样展开（可用手除去折皱，但不能使其伸长或变形），平摊在水平放置的金属网上，自然晾干。

④ 平板压烫：将脱水后的试样放在平板压烫机的平板上，用手抚平较大的折皱，然后根据试样种类，选择适当的温度和压力，一次或多次短时间放下压板，使其干燥。

⑤ 翻滚烘燥：将脱水后的试样和增重陪试织物放入翻滚式干燥机，机内鼓风排气的温度对于一般织物不应超过 70℃，对于耐久压烫织物或易损织物不应超过 50℃，干燥机运转到试样烘干，然后关闭热源继续转动 5 min，停机后立即取出试样。

⑥ 烘箱烘燥：将脱水后的试样摊开铺在烘箱内的筛网上，用手除去折皱，但不能使其伸长或变形，烘箱温度为 60℃±5℃，然后使之烘干。

(5) 按(1)和(2)的要求重新调湿和测量。

七、测试报告

织物的缩水性用缩水率表示。其计算公式是：

$$缩水率=\frac{L_0-L_1}{L_0}\times 100(\%) \tag{3-3-2}$$

式中：L_0 为织物缩水前的长度，mm；L_1 为织物缩水后的长度，mm。

将测试记录及计算结果填入报告单中。

织物缩水率测试报告单

检测品号________________　　检验人员(小组)________________

检测日期________________　　温　湿　度________________

织物名称		测试方法		试样数量		平均值
试样 1	经　向	洗涤前长度(mm)				
		洗涤后长度(mm)				
		缩水率(%)				
	纬　向	洗涤前长度(mm)				
		洗涤后长度(mm)				
		缩水率(%)				
试样 2	经　向	洗涤前长度(mm)				
		洗涤后长度(mm)				
		缩水率(%)				
	纬　向	洗涤前长度(mm)				
		洗涤后长度(mm)				
		缩水率(%)				
试样 3	经　向	洗涤前长度(mm)				
		洗涤后长度(mm)				
		缩水率(%)				
	纬　向	洗涤前长度(mm)				
		洗涤后长度(mm)				
		缩水率(%)				

（续　表）

织物名称		测试方法		试样数量		平均值
试样 4	经　向	洗涤前长度(mm)				
		洗涤后长度(mm)				
		缩水率(%)				
	纬　向	洗涤前长度(mm)				
		洗涤后长度(mm)				
		缩水率(%)				
检验结果	经向缩水率(%)					
	纬向缩水率(%)					

实训 3　织物的勾丝性测试

一、实训目标

通过训练，使学生会利用织物勾丝仪测定织物的勾丝性，并熟悉织物勾丝仪（钉锤式）的结构、原理，并学会评定方法，对比样照对试样的勾丝程度进行评级。

二、参考标准

GB/T 11047—2008（织物勾丝性能测定 钉锤法）

三、测试仪器

YG518 织物勾丝仪，其结构如图 3-3-3 所示。

图 3-3-3　YG518 织物勾丝仪

四、测试原理

试验时，试样 1 缝制成圆筒形，套在由橡胶包覆、外裹有包毡 2 的滚筒 3 上。滚筒上方装有由链条 4 连接的铜锤 5。当滚筒转动时，铜锤上的突针 6 不停地在试样上随机钩挂跳动，使织物勾丝。

五、试样准备

（1）每份样品至少取 550 mm×全幅，不要在匹端 1 m 内取样，样品应平整、无皱、无疵点。

（2）在经过调湿的样品上，剪取经向（纵向）试样和纬向（横向）试样各 2 块。试样的长度为 330 mm，宽度为 200 mm。

（3）先在试样反面做有效长度（即试样套筒周长）标记线，伸缩性大的织物为 270 mm，一般织物为 280 mm。然后正面朝里对折，沿标记线平直地缝成筒状。再翻转，使织物正面朝外。

如果试样套在转筒上过紧或过松，可适当调节周长尺寸，使其松紧适度。

六、测试方法

1. 试验参数

(1) 仪器的结构参数：①钉锤上等距植入针钉 11 根，总质量(160±10)g；②针钉外露长度 10 mm，尖端半径 120.13 mm；③转筒直径 82 mm，宽 210 mm，其中外包橡胶厚度 3 mm，转筒转速(60±2)r/min；④毛毡厚度 3～3.2 mm，宽度 165 mm；⑤导杆工作宽度为 125 mm。

当使用其他规格的钉锤仪而对试验结果有异议时，应以该仪器的试验结果为准。

(2) 仪器的试验参数：导杆的方位和链条长度是调节勾丝力大小的主要部件，必须严格校验。否则，不仅勾丝无法正常进行，勾丝效果也差异很大。①导杆高度离圆筒中心距离为 100 mm；②导杆偏离圆筒中心右方的距离为 25 mm；③钉锤中心到导杆中心的链条垂直长度为 45 mm；④转筒速度为(60±2)r/min；⑤试验转数为 600 r。

(3) 其他用品：①橡胶环 8 个，用于固定样品；②毛毡垫(备用品)厚度 3～3.2 mm，使用中发现表面变得粗糙、严重磨损或出现小洞等现象，应予以更换；③卡尺用以设定钉锤位置；画样板规格与试样尺寸相同；④评定板厚度不超过 3 mm，幅面为 140 mm×280 mm。

2. 测试步骤

(1) 将筒状试样小心地套在转筒上，缝边向两侧展开、摊平。然后用橡胶环固定试样一端，展开折皱，使试样表面圆整，再用橡胶环固定试样另一端。在装放针织物横向试样时，应使其中一块试样纵行线圈尖端向左，另一块向右。经(纵)纬(横)向试样应随机装放在转筒上(装放位置应随机)。

(2) 将钉锤绕过导杆轻放在试样上。

(3) 启动仪器，钉锤应能自由地在滚筒的整个宽度上移动，否则需停机检查。

(4) 达到规定的转数后，仪器自停，移去钉锤，取下试样。

3. 试验结果评级

(1) 试样取下后至少要放置 4h 再评级。

(2) 直接将评定板插入筒状试样，使评级区处于评定板正面，缝线处于背面中心。

(3) 将试样放入评级箱观察窗内，标准试样放在另一侧。

(4) 对照标样评级级别的判定规定为：①根据试样勾丝的密度(不论长短)评级，精确至 0.5 级。②如果试样勾丝中含中、长勾丝，则应按表 3-3-1 的规定，在原评级的基础上顺降等级。1 块试样中长勾丝累计顺降不超过 1 级。

表 3-3-1　试样中、长勾丝顺降的级别

勾丝类别	占全部勾丝比例	顺降级别/级
中勾丝	≥1/2～3/4	1/4
	≥3/4	1/2
长勾丝	≥1/4～1/2	1/4
	≥1/2～3/4	1/2
	≥3/4	1

注：中勾丝：指长度超过 2 mm 不足 10 mm 的勾丝。

长勾丝：指长度达到 10 mm 及以上的勾丝。

七、测试报告

分别计算经、纬向试样(包括增试的试样)勾丝级别的算术平均数,修约至最接近的0.5级。

将测试记录及计算结果填入报告单中。

织物的抗勾丝性测试报告单

检测品号________________　　检验人员(小组)________________

检测日期________________　　温　湿　度________________

仪器型号					测试方法		
织物名称			原　料				平均值
勾丝级别(级)	经　向						
	纬　向						

课后练习

1. 名词解释

抗皱性　免烫性　缩水性　勾丝性

2. 填空题

(1) 织物的免烫性又称为“________”。

(2) 织物的收缩性一般用________来表示。

3. 判断题

(1) 针织物比机织物更容易勾丝。　(　　)

(2) 折痕回复角越大,织物的抗皱性越好。　(　　)

(3) 涤纶织物免烫性差。　(　　)

(4) 合成纤维及其混纺织物受到较高温度时,不容易发生热收缩现象。　(　　)

任务四 织物舒适性

◆ 任务目标

知识目标：

1. 掌握织物透气性、透湿性、保暖性的定义、现象及相关知识；2. 了解透气性、透湿性、保暖性与织物服用性能的关系。

能力目标：

1. 能测试织物的透气性和透湿性；2. 能够评价织物透气性、透湿性、保暖性能。

◆ 任务引入

舒适性是服用织物性能的一个重要指标，是服装面料服用性能的综合反映。狭义的舒适性指织物使人达到满意的热湿平衡的性能；广义的舒适性指在人、衣服、环境三者之间相互作用下，使人达到心理、生理感觉的满意。这里仅介绍与舒适性密切相关的透气、透湿和保暖性能。

◆ 课程思政

姚穆，中国工程院院士，是罕有的纺织全产业链专家，是学生眼中的“纺织百科全书”、业界眼中的“中国纺织材料大家”和企业眼中的“科技雷锋”。

他是我国服装舒适性研究的开创者。在此类研究零基础的背景下，姚穆团队与国内医科大学联合，制作了人体各部位皮肤切片300余万张，仔细分析人体各部位皮肤结构的区别以及压力、温度、湿度、刺痛、摩擦等感觉神经元的种类和它们的复合作用。为了全面反映与服装舒适性相关的参数，姚穆继续和他的研究生用自己的身体做实验，建立起了织物物理参数与暖体假人参数之间的联系。进入21世纪，姚穆在人体着装舒适性方面的研究，至今仍然是我国极地服、宇航服和作战服等特种功能服装面料设计与暖体假人设计等方面的理论基础。在完成服装穿着舒适性研究的定量测试中，姚穆还组织研制了一批测试仪器，建立了一系列测试方法，这些测试仪器有：织物透水量仪、多自由度变角织物光泽仪、织物微气候仪、织物表面接触温度升降快速响应仪与织物红外透射反射测试装置等。

姚穆院士治学严谨、工作勤奋，笔耕不辍，译著论著颇丰，特别是以他为首编著的《纺织材料学》，成为该学科的经典之作。姚穆院士不仅在学术上功底厚，造诣深，治学严，还具有高尚的人品。姚穆一生从事纺织材料研究，但他的衣着却永远是人群中最朴素的一个。熟悉他的人都知道他为人谦逊，淡泊名利，更注意奖掖后进，是学生的良师，是同仁的益友。关键的学术思想，重要的理论推导，甚至于数据处理他都事必躬亲，反复推敲、校核，但在论文发表时却常常将学生和同事推在前边，自己甘当人梯。

这种执着追求学术严谨、完全忘我的姚穆精神激励着几代教育人、纺织人为国家的事业艰苦奋斗。从他清瘦的身躯里，我们能感受到一种强大的力量，这个力量坚定着大家推动中国从纺织大国变成纺织强国的信心，坚定着大家在中国经济改革发展的浪潮中创出一番事业的激情。在他清瘦的身躯里，饱含着一位耄耋老者对纺织的情怀、对教育的情怀、对祖国的情怀。

知识要点

一、织物的透气性

织物透过空气的性能称为透气性。夏季服装应具有较好的透气性，使穿着者感觉凉爽适意；冬季服装则应具有较小的透气性，并且使织物储存较多的静止空气，以防止人体热量的散失，达到防风保暖的目的。

在保持织物两边的压力差一定的条件下，测定单位时间内透过织物的空气量，就可以测得织物的透气性指标透气量。透过的空气愈多，织物的透气性愈好。

织物的透气性主要与织物内纤维的几何形态、纱线线密度和捻度，织物密度、组织和厚度等有关。

1. 纤维几何形态　纤维越粗，织物透气性越大，大多数异形截面纤维制成的织物透气性比圆形截面纤维的织物好。

2. 纱线线密度　在经、纬（纵、横）密度相同的织物中，纱线线密度减细，织物透气性增加。

3. 纱线捻度　纱线捻系数增大时，在一定范围内使纱线密度增大，纱线直径变小，织物紧度降低，因此织物透气性有提高的趋势。

4. 织物密度、组织和厚度　织物厚度增加，透气性下降。织物组织中，平纹织物交织点最多，浮长最短，纤维束缚得较紧密，故透气性最小；斜纹织物透气性较大；缎纹织物更大。纱线线密度相同的织物中，随着经、纬密的增加，织物透气性下降。织物经缩绒（毛织物）、起毛、树脂整理、涂层等后整理后，透气性有所下降。宇航服结构中的气密限制层，通常采用气密性好的涂氯丁锦纶胶布材料制成。

二、织物的透湿性

织物的透湿性指织物透过水蒸气的性能。服装用织物的透湿性是一项重要的舒适、卫生性能，它直接关系到织物排放汗气的能力。尤其是内衣、运动服、训练服及体力劳动者用的服装，必须具备很好的透湿性。织物若能及时有效地将人体分泌的汗液排出，人就会感到舒适，否则会感到闷热不适。织物透湿实质上是当织物正反两面存在一定的相对湿度差时，水汽从相对湿度较高的一面传递到相对湿度较低的一面去的过程。

（一）织物对水（汗液）传递的四个阶段

①织物表面与水接触，织物将水分吸收或水将织物表面润湿；②织物与高湿空气接触的一面，由纤维传递至织物的另一面；③织物将吸收的水分暂时贮存在织物层中；④贮存的水分向低湿空气中散湿——蒸发散湿。

（二）影响织物透湿性的主要因素

1. *厚度和紧度*　大多数织物的透湿性随织物厚度的增加而下降。经纬密度相同的织物，减小经纬纱线线密度，织物透气性提高；当经纬纱线线密度相同而增加织物的经密或纬密时，则织物透湿性下降；

2. *纱线捻度与织物组织*　当纱线捻度低、结构松时，其织物的透湿性较好；在织物组织中，平纹织物交织点最多，纤维束缚得较紧密，故透湿性较小，斜纹织物透湿性较平纹大，而缎纹织物较斜纹织物大。

3. *后处理*　实验表明，织物透湿性与后整理加工关系密切。织物表面涂以吸湿层后可明显改善透湿性；棉、黏织物树脂整理后透湿性下降。

4. *环境*　实验表明，织物透湿性随环境温度升高而增加，但随环境相对湿度的增加而减小。

三、织物的保暖性

织物保持被包覆热体温度的程度称为保暖性。热量传递的形式有传导、对流和辐射三种。传导可发生在空气中，也能在纤维内存在，纤维的热导率是影响织物保暖性的因素之一，热导率越小，相应织物的保暖性就越好。对流存在于空气中，而纤维及纤维与空气的接触面不存在，因此具有小空隙的细小纤维结构是低导热而无对流的理想结构。辐射也主要存在于空气中，纤维对辐射热是很迟钝的，因此织物越厚，保暖性越好。

影响织物保暖性的主要因素有：

1. *纤维、纱线及织物结构*　静止空气的导热系数小，所以织物的保暖性主要取决于组成织物的纤维中夹持空气的数量和状态。提高织物的保暖性就要使织物内部夹持有较多的静止空气，因此细纤维、中空纤维和低捻度的纱线制成的织物保暖性好；平纹织物交织点多，纤维束缚得较紧密，静止空气含量高于斜纹和缎纹织物，所以平纹织物的保暖性较好；增加织物厚度，保暖性上升。

2. *织物中的水分含量*　水的导热系数约为纤维的10倍，所以当织物回潮率增加，织物保暖性下降。

3. *空气流速*　空气流速增大时，织物表面热量散失快，保暖性下降。

任务实施

实训1　织物透气性测试

一、实训目标

学会使用织物透气仪测定织物在一定压力差条件下单位时间内通过织物的空气量，从而求得织物的透气性能。通过电脑处理，打印输出精确的测试结果。

二、参考标准

GB/T 20221344—T—608（织物透气性的测定）

三、测试仪器与用具

YG461型电脑式透气性测试仪，并准备好剪刀、放大镜等用具。

四、测试原理

在规定的压差下，测定单位时间内垂直通过试样的空气流量，推算织物的透气性。

本实验是通过测定流量孔径两面的压差，查表得到织物的透气性。当流量孔径大小一定时，其压差越大，单位时间流过的空气量也越大；当流量孔径大小不同时，同样的压力差所对应的空气流量不同，流量孔径越大，同样的压力差所对应的空气流量越大。为了适应测定不同透气性的织物，备有一套大小不同的流量孔径，供选择使用。

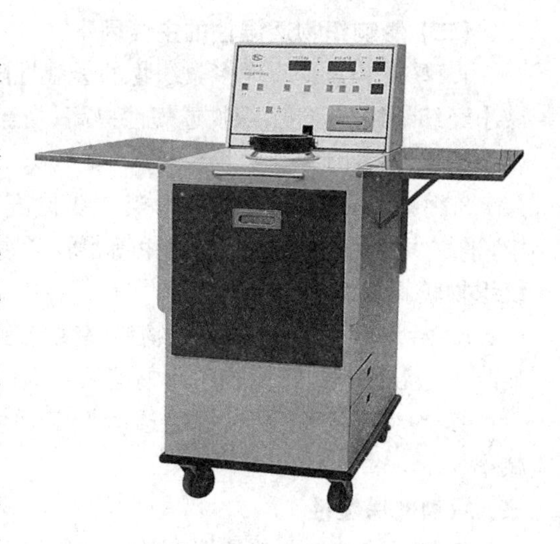

图 3-4-1　YG461 型织物透气量仪

五、试样准备

试样面积为 20 cm²（试样的裁取面积应大于 20 cm²，也可用大块试样测试，同一样品的不同部位至少测试 10 次）。

六、测试方法

1. 日期的设置　按下“设定”键超过两秒进入日期设置状态，这时候可以分别对年、月、日、小时、分钟进行设置。

2. 测试步骤

(1) 在初始状态下按“设定”键（小于两秒），进入设置状态，压差显示闪烁。按“透气率/量切换”键（选择 85 国际还是 97 国际）使透气率指示灯亮。

(2) 透气率选定后，按“加▲、▼”键进行测试定值压差的设置。按“▲”键使测试压差加 1，按“▼”键使测试压差减 10，直到显示测试压差等于 100(Pa)。

(3) 测试压差设置完成后，按“设定”键，显示测试面积的数码管闪烁。按“▲、▼”键进行测试面积的选择，直到显示测试面积等于 20。测试面积设置完成后，按“设定”键，显示喷嘴直径的数码管闪烁，按“▲、▼”键进行喷嘴直径的选择，直到显示喷嘴直径等于 3。

(4) 测试喷嘴设置完成后，按“设定”键，进入初始状态，所有的数码管都变为常亮，设置操作完毕。这时，应打开筒体门，把 ϕ3 的喷嘴旋上，并旋紧，关好门。然后，放上要测试的布样，并放上绷紧圈，压下压头，压头压下时要检查压头是不是将布样压紧压平，然后按一下“工作”键，此时测试过程开始。

(5) 这时仪器首先进行校零（校准指示灯亮），校零完毕时，蜂鸣器发出一短声“嘟”，仪器自动进入正式测试阶段（校准指示灯灭，测试指示灯亮），自动根据设定值进行透气率/量的测试，测试完毕蜂鸣器又发出一短声“嘟”，并显示测得的透气率/量。

本测试仪器可以连续多次测试，测试结果都会保存在仪器内部的存储器中。可按需要进行打印或输出到 PC 机中进行处理。（每设定一次，可连续测试并可打印平均值。需要注意的是，一旦设定值改变后，上次测量的数据就被仪器自动消除了。）

假如设定值为 127 Pa（85 国际水柱法，相当于 13 mm 水柱）测试直径为 ϕ50 mm，这时需要切换透气量（这时指示灯亮）其他操作同上。

七、测试报告

按需要进行打印测试结果，将测试记录及计算结果填入报告单中。

织物透气性测试报告单

检测品号＿＿＿＿＿＿＿＿　　检验人员(小组)＿＿＿＿＿＿＿＿

检测日期＿＿＿＿＿＿＿＿　　温　湿　度＿＿＿＿＿＿＿＿

织物名称											平均值
透气率/透气量											

实训 2　织物透湿性测试

一、实训目标

学会把盛有吸湿剂或水并封以织物试样的透湿杯放置于规定温度和湿度的密封环境中，根据一定时间内透湿杯(包括试样和吸湿剂或水)质量的变化，计算出透湿量。并进一步认识影响织物透湿性的各种因素。

二、参考标准

GB/T 12704.1—2009(织物透湿量试验方法 吸湿法)

三、测试仪器及试剂

(1) 试验箱　试验箱温度控制精度为±0.5℃，相对湿度控制精度为±2%，循环气流速度为 0.3～0.5 m/s；

(2) 透湿杯及附件　透湿杯内径为 60 mm，杯深 22 mm，透湿杯、压环、杯盖用铝制成垫圈用橡胶或聚氨酯塑料制成，乙烯胶黏带宽度应大于 10 mm，固定试样、垫圈和压环的螺栓和螺帽用铝制成；

(3) 精度为 0.001 g 的天平，还有干燥器、量筒等；

(4) 试剂　吸湿剂为无水氯化钙(化学纯)，粒度为 0.63～2.5 mm，使用前需在 160℃烘箱中干燥 3 h；

(5) 蒸馏水；

(6) 标准筛　孔径 0.63 mm 和孔径 2.5 mm 的各 1 个。

四、测试原理

把盛有吸湿剂或水并封以织物试样的透湿杯放置于规定温度和湿度的密封环境中，根据一定时间内透湿杯(包括试样和吸湿剂或水)质量的变化，计算出透湿量。

五、试样准备

试样直径为 70 mm，每个样品取 3 个试样(或按有关规定决定数量)。当样品需测 2 面时，每面取 3 个试样，涂层试样一般以涂层面为测试面。

六、测试方法

1. 吸湿法

(1) 试验条件为温度 38℃，相对湿度 90%，气流速度为 0.3～0.5 m/s；

(2) 向清洁、干燥的透湿杯内装入吸湿剂并使吸湿剂成平面，吸湿剂的填满高度为距试样下表面位置 3～4 mm；

(3) 将试样测试面朝上放置在透湿杯上，装上垫圈和压环，旋上螺帽，再用乙烯胶带从侧面封住压环、垫圈和透湿杯，组成试验组合体；

(4) 迅速将试验组合体水平放置在已达到规定试验条件的试验箱内，经过 0.5 h 平衡后取出；

(5) 迅速盖上对应的杯盖，放在 20℃左右的硅胶干燥器内平衡 30 min，然后按编号逐一称重，称重时精度准确至 0.001 g，每个组合体称重时间不超过 30 s；

(6) 拿去杯盖，迅速将试验组合体放入试验箱内，经过 1 h 试验后取出，按(5)中的规定称重，每次称重组合体的先后顺序应一致。

2. 蒸发法

(1) 试验条件为温度 38℃，相对湿度 2%，气流 0.5 m/s；

(2) 向清洁、干燥的透湿杯内注入 10 mL 水；

(3) 将试样的测试面向下放置在透湿杯上，装上垫圈和压环，旋上螺帽，再用乙烯胶黏带从侧面封住压环、垫圈和透湿杯，组成组合体。

(4) 将试验组合体水平放置在已达到规定试验条件的试验箱内，经过 0.5 h 平衡后，按编号在箱内逐一称重，精确至 0.001 g。

(5) 随后经过 1 h 试验后，再次按同一顺序称重，如需在箱外称重，称重时杯子的环境温度与规定试验温度的差异不大于 3℃。

七、测试报告

试样透湿量计算公式为：

$$WVT = \frac{24 \times \Delta m}{s \cdot t} \tag{3-4-1}$$

式中：WVT 为每平方米每天(24 h)的透湿量，$g/m^2 \cdot d$；t 为试验时间，h；Δm 为同一试验组合体 2 次称重之差，g；S 为试样试验面积，m^2。

算出 3 个试样的透湿量平均值，修约至 10 $g/m^2 \cdot d$，将测试记录及计算结果填入报告单中。

织物透湿性测试报告单

检测品号＿＿＿＿＿＿＿＿＿＿ 检验人员(小组)＿＿＿＿＿＿＿＿＿＿

检测日期＿＿＿＿＿＿＿＿＿＿ 温 湿 度＿＿＿＿＿＿＿＿＿＿

织物名称		样品数量		平均值
透湿量($g/m^2 \cdot d$)				

实训 3 织物保暖性测试

一、实训目标

训练学生会测试纺织品的保暖性能，在测试时尽量减少影响测试结果的各种因素，并比较各种纺织品的保暖性能。

二、参考标准

GB/T 11048—2018(生理舒适性 稳态条件下热阻和湿阻的测定)

三、测试仪器

试验仪器为 YG606 型平板式保暖仪，如图 3-4-2 所示。

四、测试原理

将试样覆盖在平板式织物保暖仪的试验板上，试验板、底板以及周围的保护板都用电热控制相同的温度，并通过通、断电保持恒温，使试样板的热量只能通过试样的方向散发。试验时，通过测定试验板在一定时间内保持恒温所需要的加热时间来计算织物的保暖指标——保温率、传热系数和克罗值。

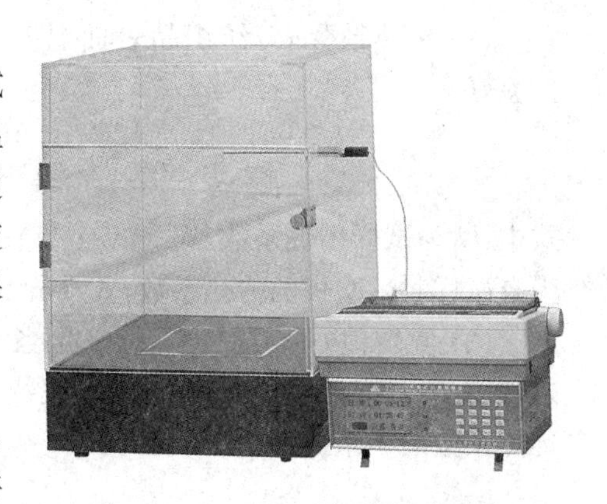

图 3-4-2　YG606 型平板式保暖仪

五、试样准备

每个样品裁取 3 块，试样尺寸为 30 cm×30 cm，试样应平整，无折皱。如果是纤维类试样，应经过开松处理，铺成厚薄均匀的纤维层，做对比试验时，应使平方米克重一致。调湿和测试的标准大气为温度 20℃±2℃，相对湿度 65%±2%，调湿时间为 24 h。

六、测试方法

1. 做空板试验(试样板不包覆试样)

(1) 按“电源”开关，开机。

(2) 设置试验参数：试验板、保护板、底板的温度为上限 36℃，下限 35.9℃，预热时间一般为 30 min，也可视织物厚度和回潮率而定，循环次数为 5 次。

(3) 按“启动”键。各加热板开始预加热，当温度达到设定值，而且温差稳定在 0.5℃以内时，时间显示器显示“t，t_n”。

(4) 按“复位”键，随即按“启动”键。“空板”实验开始，并自动进行，直到时间显示器显示“t，t_n”，表示“空板”实验结束(通常每天开机只做一次空板试验)。

2. 做有试样试验

(1) 放置试样：将试样平铺在试验板上(正面朝上或服装面料的外侧朝上)，将试验板四周全部覆盖。

(2) 按“启动”键，开始第一块试样的试验，试验自动进行，直到时间显示器显示“t，t_n”，表示该块试样试验结束。

(3) 取出试样，换第二块，按“启动”键，重复上述过程，直至测完所有试样。

(4) 自动打印试验结果。

(5) 按“清除”键 3 次(因为是 3 块试样)，清除前面试验数据(不能多按，否则会清除空板试验的数据)。

七、测试报告

该仪器可自动打印保温率、传热系数和克罗值等保暖指标的实验结果。打印的结果说明如下：

(1) 保温率 Q　无试样时的散热量 Q_0 和有试样时的散热量 Q_1 之差与 Q_0 之比的百分率。该值愈大，试样的保暖性愈好。

$$Q = \frac{Q_0 - Q_1}{Q_0} \times 100(\%) \tag{3-4-2}$$

式中：Q_0 为无试样覆盖时试验板的散热量，W/℃；Q_1 为有试样时试验板散热量，W/℃。

(2) 传热系数 U：纺织品表面温差为 1℃时，通过单位面积的热流量。该值愈大，保暖性愈好。

$$U=\frac{U_0 \cdot U_1}{U_0-U_1} \tag{3-4-3}$$

式中：U 为试样传热系数，W/(m^2 · ℃)；U_0 为无试样时试验板的传热系数，W/(m^2 · ℃)；U_1 为有试样时试验板的传热系数，W/(m^2 · ℃)。

(3) 克罗值 CLO：其物理意义是当室温为 21℃、相对湿度不超过 50%、气流为 10 cm/s 时，试穿者静坐并保持舒适状态，其服装所需的热阻，1 CLO=4.3×10^{-2} m^2 · h/J。克罗值与传热系数的关系如下：

$$1\,CLO=\frac{1}{0.155U} \tag{3-4-4}$$

将测试记录及计算结果填入报告单中。

织物保暖性测试报告单

检测品号________________ 检验人员(小组)________________

检测日期________________ 温 湿 度________________

织物名称				平均值
保温率				
传热系数				
克罗值(CLO)				

》》》课 后 练 习《《《

1. 名词解释

透气性　透湿性　保暖性

2. 填空题

(1) 内衣、运动服、训练服及体力劳动者使用的服装，必须具备很好的________性。

(2) 织物的舒适性能是面料________性、________性、________性的综合反映。

3. 判断题

(1) 织物密度越稀疏，透过的空气越多，透气性越好。 (　)

(2) 热导率越小，织物的保暖性越好。 (　)

任务五 织物风格

◆任务目标

1. 能测试织物的硬挺度和悬垂性，能用专业术语描述织物风格；2. 了解织物风格的主要内容，懂得评价织物风格。

◆任务引入

织物风格是织物的物理机械特性作用于人的感觉器官使人作出的综合评判。

广义的织物风格包括视觉风格、触觉风格和听觉风格。人们在不同场合提到的织物风格可能指三者之一或是全部。视觉风格指织物的外观特征，如色泽、花型、明暗度、纹路、平整度、光洁度等刺激人的视觉器官而使人产生的生理、心理的综合反应。触觉风格是通过人的皮肤或手触摸去判断的织物性能。听觉风格只存在于某些种类织物，如蚕丝织物的丝鸣就是典型的听觉风格。触觉风格也常常被称为狭义织物风格或手感。

视觉风格受人的主观爱好的支配，很难找到客观的评价方法和标准；而触觉的刺激因素较少、信息量小，心理活动简单，可以找到一些较为客观的、科学的评定方法和标准。因此在一般情况下所说的织物的风格是指狭义风格，即手感。

◆课程思政

中国有着悠久的纺织历史，在 7 000 多年前的新石器时代遗址中，考古学家就发现了纺轮、腰机等纺织工具。养蚕缫丝技术的掌握，让我们的祖先在人类历史上，最早制造出了丝绸。从那以后，中国人对原材料和纺织技艺的研究和创新从未止步，各种巧妙设计和创意也是层出不穷。中国纺织人，不仅积极传承古老的织造技艺，把中国元素运用到时装设计上，而且持续为纺织品注入高科技元素，守护人民的生命安全。

知识要点

一、织物风格的分类

织物的风格，从大的方面可分为四类，即棉型风格、麻型风格、毛型风格和真丝风格。从小的方面来看，每种织物又有自己独特的风格，如棉府绸织物具有“质地细密、轻薄、布面柔软光滑，织纹清晰、颗粒饱满、均匀洁净”的风格；毛华达呢具有“织纹清晰、细密、饱满，挺括结实、质地紧密，富有弹性”的风格等。

(一) 棉型风格

棉型织物一般光泽柔和、手感较柔软，吸湿透气性好，弹性较差，容易产生皱褶且折痕不易恢复。棉型织物是大众产品，种类繁多，不同的棉型织物还有各自不同的风格特征，如细纺织物平整细洁，轻薄似绸；巴里纱织物布面光洁、透明，布孔清晰，手感挺爽等，很难笼统概括。

(二) 麻型风格

麻型织物的外观朴素而粗犷、质地坚牢，织物刚性较大、弹性不良，易皱折且不易恢复，吸湿透气无黏身感，具有挺爽和清凉的感觉。

(三) 毛型风格

毛型织物分精纺毛织物和粗纺毛织物两大类。精纺毛织物布面光洁、织纹清晰，手感柔软、富有弹性，平整挺括、不易变形、坚牢耐用；粗纺毛织物一般经缩绒和起毛处理，所以织物质地紧密厚实，呢面丰满而柔软，手感丰厚，呢面有绒毛覆盖，不露或半露底纹。

(四) 真丝风格

真丝织物外观华丽、光泽优雅，具有轻盈、光滑而柔软的手感、良好的悬垂性和特有的丝鸣感。

二、织物风格用语

通过触觉、视觉及听觉等方面可获得的织物信息非常丰富，有软硬、弹性、厚薄、身骨、松紧、透明或不透明、闪烁光泽、珍珠般的光泽、桃皮绒感、丝鸣等等，这些信息可同时传送到大脑，然后做出对面料风格的判断。所以织物风格的主观评价，过程比较复杂，常用表3-5-1中的术语评定织物的风格。

表3-5-1 织物风格常用术语

基本风格	风格用语	含 义
刚柔性	硬挺或柔软	手触摸织物时具有的刚硬性，通常认为棉和丝织物有柔软感，麻织物相对硬挺些，硬挺织物大多挺括而有身骨。
压缩性	厚实或蓬松	丰满紧密织物的感觉；膨体纱蓬松织物松软感觉。
表面密度	致密或疏松	高支高密织物的视觉感觉或稀疏织物的视觉感觉常伴随有透明感。
平整性	粗糙或光滑	粗硬的纤维和捻度大的纱织成的织物表现出的硬挺和摩擦的错落感；长丝织物的平滑感。
摩擦性	滑爽或黏涩	金属表面平滑流畅的感觉；抚摸织物移动不顺利，放开织物不易离手的感觉。
冷暖性	冰冷或温暖	光滑长丝织物触感；毛绒绒的、丰满厚实的织物触感。
丝鸣	丝鸣感	在丝织物上感觉很强，丝鸣感是丝绸特有的感觉之一。

三、织物风格的客观评定

织物风格的客观评定是通过测试仪器对织物的相关物理机械性能进行测定，采用多指标评价体系、综合分类的方法对风格进行定量或定性的描述。在国内可见到的有国产风格仪系统、日本的川端风格仪系统、澳大利亚的FAST风格仪系统、单指标测试等测试方法。这方面的具体内容很庞大，简介如下：

(一) 国产风格仪系统

国产风格仪共选择五种受力状态(13项物理指标)，与川端风格仪不同的是国产风格仪选择的受力状态不是简单的力学状态，而是取自织物在实际穿用过程中的受力状态。在评价织物的风格时，该系统采用一项或几项物理指标并结合主观评定的术语对织物给出评语。各种物理指标与织物风格的关系如下：

1. 最大抗弯力　最大抗弯力大，织物手感较刚硬；反之，织物手感较柔软。

2. 活络率与弯曲刚性指数　活络率大，弯曲刚性指数小，表示织物回弹性和柔软度好；活络率小，弯曲刚性指数大，刚硬而弹性差。

3. 静、动摩擦系数　静、动摩擦系数均小时，表示织物手感光滑，反之则粗糙。静摩擦系数的变异系数较大时，表示织物较挺爽；静摩擦系数的变异系数较小时，织物手感滑糯。

4. 蓬松率　蓬松率大，表示织物丰厚蓬松。

5. 最大交织阻力　最大交织阻力大时，织物手感偏硬；最大交织阻力过小，则织物手感稀松。

（二）川端风格仪系统

川端风格仪（KES—F）系统是选择拉伸、压缩、剪切、弯曲和表面性能五项基本力学性能中的 16 项物理指标，再加上单位面积重量，共计 17 项指标作为基本物理量分别测出。该系统在大量工作的基础上，将不同用途织物的风格分解成若干个基本风格，并将综合风格和基本风格量化，分别建立物理量和基本风格值之间、基本风格值和综合风格值之间的回归方程式。在评定织物风格时，先用风格仪测定各项物理指标，然后将这些指标代入回归方程，求出基本风格值，再将基本风格值代入回归方程式求出综合手感值。

任务实施

实训 1　织物悬垂性测试

一、实训目标

学会测定织物的悬垂性，根据织物悬垂系数公式算出织物悬垂性。并会根据悬垂系数的大小比较织物悬垂性能。

二、参考标准

GB/T 23329—2009（织物悬垂性的测定）

三、测试仪器与用具

YG 811 型光电式织物悬垂性测试仪、剪刀。悬垂性测试仪如图 3-5-1 所示。

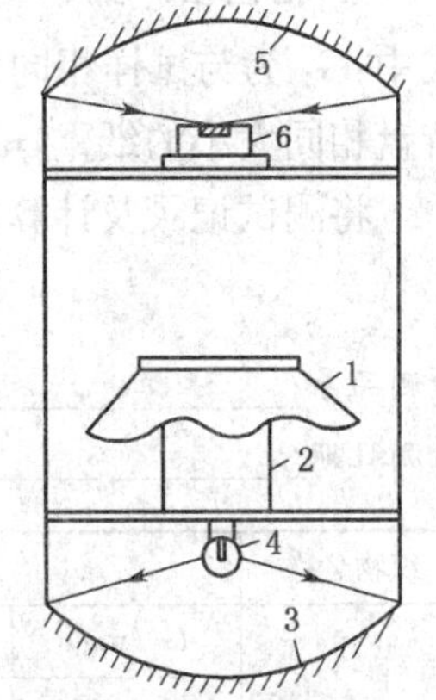

图 3-5-1　YG811 型光电式织物悬垂性测试仪

1—试样；2—支持柱；3—反光镜；4—点光源；5—反光镜；6—光电管

四、测试原理

将圆形试样置于圆形支持盘间用水平垂直的平行光线照射，可得到试样的投影图，通过光电转换原理，直接从电流表读出相应的织物悬垂系数，或用描图法求得悬垂系数。悬垂系数定义为：试样下垂部分的投影面积与原面积之比的百分率。该值愈大，悬垂性愈差。

五、试样准备

不同品种的代表性织物若干块。

(1) 用剪刀裁取圆形试样(试样直径为 24 cm),试样需平整、无折痕。

(2) 在每块试样上标出经向、纬向以及与经、纬向呈 45°角的 4 个点 A、B、C、D,分别与圆心 O 连成半径线,如图 3-5-2 悬垂试样所示。

(3) 在每块圆形试样的圆心上剪一个直径为 4 mm 的定位孔。

(4) 剪取与试样及夹持盘大小相同的制图纸两块,在天平上称重。

六、测试方法

1. 直读法

(1) 开机,预热 10 min。

(2) 按测量键,调整零点。

(3) 将试样托放在小圆盘上,先使试样上的 OA 线与某一支架吻合,放下夹持盘上,轻轻向下按 3 次,静止 3 min 后蜂鸣器响,记下读数。

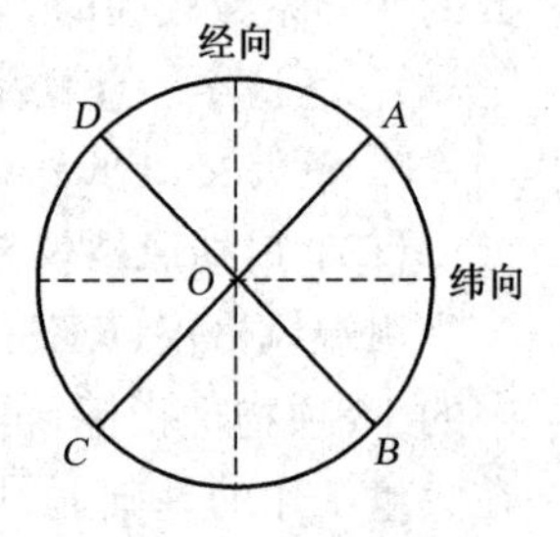

图 3-5-2 悬垂试样

(4) 按复位键,重复步骤(2),调零后,依次测出同一块试样的 OB、OC、OD 线与同一支架吻合时的读数。

(5) 换上第二块试样,重复上述操作,读取测试结果。

2. 描图法

(1) 将圆形试样放在小圆盘上,使试样的中心与小圆盘的中心对准,放下夹持盘,轻轻向下按 3 次,并用圆形盖板压住。

(2) 打开电灯,在试样下放好制图纸,用铅笔将投影的图形绘下来,然后剪下图形,称重。

七、测试报告

1. 直读法

(1) 列表记录试样 4 个不同放置方向(OA、OB、OC、OD)的悬垂系数。

(2) 计算试样的算术平均悬垂系数值,修约至整数位。

2. 描图法 织物悬垂系数计算公式为: $F=[(G_2-G_3)/(G_1-G_3)]\times 100(\%)$

式中: G_1 为与试样相同大小的纸重,mg; G_2 为与试样投影图相同大小的纸重,mg; G_3 为与夹持盘相同大小的纸重,mg。

将测试记录及计算结果填入报告单中。

织物悬垂性测试报告单

检测品号＿＿＿＿＿＿＿＿＿＿＿＿ 检验人员(小组)＿＿＿＿＿＿＿＿＿＿＿＿

检测日期＿＿＿＿＿＿＿＿＿＿＿＿ 温 湿 度＿＿＿＿＿＿＿＿＿＿＿＿

织物名称							平均值
描图法	G_1(mg)						
	G_2(mg)						
	G_3(mg)						
	悬垂系数						
直读法	悬垂系数						

实训 2 织物硬挺度测试

一、实训目标

训练学生会测试织物的硬挺度，测试方法是悬臂法，每个测试方向上用弯曲长度和弯曲刚度报告硬挺度。

二、参考标准

GB/T 18318.1—2009(弯曲性能的测定 第1部分：斜面法)

三、测试仪器

YG-207自动织物硬挺度试验仪

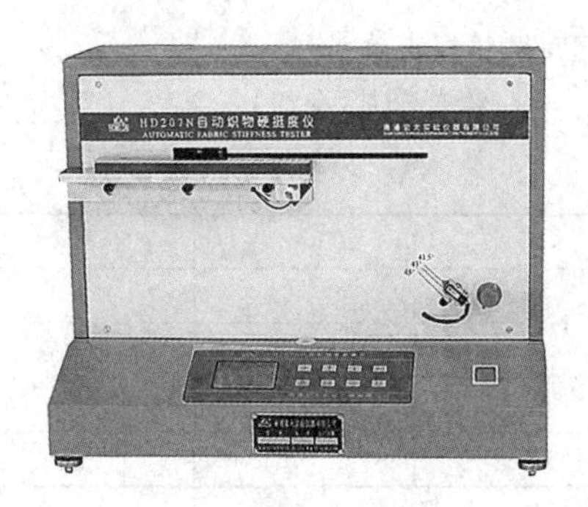

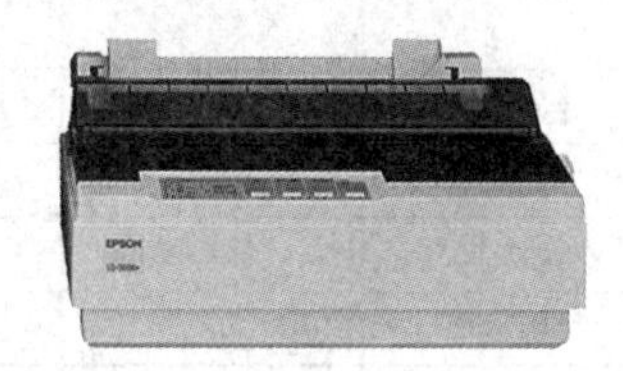

图 3-5-3 YG-207 自动织物硬挺度试验仪

四、测试原理

试样以一定速度在与其长度方向平行的方向滑动，直到它的前端与指定角度的斜面接触。测量此时的悬垂长度，并计算弯曲长度和弯曲刚度。

五、试样准备

(1) 实验室取样 对于验收性测试，从每一卷或匹中，抽取一定数量的样品，宽度为幅宽，长度沿机器方向约为1 m。

(2) 测试方向 将试样的长度方向作为测试方向。

(3) 测试样品数量 对每一试验室样品，根据材料规格或合同规定平行于经向取4个试样，平行于纬向取4个试样。

(4) 剪切试样 试样要有代表性，最好是沿样品对角线剪切试样，离布边不要小于幅宽的十分之一。保证试样无折叠、折痕及折皱，并避免试样沾上油渍、水、油脂等。对于悬臂测试，试样尺寸为长(200±1)mm、宽(25±1)mm。

(5) 调湿 将样品放在标准大气条件下预调湿和调湿。

六、测试方法(悬臂法)

除非材料规格另加说明或合同另行规定，在标准大气下测试已调湿的试样，测试条件：温度为(21±1)℃，相对湿度为(65±2)%。

(1) 移去可移动滑块，将试样放在水平台上，使其长度方向平行于平台边缘。调整试样，使之与水平台的右沿相切。

(2) 小心地将滑块放在试样上，要求不改变试样的最初位置。使滑块的“0”刻度线与水平起始线对齐。

(3) 对于自动测试仪,打开开关,密切注意试样的前端。当试样前端达到刀口(与斜面接触)时,立即关掉开关;对于手动测试仪,用手平滑移动试样,速度约为(120±0.05)mm/min,直到试样的边与斜面接触。

(4) 从线型刻度盘读取并记录悬垂长度,精确到0.1 cm。

(5) 每个试样正反面的两端各测一次,即每个试样一共读数4次。

七、测试报告

试验报告用弯曲长度和弯曲刚度报告硬挺度,必要的测试描述信息包括:使用的测试方法(悬臂法)、每个测试方向上的弯曲长度、每个测试方向上的弯曲刚度和每个测试方向的试样数目。将测试记录及计算结果填入报告单中。

织物硬挺度测试报告单

检测品号__________ 检验人员(小组)__________

检测日期__________ 温 湿 度__________

织物名称						平均值
弯曲长度(cm)	经 向					
	纬 向					
弯曲刚度(mg/cm)	经 向					
	纬 向					

课 后 练 习

1. 举例并讨论织物硬挺度、悬垂系数与织物风格的关系。
2. 上相关网站搜索,看看织物风格评定还有什么新方法?

任务六
织物热学、电学和光学性质

◆ 任务目标

知识目标：

1. 了解织物热学、电学、光学性质的基本知识；2. 了解热学、电学、光学性质对织物加工和使用过程的影响。

能力目标：

1. 能按照要求测试织物的热收缩性、抗熔孔性、保温性、静电性等；2. 能根据标准要求评价织物的光泽。

◆ 任务引入

织物的生产加工和使用过程中经常在不同温度条件下进行，而且温度范围很广。例如，服用织物在印染加工中的煮练、烘干、热定型，在服用过程中的洗涤和熨烫，工业用织物的绝热、保温、防燃等。织物在不同温度下表现出的性质称为热学性质。

织物在生产加工和使用过程中会遇到一些电学问题，例如合成纤维织物与人体间摩擦而起的静电，会使织物容易吸附飘浮在空气中的灰尘粒子，而降低织物的耐污性，裙子下摆与衬里摩擦引起的静电，会使裙子下摆缠附在躯干上影响行走，直接影响它的美观与服用舒适性。织物表现出与电相关的性质称为织物的电学性质。

当光线投射到不同的织物上时，会表现出不同的光泽；织物在储存和穿着过程中，在日光的作用下性能会逐渐恶化，如变色、变硬、变脆、强度下降、破裂等，影响织物的使用寿命。织物在光照射下表现出来的性质称为光学性质。光学性质包括色泽、耐光性和光致发光等。

◆ 课程思政

随着我国载人航天工程的不断推进，人们见证了一个个令人振奋的航天事业的里程碑，从空间站的建设和维护到月球探测，航天员无不面临着巨大的挑战与风险，高性能的航天服如同航天员的第二层皮肤，在极端的太空环境中为航天员的生命安全保驾护航。

2008 年 9 月 27 日，我国航天员翟志刚进行了首次太空行走，中国研制的第一套舱外航天服“飞天”首次惊艳亮相。这一步，是我国成为世界上第三个独立掌握出舱活动技术国家的标志。

2021 年 7 月 4 日，航天员刘伯明、汤洪波成功出舱，向世界展示了中国自主研制的新一代“飞天”舱外航天服。“飞天”舱外航天服从内到外分为六层，包括舒适层、备份气密层、主气密层、限制层、隔热层和外防护层，它具备防辐射、温度调节和压力调节等重要功能，同时拥有完备的生命保障系统。

2024年9月28日，中国登月服外观首次亮相，展示了我国载人月球探测任务的阶段性成果，也标志着我国航天服技术已进入了新的发展阶段。登月服作为载人月球探测任务核心装备之一，主要用于航天员执行月面出舱活动任务时的生命保障和作业支持，应对月球表面的真空、高低温、月尘、辐射等复杂环境，着服航天员可以完成行走、攀爬、驾车、科考等月面出舱活动作业。中国登月服采用了高效的隔热和保温材料，这些材料具有多层结构，包括反射层、隔热层和保温层等，以确保航天员在极端温度下的生命安全。月球表面没有大气层的保护，直接暴露在宇宙射线和太阳辐射之下，因此登月服的结构设计也考虑了辐射防护的需求。除此之外，月球表面布满了尘埃，这些尘埃非常细小，且具有一定的黏附性。为了防止尘埃进入航天服内部对航天员的身体造成伤害，登月服的外层和面罩采用耐磨、防黏附的材料，能够有效地阻挡尘埃的附着。

知 识 要 点

一、织物热学性质

织物在不同温度下表现出的性质称为热学性质。了解织物热学性质的目的，是为了合理地利用织物原料的性能进行加工，以改善织物原料的性能并避免在使用和加工过程中损坏。

（一）热传递性能

1. 导热系数　织物的导热性用导热系数 λ 表示，法定单位是 W/m·℃。其含义是当材料的厚度为 1 m，两端的温差为 1℃时，1 秒钟内通过 1 m^2 的材料传导的热量的焦耳数。λ 值越小，表示材料的导热性越低，它的热绝缘性或保暖性越高。各种纺织材料的导热系数如表 3-6-1 所示。

表 3-6-1　纺织材料的导热系数(室温 20℃测量)

材　料	λ (W/m·℃)	材　料	λ(W/m·℃)
棉	0.071～0.073	涤　纶	0.084
羊　毛	0.052～0.055	腈　纶	0.051
蚕　丝	0.05～0.055	丙　纶	0.221～0.302
黏胶纤维	0.055～0.071	氯　纶	0.042
醋酯纤维	0.05	空　气	0.026
锦　纶	0.244～0.337	水	0.697

织物中的纤维集合体中含有空隙和水分，它的保温性与所含水分多少以及空隙的大小和数量关系很大。从表 3-6-1 中可以看出水的导热系数远远大于纤维，而空气的导热系数小于纤维，因此，皮肤接触淋湿后的织物会有凉的感觉，具有良好保暖性的织物一般都是内部空隙小而多，如腈纶膨体纱织物。

2. 绝热率　绝热率 T 表示织物的绝热性。绝热率测试是将试样包覆在热体外面，测量保持热体恒温所需供给的热量。设 Q_0 为热体不包覆试样时单位时间的散热量(J)，Q_1 为热体包覆试样后单位时间的散热量(J)，则绝热率 T 为：

$$T=\frac{Q_0-Q_1}{Q_0}\times 100(\%)=\frac{\Delta t_0-\Delta t_1}{\Delta t_0}\times 100(\%) \quad (3\text{-}6\text{-}1)$$

式中：Δt_0 为不包覆试样时热体单位时间的温差；Δt_1 为包覆试样时热体单位时间的温差。

很明显，织物的绝热率与试样的厚度有关。试样越厚，单位时间内散失的热量越少，绝热率就越大。

(二) 纺织材料的热转变点

在温度变化过程中，纺织材料的性质如力学性能等发生显著变化时的温度称为热转变点。纺织材料的热转变点有玻璃化温度、黏流温度、软化温度、熔点、分解点，某些测试结果参见表 3-6-2。

大多数合成纤维织物在温度作用下，首先软化，然后熔融。一般把熔点以下 20～40℃ 的一段温度范围称为软化温度。天然纤维素纤维织物、再生纤维素纤维织物以及蛋白质纤维织物的熔点高于分散点，在高温作用下不熔融而分解或炭化。

将一定长度的合成纤维在一定的拉伸应力作用下，以一定的速度升高温度，同时测量试样的伸长变形随温度的变化值，可以得到如图 3-6-1 所示的曲线，称为温度－变形曲线或热机械曲线。

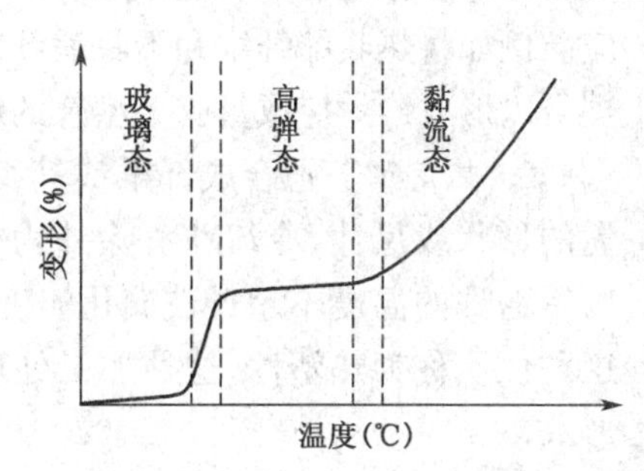

图 3-6-1　温度－变形曲线

曲线上有两个斜率突变区，分别叫玻璃化转变区和黏弹转变区。在两个转变区的两侧，试样呈现三种不同的力学状态：玻璃态、高弹态和黏流态。

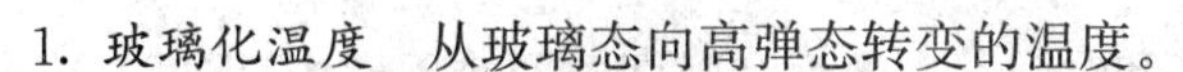
1. *玻璃化温度*　从玻璃态向高弹态转变的温度。

2. *黏流温度*　指从高弹态向黏流态转变的温度。

3. *软化温度*　指在一定的压力条件下(如试样大小、升温速度、施力方式等)下，高聚物达到一定变形时的温度。

4. *熔点*　指高聚物内晶体完全消失时的温度，也就是结晶熔化时的温度。

5. *分解点*　指纤维发生化学分解时的温度。

表 3-6-2　纺织材料的热学性能

材　料	温　度(℃)				
	玻璃化温度	软化点	熔　点	分解点	熨烫温度
棉	—	—	—	150	200
羊　毛	—	—	—	135	180
蚕　丝	—	—	—	150	160
锦纶 6	47，65	180	215	—	
锦纶 66	82	225	253	—	120～140
涤纶	80，67，90	235～240	256	—	160
腈　纶	90	190～240	—	280～300	130～140
维　纶	85	干:220，230 水:110	—	—	150(干)
丙　纶	−35	145～150	163～175	—	100～120
氯　纶	82	90～100	200	—	30～40

（三）织物的热收缩与热定形

1. *热收缩* 合成纤维及以合成纤维为主的混纺织物，在受到较高的温度作用时发生尺寸收缩的性质称为热收缩性。

这类织物发生热收缩的主要原因是由于合成纤维在纺丝成形过程中，为了获得良好的力学性能，均受一定的拉伸作用。并且纤维、纱线在整个纺织染整加工过程中也受到反复拉伸，当织物在较高温度下受热作用时，纤维内应力松弛，产生收缩而导致织物收缩。

织物的热收缩性可用热水、沸水、干热空气和蒸汽中的收缩率来表示。热收缩率是织物经各种热处理前、后长度的差值对处理前长度之比的百分率。

在生产中如果把热收缩率差异较大的合成纤维混纺或交织，则在印染加工过程中可能在织物上形成疵点，因此一般不希望产生热收缩，或者热收缩要小而且均匀，热收缩率大，会影响织物的尺寸稳定性。有意识地利用合成纤维的热收缩特性，可使织物获得某种特殊的外观效应。例如将热收缩纤维和不收缩纤维或异收缩纤维混纺配以相应的织物组织，制品经过热处理可以形成绉效应或富有毛型感的织物。

2. *热定形* 把合成纤维或其织物加热到玻璃化温度以上并在外力作用下使之保持所需的形状或尺寸，冷却和解除外力作用后，合成纤维或织物的形状或尺寸稳定下来。只要以后遇到的温度不超过玻璃化温度，纤维及其织物的形状就不会有大的变化。合成纤维的这种性质称为热塑性，这种加工处理称为热定形。生活中服装的高温熨烫是热定形的具体形式。

影响热定形效果的主要因素是温度和时间。在温度和时间这两个因素中，温度是决定热定形效果的主要因素，温度太低，达不到热定形的目的；温度太高，会使合成纤维及其织物的颜色变黄、手感发硬，甚至熔融黏结，使织物的服用性能遭到损坏。为了使热量扩散均匀，热定形需要有足够的时间。几种主要合成纤维织物的比较合适的热定形温度见表3-6-3。

表3-6-3 热定形温度(℃)

纤维品种	热水定形	蒸汽定形	干热定形
涤　纶	120～130	120～130	190～210
锦纶6	100～110	110～120	160～180
锦纶66	100～120	110～120	170～190
丙　纶	100～120	120～130	130～140

合成纤维及其织物经高温处理后，应迅速冷却，使织物手感柔软和富有弹性。如果高温处理后长时间缓慢冷却，会使织物弹性下降和手感变硬。

合成纤维织物经热定形处理后，织物的尺寸稳定性、弹性、抗褶皱性都有很大改善。

（四）织物褶裥保持性

织物经熨烫形成的褶裥（含轧纹、折痕），在洗涤后经久保形的性能称为褶裥保持性。

褶裥保持性主要与热塑性纤维织物或以热塑性纤维为主的混纺织物熨烫后的热塑性有关，所以褶裥保持性实质上是大多数合成纤维织物热塑性的一种表现形式。大多数合成纤维是热塑性高聚物，可通过热定形处理，使以这类纤维为主的混纺织物，获得使用上所需的各种褶裥、轧纹或折痕。

1. 褶裥保持率

织物的褶裥保持性常采用褶裥保持率来表征。测试时剪裁一个 1 cm×2 cm 的矩形试样，将长方向对折，熨烫出褶裥，并量出开角 A_0，然后平摊试样，在褶裥处压 500 cN 的重锤，5 min 后，去除负荷，量出开角 A_1，则褶裥保持率 H 用式(3-6-2)计算。

$$H=\frac{180-A_1}{180-A_0}\times 100(\%) \tag{3-6-2}$$

也可以采用目光评定法。试验时，先将织物试样正面在外对折缝牢，覆上衬布在定温、定压、定时下熨烫，冷却后在定温、定浓度的洗涤液中按规定方法洗涤处理，干燥后在一定照明条件下与标准样照对比。通常分为 5 级，5 级最好，1 级最差。

2. 褶裥保持性的影响因素

织物的褶裥保持性主要取决于纤维的热塑性和纤维的弹性。热塑性和弹性好的纤维，在热定形时织物能形成良好的褶裥。

织物的褶裥持久性还与热定形处理时织物的含水率、压强及温度有关。实验表明，织物有一定的含水率时，褶裥效果可达最好，所以蒸汽熨斗比普通熨斗效果明显，但对于过湿织物，水分会引起熨斗表面温度下降，使折痕效果降低。熨烫时达到一定压强才能提高褶裥效果，而压强达到 6～7 kPa(大致相当于成年男子熨烫时的作用力除以熨斗底面积所得压强)以上，则褶裥效果不再增加。熨烫须在适当温度下，才能获得好的褶裥持久性，厚织物熨烫 10 s 钟，大体上可获得较好褶裥。虽然熨烫时间增加可使褶裥持久性变好，但也有熨坏织物的风险。

(五) 织物的耐热性与热稳定性

织物抵抗热破坏的能力称为耐热性。人们常用织物受短时间高温作用，回到常温后，强度基本上或大部分恢复的温度；或织物随温度升高而强度降低的程度来表示织物的耐热性。织物在高温下保持本身的物理机械性能的能力称为热稳定性，用在一定温度下，织物强度随时间而降低的程度来评定织物的热稳定性。纺织材料受热的作用后，一般强度下降，其程度随温度、时间及纤维种类而异。几种主要纺织材料的耐热性能的参考数据见表 3-6-4。

表 3-6-4　纺织材料的耐热性

材　料	剩余强度(%)				
	在 20℃未加热	在 100℃经过		在 130℃经过	
		20 天	80 天	20 天	80 天
棉	100	92	68	38	10
亚　麻	100	70	41	24	12
苎　麻	100	62	26	12	6
蚕　丝	100	73	39	—	—
黏胶纤维	100	90	62	44	32
锦　纶	100	82	43	21	13
涤　纶	100	100	96	95	75
腈　纶	100	100	100	91	55
玻璃纤维	100	100	100	100	10

(六) 织物的燃烧性和抗熔孔性

1. 织物的燃烧性能　各种织物的燃烧性能是不同的。纤维素纤维织物与腈纶织物是易燃烧的，燃烧迅速；羊毛、蚕丝、锦纶、涤纶、维纶等纤维织物是可燃烧的，容易燃烧，但燃烧速度较慢；氯纶、聚乙烯醇－氯乙烯共聚纤维（维氯纶）等纤维织物是难燃的，与火焰接触时燃烧，离开火焰后自行熄灭；石棉、玻璃纤维织物是不燃的，与火焰接触也不燃烧。

织物的可燃性大都采用极限氧指数 *LOI*（Limit Oxygen Index）来表示。极限氧指数 *LOI* 是材料点燃后在氧－氮大气里维持燃烧所需要的最低的含氧量体积百分数。

$$LOI=\frac{O_2\text{ 的体积}}{O_2\text{ 的体积}+N_2\text{ 的体积}}\times 100(\%) \tag{3-6-3}$$

极限氧指数大，说明织物难燃；指数小，说明易燃。在普通空气中，氧气的体积比例接近20%。从理论上讲，织物的极限氧指数只要超过21%，在空气中就有自灭作用。但实际上在发生火灾时，由于空气中对流等作用的存在，要达到自灭作用，织物的极限氧指数需要在27%以上。一些纯纺织物的极限氧指数见表3-6-5。

表3-6-5　纯纺织物的极限氧指数

纤维品种	织物面密度（g/m^2）	极限氧指数（%）
棉	220	20.1
黏胶纤维	220	19.7
三醋酯纤维	220	18.4
羊　毛	237	25.2
锦　纶	220	20.1
涤　纶	220	20.6
腈　纶	220	18.2
维　纶	220	19.7
丙　纶	220	18.6
丙烯腈共聚纤维	220	26.7
氯　纶	220	37.1

提高织物的难燃性有两个途径，即对织物进行防火整理和用难燃纤维织制织物。在各种织物的防火整理或难燃整理中，棉织物和涤纶织物的防火整理发展得最快。用来织制难燃织物的纤维有两类：一类是在纺丝原液中加入防火剂，混合纺丝制成，如黏胶纤维、腈纶、涤纶的改性防火纤维。另一类是由合成的难燃聚合物纺制而成，如诺梅克斯（Nomax）、库诺尔（Kynol）、杜勒特（Dunette）等。

一些难燃纤维的极限氧指数见表3-6-6。

表3-6-6　一些难燃纤维织物的极限氧指数

纤维品种	织物面密度（g/m^2）	极限氧指数（%）
棉（防火整理）	153	26～30
诺梅克斯	220	27～30
库诺尔	238	29～30
杜勒特	160	35～38

2. 织物的抗熔孔性 织物在使用过程中，接触到火星、火花等热体而出现孔洞的现象称熔孔性，织物抵抗熔孔现象的性能叫抗熔孔性。它反映织物的耐用性能，一些织物的抗熔孔性如表3-6-7所示。

表3-6-7 织物的抗熔孔性

纤维品种	坯布面密度(g/m^2)	抗熔性(℃)(玻璃球法)
棉	100	>550
羊 毛	220	510
涤 纶	190	280
锦 纶	110	270
涤/棉(65/35)	100	>550
涤/棉(85/15)	110	510
毛/涤(50/50)	190	450
腈 纶	220	510
诺梅克斯	210	>550

天然纤维和再生纤维素纤维接触到热体时，若热体的表面温度高于纤维的分解点，接触部分就会因吸收热量而开始分解或燃烧，造成织物损坏。合成纤维接触到热体时，接触部位就会因吸收热量而开始熔融，并随着熔体向四周收缩，在织物上形成熔孔。由于形成的熔孔难以修复，影响织物外观，降低织物的使用价值，所以，织物抗熔孔性越来越受到人们的重视。

二、织物电学性质

织物的电学性质包括介电系数、电阻与静电等。这些性质既相互联系又相互影响，静电积累的可能性与电阻的大小有关，电阻的大小又与介电系数有关。

(一) 介电系数

在电场里，由于介电的极化而引起相反的电场，会减少电场里两电荷间的作用力，减少电容器带电荷极板间的电势差，增加电容器的电容量。介质的相对介电系数 ε 为：

$$\varepsilon=\frac{\text{以某种材料为介质时电容器的电容量}}{\text{以真空为介质电容器的电容量}} \tag{3-6-4}$$

(二) 电阻

织物的电阻一般以织物的比电阻表示，比电阻有表面比电阻、体积比电阻、质量比电阻之分，电流通过织物单位宽度、单位长度表面时的电阻称为表面比电阻。在数值上它等于织物表面的宽度和长度都等于1 cm时的电阻；电流通过织物单位面积的横截面、单位长度时的电阻称为体积比电阻。在数值上它等于织物长1 cm截面积为1 cm^2 时的电阻；电流通过单位质量的织物且长度为单位长度时的电阻称为质量比电阻。由于测试手段的限制，织物常采用的是质量比电阻(常用符号为 ρ_m)，在数值上它等于织物长1 cm和质量1 g时的电阻，单位是 $\Omega\cdot g/cm^2$。

织物是不良导体，它们的质量比电阻都很大。在相对湿度相同的一般大气条件下，各种纤维素纤维的质量比电阻比较接近，合成纤维比天然纤维和再生纤维具有较高的质量比电阻。质量比电阻较高的纤维在纺织加工过程中容易产生静电现象，影响加工的顺利进行，要在生产过程中采取防静电措施。

(三) 静电

两个电性不同的物体表面相互摩擦时，如果两物体均为不良导体，两物体分开后，在两个物体接触表面上会带有静止电荷(一个带正电荷,一个带负电荷),这种电荷称为静电,织物上静电产生和积累的性质称为静电性。

织物的静电是摩擦而产生的,一般规律是介电常数大、电阻小的织物带正电。不同织物摩擦后带电的电位序列,受印染加工的影响,带电情况往往与单纯的纤维集合体不尽相同,情况比后者复杂得多。常见纤维静电电位序列如下排列:

+ 玻璃、人发、羊毛、锦纶、黏胶纤维、棉、蚕丝、纸、钢、硬质橡胶、醋酯纤维、→

聚乙烯醇、涤纶、合成橡胶、腈纶、氯纶、腈氯纶、偏氯纶、聚乙烯、丙纶、氟纶 → −

当其中两种纤维织物摩擦时,排在上面或前面的纤维织物带正电荷,后面的带负电荷。

纺织纤维是电的不良导体,织物在加工和使用过程中,容易产生静电现象,尤其是合成纤维织物存在严重的静电现象,静电的存在会引起布匹不易码放整齐、裁剪时布料黏贴裁刀等加工困难;高温状态下织物与机件间的摩擦会使织物表面产生上千伏的静电压,当达到 2 000 V 时操作者就有电击感。通常,织物的静电多具有一定的危害性,但某些场合如静电植绒时,具有适当的带电性又是必要的。近年来还证实,适度的静电性也有助于皮肤接触时的舒适感。

织物的静电性也可用比电阻、摩擦后的带电量、静电压、静电荷半衰期等指标来表示,其中静电荷半衰期指材料上的静电荷衰减到原始数值的一半所需的时间。

各种织物的最大带电量接近,而静电衰减速度却不大相同,决定静电衰减速度的主要因素是织物的表面比电阻。表 3-6-8 是一些织物的表面比电阻与电荷半衰期的关系。

表 3-6-8 织物的表面比电阻与电荷半衰期的关系

织物表面比电阻(ρ_S)	2×1 010	2×1 011	2×1 012	2×1 013	2×1 014	2×1 015	2×1 016
电荷半衰期 $t_{1/2}$(s)	0.01	0.1	1.0	10	100	1 000	10 000

织物的表面比电阻越大,电荷半衰期越长。因此,如果把纺织材料的表面比电阻降低到一定程度,静电现象就可以防止。表 3-6-9 是一些织物的表面比电阻与抗静电作用的关系。

表 3-6-9 表面比电阻与抗静电作用的关系

$\lg\rho_S$(Ω)	抗静电作用	$\lg\rho_S$(Ω)	抗静电作用
>13	没有	10～11	相当好
12～13	很少	<10	好
11～12	中等		

(四) 影响织物静电性的因素

影响织物静电性的因素有许多,主要有以下几点:

1. 纤维种类　是影响织物静电性的主要因素,以合成纤维的静电最为显著。如地毯抗静电性的实验指出,当温度为 35℃、相对湿度为 20%时,锦纶 66 地毯与皮革摩擦产生的静电压为+3 800 V,涤纶地毯与皮革摩擦产生的静电压为−1 400 V。

2. 相对湿度　随着相对湿度的增加,织物的电荷半衰期减少。所以,通常要求静电试验在 43%～47%RH 条件(在试验条件较好时,可采用 28%～32%RH)下进行,不然相对湿度太大,织物的静电就会明显降低,当然,相对湿度过低时也不能获得客观的试验结果。

3. 穿着者本人　实验指出，人体在低电压时的电阻可达 4 000 Ω，而高电压时的电阻只有 1 500 Ω。其中，青年人的电阻比老年人小，女性又比男性在电击上来得敏感，而在大量出汗的状态下，人体电阻往往可降低到只有常值的十分之一左右。实际使用过程中，也发现各人对由静电而产生的衣服的缠附、放电响声和地毯电击的敏感性存在很大差异。

4. 织物几何结构　一般来说，紧度大的织物容易产生静电，弹性差的织物容易缠附，这在针织物中尤为明显。

三、织物光学性质

织物在光线照射下所表现的性质称为它的光学性能，如色泽、耐光性、光致发光等。织物光泽是织物外观的一个重要方面，不同品种、用途的织物对光泽的要求不同，运用织物光泽的某些规律还可以获得某些特殊的外观效果。

(一) 色泽

色泽指颜色和光泽。织物在受到光线的照射时，所反射、折射或透射出来的光线的光谱成分就是它的颜色。光泽是物体受光线照射时反射光在空间上的分布特性以及物体反射光中内外反射光的组成特性赋予人体视觉器官中的综合反应。本色织物的光泽分为以下五级：无光泽（如粗绒棉布）；弱光泽（如亚麻布、苎麻布、细绒棉布）；显著光泽（如生丝织物、丝光棉织物）；强光泽（如黏胶短纤织物）；最强光泽（如未消光的黏胶长丝织物）。

织物后整理中的许多工序能影响光泽，如采用烧毛、剪毛、压光、拉幅、热定形等处理后，能使织物表面平整度提高，从而增强光泽。染色后织物光泽也起变化，一般是色深时对光泽的感觉较强。

织物的光泽也反映了纤维的内部结构和纤维的品质，因此在织物的感官检验上，光泽与光泽的一致性，常常作为重要的检验项目。

(二) 耐光性

织物在储存和穿着过程中，因受阳光等各种大气因素的综合作用，材料的性能逐渐恶化，如变色、变硬、变脆、发黏、透明度下降、失去光泽、强度下降、破裂等，以致丧失使用价值，这种现象叫“老化”，这种试验叫“大气老化试验”或“气候试验”。如果在大气因素中突出太阳光作用，则织物抵抗太阳光破坏作用的性质为耐光性，这种试验叫耐光性试验。

影响织物耐光性的主要因素是组成织物的纤维种类。表 3-6-10 为各种主要纤维的日晒时间与强度损失。

表 3-6-10　各种主要纤维的日晒时间与强度损失

纤维品种	日晒时间(h)	强度损失(%)
棉	940	50
羊　毛	1 120	50
亚　麻	1 100	50
黏胶纤维	900	50
腈　纶	900	16～25
蚕　丝	200	50
锦　纶	200	36
涤　纶	600	60

（三）光致发光

织物在受到紫外光照射时，材料的分子受到激发，会辐射出一定光谱的光，从而产生不同的颜色，这种现象称为光致发光。各种纺织纤维光致发光的性质不同，利用纤维的荧光颜色可以鉴别未经后处理的织物。纺织纤维的荧光颜色见表 3-6-11。

表 3-6-11　纺织纤维的荧光颜色

纤维品种	荧光颜色	纤维品种	荧光颜色
棉	淡黄色	黏胶纤维	白色紫阴影
棉（丝光）	淡红色	黏胶纤维（有光）	淡黄色紫阴影
黄麻（生）	紫褐色	涤　纶	白光青光很亮
黄　麻	淡蓝色	锦　纶	淡蓝色
羊　毛	淡黄色	维纶（有光）	淡黄色紫阴影
丝（脱胶）	淡蓝色		

任务实施
织物静电性能测试

一、实训目标

训练学生会利用 YG342N 感应式织物静电测试仪测定织物的静电性能，操作程序要正确，包括定时法和定压法两种，严格按照规定准备试样。准确记录和计算试验结果。

二、参考标准

GB/T 12703—2021（纺织品静电测试方法）、GB/T 33128—2017（静电衰减法）。

三、测试仪器

YG342N 感应式织物静电测试仪如图 3-6-2 所示。

四、测试原理

利用静电感应原理，使试样在高压静电场中带电并趋稳定后，断开高压电源，试样上的静电荷通过其表面和内部对地（机壳）泄放，从而使试样上的静电压逐渐衰减，仪器可自动测出电压断开瞬间试样上的静电峰值电压以及峰值电压衰减到一半值所需的时间，即半衰期。该法适用于测定纤维、纱线、织物及各种板状制品的静电性能。

图 3-6-2　YG342N 感应式织物静电测试仪

五、试样准备

试样的调湿与静电性能的测试都需在温度为 18～22℃、相对湿度为 30%～40%的大气条件下进行，如果因故改用其他大气条件应注明。

（1）应在距布边 1/10 幅宽、距布端 1 m 以上的部位随机采取 3 组织物试样，每组为 3 块，尺寸为 60 mm×80 mm；

(2) 试样需在试验用大气条件下调湿 2～4 h，需要预调湿的试样，应在 50℃下烘燥 30 min，然后在试验用大气条件下调湿至少 5 h；

(3) 如果需清除试样表面的污垢或评定试样抗静电效果的耐久性，应将试样进行以下洗涤处理：用家用洗衣机将试样在 40℃、2 g/L 浓度的中性合成洗涤剂溶液中(浴比为 1∶30)洗涤 5 min，脱水，再在常温清水中洗涤 2 min，脱水(重复 3 次)，然后将试样自然晾干；

(4) 在试样制备及测试操作过程中，应避免试样与手直接接触，防止沾污试样表面。

六、测试方法

本试验采用 YG342N 感应式织物静电测试仪，该仪器由主机和自动控制箱组成，可配自动记录仪。试验分定时法和定压法两种。

(1) 定时法的操作程序

①将 1 组 3 块试样夹入试样转盘上；②将测量选择开关拨向定时；③打开电动机开关，启动试样转盘，待其转动稳定后，按下高压开关，高压开始放电，时间继电器开始计时。约经过 20 s，静电压指示表指针趋于平稳，此时的读数即是试样的峰值静电压；④经过 30 s，仪器自动停止放电，同时静电峰值电压的 1/2 被记录在半衰期值电压表上，衰减时间计时器开始记录静电压衰减的时间，衰减的静电压值显示在静电压指示表上。当衰减到静电峰值电压的一半时，衰减时间计时器停止工作。其上记录的时间即为静电压半衰期。1 组试样试验结束，关闭电动机电源；⑤重复上述程序，测完另 2 组试样。

(2) 定压法的操作程序

①将 1 组 3 块试样夹入转盘 9 上；②将测量选择开关拨向定压，并在拨盘上预置好设定电压；③打开电动机开关，启动试样转盘，待其转动稳定后，按下高压开关；④当静电压值到达选定的预置电压后，仪器自动停止高压放电，衰减时间计时器开始计时。当静电压衰减到一半时，计时器停止工作，其上显示的时间即为静电压半衰期。1 组试样试验结束，关闭电动机电源。

(3) 全衰期或残留静电压的测定

操作步骤可参照定时法或定压法，当试样上的静电压衰减至 0 时，测得的时间即为全衰期；当试样上的静电压衰减至一定时间后，静电压指示表显示的即为试样的残留静电压。

七、测试报告

试样静电指标(峰值静电压、半衰期或全衰期和残留静电压)的试验结果用 3 组试样试验结果的算术平均值表示。静电压取整数(V)，半衰期精确至 0.1 s。

将测试记录及计算结果填入报告单中。

织物静电性能测试报告单

检测品号＿＿＿＿＿＿＿＿＿＿＿＿　　检验人员(小组)＿＿＿＿＿＿＿＿＿＿＿＿

检测日期＿＿＿＿＿＿＿＿＿＿＿＿　　温　湿　度＿＿＿＿＿＿＿＿＿＿＿＿

织物名称										平均值
峰值静电压(V)										
静电压半衰期(s)										

》》》课后练习《《《

1. 为什么说一般测得的纺织材料的导热系数是纤维、空气和水分混合物的导热系数?

2. 何为玻璃化温度、黏流温度?何为纺织材料的玻璃态、高弹态和黏流态?

3. 分析影响热定形效果的主要因素。

4. 何为极限氧指数?各种纤维的燃烧性能如何?

5. 分析各类织物的抗熔孔性。

6. 影响纺织材料光泽的因素有哪些?

7. 纺织材料在加工和使用过程中为何会产生静电现象?应如何防止静电危害?

8. 取棉织物、涤纶织物、腈纶织物各一块,观察它们靠近火焰、与火焰接触、在火焰中的状态变化情况。

9. 取棉织物、涤纶织物、腈纶织物各一块,用不同的温度熨烫,观察织物的变化情况。

10. 取棉织物、涤纶织物、黏胶织物各一块,观察它们在自然光及荧光中颜色的变化。

11. 你是否在穿衣过程中体会过静电现象?总结一下什么季节、什么原料的衣物容易产生静电?和同学讨论并交流体会。

参考文献

1. 姚穆.纺织材料学(第5版)[M].北京:中国纺织出版社,2020.
2. 宗亚宁,张海霞.纺织材料学(第三版)[M].上海:东华大学出版社,2019.
3. 张才前.纺织服装材料学[M].北京:中国纺织出版社,2022.
4. 纪峰.纺织材料实验教程[M].北京:中国纺织出版社,2020.
5. 曹继鹏.纺纱质量控制[M].北京:中国纺织出版社,2017.
6. 马顺彬.新型纤维材料与制品[M].北京:中国纺织出版社,2024.
7. 吴惠英.纺织品检测技术[M].北京:中国纺织出版社,2023.
8. 张一心.纺织材料(第4版)[M].北京:中国纺织出版社,2022.
9. 陈春侠.纺织品质量标准与检测[M].北京:中国纺织出版社,2018.
10. 尚润玲.染色工艺与实施[M].北京:中国纺织出版社,2018.
11. 马顺彬,张炜栋,陆艳.织物性能检测[M].上海:东华大学出版社,2018.
12. 杨慧彤,林丽霞.纺织品检测实务[M].上海:东华大学出版社,2016.
13. 王洪.非织造材料及其应用[M].北京:中国纺织出版社,2020.
14. 李津,杨昆.针织学[M].北京:中国纺织出版社,2022.
15. 汪秀琛.现代服装材料基础与应用[M].北京:中国纺织出版社,2022.